湖北湿地生态保护研究丛书

湖北汉江流域
环境保护研究

李兆华　刘　巍　卢进登◎主编

长江出版传媒
Changjiang Publishing & Media

湖北科学技术出版社
HUBEI SCIENCE & TECHNOLOGY PRESS

图书在版编目（ＣＩＰ）数据

湖北汉江流域环境保护研究／李兆华，刘巍，卢进
登主编.—武汉 ：湖北科学技术出版社，2020.12
（湖北湿地生态保护研究丛书／刘兴土主编）
ISBN 978-7-5706-0940-6

Ⅰ. ①湖… Ⅱ. ①李… ②…刘 ③卢…Ⅲ. ①汉水—
流域—环境保护—研究—湖北 Ⅳ. ①X321.263

中国版本图书馆 CIP 数据核字（2020）第 233458 号

策 划：高诚毅 宋志阳 邓子林
责任编辑：宋志阳 徐 竹 封面设计：喻 杨

出版发行：湖北科学技术出版社 电话：027-87679468
地 址：武汉市雄楚大街 268 号 邮编：430070
（湖北出版文化城 B 座 13-14 层）
网 址：http://www.hbstp.com.cn
印 刷：武汉市卓源印务有限公司 邮编：430026
787×1092 1/16 12 印张 6 插页 280 千字
2020 年 12 月第 1 版 2020 年 12 月第 1 次印刷
定价：120.00 元

"湖北湿地生态保护研究丛书"编委会

《湖北汉江流域环境保护研究》编委会

前　言

　　汉江发源于陕西省西南部冢山,穿越秦巴山地的陕南汉中、安康等市,进入鄂西后经过十堰流入丹江水库,出水库后继续向东南流,过襄阳、荆门等市,在武汉市汇入长江,全长1 557km,是长江第一大支流。

　　汉江流经湖北省871km,占全长的55%;在湖北省流域面积6.3×10⁴km²,占全省地域面积的34%。湖北汉江生态经济带是长江经济带的重要组成部分,也是南水北调中线工程的核心水源区和重要影响区,发挥着承东启西、连南接北的桥梁纽带作用,在湖北经济社会发展中具有重要的战略地位,是全国重要的粮食生产基地、全省的汽车工业走廊。

　　在国家南水北调中线工程实施的背景下,湖北汉江流域作为工程的水源区和影响区,在确保"一库清水北送"和维护生态安全中发挥着举足轻重的作用。另外,南水北调中线一期工程和引汉济渭工程实施后,汉江中下游水量将减少1/3,随着汉江中下游地区经济社会的快速发展,原已存在的水资源供需矛盾更加突出,将对汉江中下游地区的产业布局和产业发展、生产生活用水产生重要影响。汉江中下游未来水量的减少,水环境容量下降,自净能力降低,将对汉江中下游地区水污染防治提出新的严峻挑战。

　　挑战之一是水污染治理难度加大。2013年汉江生态经济带化学需氧量(COD)入河量1.86×10⁵t、氨氮(NH₃-N)4.1×10⁴t。从水污染贡献率来看,畜禽养殖污染、工业污染、农业面源污染和城镇污染源是流域内四大主要水污染源,分别占COD总入河量的32%、27%、16%和10%。也就是说,农村和农业源污染物入河量超过60%,这些分散型污染的治理是世界性的难题。

　　挑战之二是南水北调影响加深。南水北调中线工程实施后,汉江水量将减少1/4,计算分析得出,整个汉江生态经济带COD的水环境容量损失35%,氨氮的水环境容量损失34%,因此调水后的实际有效水环境容量为COD 198 702t/a,氨氮13 693t/a。2015年南水北调中线工程调水后,氨氮的入河量就大大超出了其有效水环境容量,超出率达到202%。如果水污染物排放量得不到有效控制,到2020年,COD的有效水环境容量将不能满足其入河量,超出率达到13%,氨氮的超出率更是达到265%。如何在稳定经济增长的背景下,把水污染物排放削减到与南水北调工程相适应的水平,是对区域社会经济的考验。

　　挑战之三是汉江梯级开发影响加剧。目前,湖北汉江生态经济带除丹江口水利枢纽以外,还规划了 6 个梯级水利枢纽项目,已有 3 个建成(王甫洲、崔家营、兴隆),雅口、新集、碾盘山 3 个水利枢纽正在开展前期工作。水利工程建成后,会改变或调节河道径流的水文特性,如洪峰流量、年径流量、季(日)径流以及极值流量(最大、最小)等;会影响天然河道的输沙特性,造成库区淤积和下游河道冲淤状态的改变;会引起河道径流的水温变化,对作物生长和鱼类繁殖带来影响。"寸断的汉江"会影响生态系统的完整性和水质净化的有效性。

挑战之四是新型城镇化的影响加快。新型城镇化将催生汉江生态经济带城市的集群与膨胀。会以"襄十随城市群"为龙头,形成丹河谷城市组群、鄂中城镇密集区、天仙潜城市密集区、孝应安城镇密集区、江汉运河生态文化旅游城镇带等中小城市群和城镇密集区。城市化和工业化的叠加共进,不可避免地产生更多的污水和垃圾,挤压更多的生态空间,造成更大的水环境压力。

为了应对汉江生态经济带水环境问题挑战,湖北大学资源环境学院与湖北省环境科学研究院联合,承担了国家环境保护部、湖北省发改委和湖北省环境保护厅有关汉江生态环境保护和生态补偿研究等多项研究课题。本书是课题研究的成果总结,旨在辨识湖北汉江流域水环境污染的成因,提出水污染防治和综合管理的具体办法,确保汉江一江清水北送东流。

在本研究的执行过程中,得到了汉江流域各环境保护管理部门和研究单位的指导和协助。在本书的编写过程中,引用了长江水利委员会、武汉大学、湖北省水利水电研究院、武汉理工大学、中国科学院水生生物研究所、华中科技大学以及部分环评单位的研究成果,并得到了众多专家的热情指导,在此致以衷心的感谢。

编　者
2019 年 5 月

目　录

第一章

研究区概况

1.1 研究区范围

1.1.1 汉江流域

汉江又称汉水,古时曾叫沔水,与长江、黄河、淮河一道并称"江河淮汉"。汉江全长1 557km,就长度而言为长江第一大支流。其发源地在陕西省西南部秦岭与米仓山之间的宁强县(隶属陕西省汉中市,旧称宁羌)冢山,而后向东南穿越秦巴山地的陕南汉中、安康等市,进入鄂西后经过十堰流入丹江水库,出水库后继续向东南流,过襄阳、荆门等市,在武汉市汇入长江。汉江流域面积 $1.59×10^5 km^2$,流域涉及鄂、陕、豫、川、渝、甘 6 省市的 20 个地(市)区、78 个县(市)。流域北部以秦岭、外方山及伏牛山与黄河为界;东北以伏牛山及桐柏山与淮河流域为界;西南以大巴山及荆山与嘉陵江、沮漳河为界;东南为江汉平原,无明显的天然分水界限。流域地势西北高,东南低。地质构造大致以浙川—丹江口—南漳为界,以西为褶皱隆起中低山区;东以平原丘陵为主。

汉江流域是我国重要的粮食主产区,有襄阳、南阳两个百亿斤(1 斤 = 0.5kg)粮食生产大市、10 个全国产粮大县,粮食总产量占全国的 3.85%;是我国陆地生态系统生物多样性重点区域、全国重点生态功能区、中西结合部重要的生态走廊、长江中上游的生态屏障、南水北调中线工程水源区;历史上是西部高原进入中部盆地和东部平原的五大走廊之一,是连接长江经济带和新丝绸之路经济带的战略通道,是长江与欧亚大陆近千千米的南北区间内仅有的一条东西向经济走廊;综合开发利用流域内的生态资源和经济资源,对于保护国家粮食安全,促进长江经济带开放开发,促进中部崛起、西部开发,带动区域协调发展,具有十分重要的战略意义。

1.1.2 湖北汉江流域

汉江在湖北省境内流域面积 $6.3×10^4 km^2$,耕地面积很大,约占全省的 1/3,是全国重要的粮食主产区之一。汉江湖北段涵盖了汉江的上中下游,占全长的 55.25%,流域面积占全省地域面积的 33.89%。丹江口水库坝下至钟祥碾盘山为中游,沿程流经丹江口、老河口、襄阳、宜城、钟祥等地区,该河段河长 270km,集水面积为 $4.68×10^4km^2$,河床宽浅,水流散乱,河道平均比降 0.19‰,襄阳以上河床比较稳定,以下河床属于游荡型河道。汉江中游河段在接纳南河和唐白河以后,水量、沙量大幅度增加,河道时冲时淤,宽窄不等,低水河槽宽 300~400m,洪水期槽宽达 2~3km。碾盘山至武汉龙王庙为下游,沿程流经沙洋、天门、潜江、仙桃、汉川、蔡甸等地区,河长 382km,集水面积为 $1.70×10^4km^2$,属平原蜿蜒型河道,平均比降 0.06‰。河床多为沙质,两岸筑有完整的堤防,因而河床较稳定并逐渐缩窄。汉江经东荆河(天然分流河道,最大过水能力5 600m^3/s,自然分流入长江),在汉江中下游汇入干流的主要支流有北河、南河、小清河、唐白河、蛮河、竹皮河,以及汉北河等。

汉江流域自然资源丰富、经济基础雄厚、生态条件优越,是连接武汉城市圈和鄂西生态文化旅游圈的重要轴线、连接鄂西北与江汉平原的重要纽带,在湖北省经济社会发展格局中具有重要的战略地位和突出的带动作用。

汉江流域历史文化积淀深厚,孕育了灿烂的荆楚文化,拥有青龙山国家地质公园、三国古隆中遗址、武当道教建筑、明显陵遗迹、郧县(今郧阳区)辽瓦通史遗迹等丰富的历史文化名胜,加之区域内自然风景优美,是湖北省重要的生态文化旅游胜地。人力资源丰富,能够为产业发展提供强有力的支撑。交通便捷,有航空、铁路、公路、航运四位一体的立体交通体系,特别是水运运量大、能耗小、成本低、有利环保、相对安全的优势较为突出。汽车、电力、机械、化工、建材、电子、轻纺、食品等工业蓬勃发展,是湖北省汽车工业走廊,装备制造业、纺织服装生产基地,是湖北省最具经济活力的地区之一。

1.1.3　研究区范围

研究区为湖北省汉江生态经济带,范围略大于汉江湖北段自然流域,在湖北省的范围包括 10 市(林区)39 个县(市、区),面积 $6.3×10^4km^2$。包括以下区域:十堰市(郧阳区、郧西县、竹山县、竹溪县、房县、丹江口市、茅箭区、张湾区);神农架林区;襄阳市(襄城区、樊城区、襄州区、南漳县、谷城县、保康县、老河口市、枣阳市、宜城市);荆门市(东宝区、掇刀区、钟祥市、沙洋县、京山市);随州市(曾都区、随县);孝感市(安陆市、云梦县、应城市、孝南区、汉川市);潜江市;天门市;仙桃市;武汉市(江汉区、硚口区、汉阳、东西湖区、蔡甸区、汉南区)。影响区有 4 个县市区,即荆州市荆州区、随州市广水市、孝感市孝昌县、大悟县。

1.2　研究区概况

1.2.1　自然条件

1. 地质地貌

湖北省汉江生态经济带地貌类型主要为低山、丘陵、岗垅、河谷盆地、平原等,其中大部分为丘陵和平原,山地很少。较大的平原依次有汉江下游平原、唐白河平原和襄阳宜城平原,它们在全流域乃至全国农业生产上占有重要地位。以褶皱、块段运动和抬升为主的新构造运动是汉江生态经济带山地最基本的构造运动。褶皱轴的方向主要有东西向、西北—东南向两组,与褶皱方向平行则分布着许多断层。汉江中下游的荆州山脉的分布态势与此密切相关。汉江干流自西向东,流经汉中盆地和安康盆地以后,两侧的山脉规模也大大减少,进入丹江口后折向东南,到中游一带,较大的山脉有武当山、荆山和大洪山等,其走向也大体呈西北—东南向,再往南,就进入汉江下游,在武汉注入长江。汉江下游平原是江汉平原的一部分,燕山运动以来处在震荡性沉降过程中,区内广布第三纪和第四纪沉积地层。由于流水作用,现代汉江中下游干流及其支流普遍发生堆积作用,近几十年中就已淤高了2~3m。

从地质方面,汉江中下游丹江口至茨河段为丹江段凹襄广断裂带所控制,左岸属于淮阳地质的南襄断线区,右岸属北秦岭印支褶带的两勋中间隆起区;茨河到襄阳段左岸属南襄断裂区,右岸属龙门山—南大巴山古台缘凹陷的巴洪陷褶段束;襄阳至马良段两岸均属于巴洪陷褶段束;马良至马口段为汉江凹陷区;马口至武汉段为下扬子江褶皱带。

丹江口至钟祥一带是低缓的丘陵地,海拔高度在50~250m。属于鄂中丘陵,包括荆州与大洪山之间的汉江谷地丘陵,大红山之间的汉江谷地丘陵,大洪山和桐柏山之间的涢水流域丘陵。中部江汉平原的外围和汉江以东滚河以北的"三北"(老河口、襄阳、枣阳以北)地区为鄂北岗地,岗地顶部平宽,纵坡约6°,最陡岗坡也很少超过15°,相对高度多在15~20m,地面波状起伏,岗垅相间,土层深厚,宜于机耕,鄂北岗地大部属南阳盆地南缘,为汉江中游和唐白河下游冲积平原的一部分,由于新构造运动有节奏地抬升的影响,地面遭受流水切割,形成岗地地貌。这里以旱地居多,占2/3,是湖北省麦、棉、芝麻、烟叶等作物的重要产区。钟祥以下至汉江河口地带,海拔一般不超过50m,为江汉平原北部地区,由于平原的周缘新构造运动的间歇性上升和平原内部的大幅度沉降,产生了缓慢的升降差异运动,造成平原地势从西北向东南倾斜。平原中部为巨厚的河湖相松散物质组成,海拔在40m以下,外围依次为40~80m及80~120m的两级阶地,阶地外围则为120m以上的丘陵或低山。平原内部受网状水系的泥沙沉积和人工筑坝的影响,形成了相对高差数米至十余米的沿江高地和河间洼地相间分布的地貌特点,这种地貌分异直接控制了土地资源的利用方式,高地以旱作物为主,河间洼地以水田为主。

2. 气候条件

湖北省汉江生态经济带属北亚热带季风气候,气候温和湿润,四季分明,光热充足,雨热同季。以夏季最长约130天;春秋二季各约60天。无霜期为230~260天,年平均温度为15~17℃,有利于各类作物生长。区内年太阳辐射具有与日照同步分部的特点,汉江中下游年总辐射量多在448kJ/cm² 以上。在季节分配上,太阳辐射与日照量的分布同样趋于一致,即一年之中,夏季总辐射为最多,冬季最少,春秋居中。

范围内降雨分布总趋势是南多北少,分布不均匀,全区域变化在800~1 300mm。中游地区多年平均降水量在 700~900mm,下游地区平均降水量在 900~1 200mm。受季风环流的控制,流域各地雨水量主要集中在 5—9 月,尤其在 7 月、8 月盛夏多发生暴雨。年内时空分布不均,多集中在 5—10 月,占全年降雨量的 70%~80%,且以 7 月、9 月最多。7 月为全流域降雨最多月份,各地均可发生大暴雨,但以支流堵河、南河一带暴雨强度大而集中。8 月以汉江北岸支流唐白河、丹江雨量较大。9 月以后,白河以上经常发生历时较长的暴雨。流域性特大暴雨的暴雨带大致为东西向,暴雨中心自西向东移动,恰与干流流向一致,与各支流洪水易于发生遭遇。汉江水位和流量变化基本上和降水变化一致,每年 5—10 月为汛期,12 月至次年 2 月为枯水期。由于降水量年内时空分布不均匀,易发生洪涝和旱灾。

该区气温比较温和,年均温在 15~17℃,月均温 7 月最高,22~34℃,绝对高温 43℃,≥10℃积温都在 4 500℃以上,较我国东部同纬度地区至少高出 200℃。由表 1-1 可知,各地极端最低温不太低,使其成为主要的农耕区和亚热带经济植物兼营区,适合多种农作物和经济作物生长。流域多年平均风速为 1.0~1.3m/s,最大风速为 24.3m/s。

表 1-1　汉江中下游各地热量带主要温度指标　　　　　　　　　单位:℃

热量带	地区	年平均气温	1 月平均气温	7 月平均气温	≥10℃积温	极端最低气温
北亚热带	鄂北岗地	15.4~15.0	2.1~2.8	27.0~28.1	4 919~5 087	−16.7~−14.9
	汉江下游平原	15.0~16.6	3.1~3.6	27.0~28.5	5 074~5 220	−16.5~−14.0

3. 水文水系

干流两岸支流较短,主要有:北河、南河、小清河、唐白河、蛮河、竹皮河以及汉北河等(表1-2)。这些大小河流和支流形成叶脉状水网格局。集水面积在 1 000km² 以上的一级支流有19 条,集水面积在 5 000km² 以上的支流有唐白河和南河。流域水系呈不对称型:左岸河多流长,右岸河少流短。

表 1-2　汉江中下游主要支流基本情况

支流名称	位置	河源	河口	集水面积/km²	河长/km	平均坡降
唐白河	左	河南老君山	襄阳张湾	25 800	310	—
汉北河	左	京山官桥	武汉新沟	8 691	242	1.1
南河	右	神农架	谷城	6 497	303	12.7
北河	右	房县南进沟	谷城宋家洲	1 212	103	33.3
蛮河	右	宜城老河口	宜城小河口	3 244	188	9.4

流域内现有水库1 471座,其中大型水库 1 座(不含丹江口水库),中型水库 83 座,小型水库 1 374 座。统计总库容 63.7×10⁸m³,兴利库容 36.9×10⁸m³。碾盘山以下左岸有南湖、沉湖(已消亡)、天鹅湖、汈汊湖和东西湖;右岸有排湖、白石湖、桐木湖、龙潭湖、什湖和龙阳湖等。如此众多的水库和湖泊在防洪、灌溉、发电、供水、养殖等方面,发挥了巨大的综合利用效益。目前,干流两岸分布有水闸和取水泵站共计 475 座,其中城镇水厂和工业自备水源

约 150 个,农业灌溉引提水闸站 310 座,总引提水能力约 1 630m³/s,一般年份可供水量 56.0 ×10⁸m³,中等干旱年约 63.0×10⁸m³,特旱年约 65.0×10⁸m³。现状工程总供水能力 41.06× 10⁸m³/a,其中利用当地地表水 0.96×10⁸m³/a,占总供水能力的 2.4%;地下水 2.34×10⁸m³/a,占总供水能力的 5.7%,其他水源(长江)0.63×10⁸m³/a,占供水能力的 1.5%,引汉江水源 37.13×10⁸m³,占 90.4%。

流域内的丹江口水库是南水北调中线工程水源地,是我国中部区域水质状况最好的水体之一。汉江生态经济带是我国南北气候过渡带和中西部接合部的生态走廊,也是我国陆地生态系统生物多样性的关键地区之一。神农架亚热带森林是中纬度地区唯一保持完好的生态系统,是重要的绿色生态屏障。

1.2.2　社会经济条件

经过多年的开发与保护,汉江生态经济带经济社会发展取得巨大成就,不仅其综合经济实力在全省占有很高的比重,而且江汉平原的水产和粮食农副产品生产享誉全国,以襄阳为代表的一批城市快速崛起。汉江生态经济带综合经济实力在全省占有较高比重。2013 年地区生产总值 10 015 亿元,占全省的 45%;完成全社会固定资产投资 6 792 亿元,占全省的 41.2%;实现社会消费品零售总额 4 433.4 亿元,占全省的 46.4%;进出口贸易总额 120.25 亿美元,占全省的 33%。2013 年,湖北省县域区经济排名的前 20 名中,属于汉江生态经济带的就有 11 个。城镇化水平快速提高,2013 年城镇化率达到 54.4%。

1.2.3　南水北调工程影响

南水北调中线工程水源地位于河南省和湖北省共属的丹江口水库,主要向输水沿线的河南、河北、北京、天津四省市的 20 多座大中城市提供生活和生产用水。中线工程从丹江口水库岸边的南阳市淅川县九重镇陶岔渠首枢纽工程引水,经长江流域与淮河流域的分水岭方城垭口,沿唐白河流域和黄淮海平原西部边缘开挖渠道,在河南郑州附近通过隧道穿过黄河,沿京广铁路西侧北上,自流到北京颐和园的团城湖。中线输水干渠全长 1 277km,向天津输水干渠长 154km。南水北调中线工程以解决中国北方地区的城市生活与工业用水为主,兼顾农业用水。规划一期工程,年调水量 97×10⁸m³,最终将达到每年 130×10⁸m³。按照工程进度,南水北调中线工程预计于 2014 年秋汛后正式向北方供水。

由于调水的影响,汉江丹江口以下的流量及季节性分配将发生变化,航运、水质、农业灌溉、工业生产以及城市发展等受到不同程度的影响。出现以下情况,水环境容量急剧下降,下泄流量减少,干流天然河道水位下降趋势严重,各断面流速总体呈减缓趋势,干流 COD 水环境容量损失率达 26%,水污染防治和生态保护的难度加大;生态环境受到破坏,天然鱼产量将减少 40%~50%,随着水位下降,将形成新的沙滩、沙洲、沙地;沿江引、提水闸站灌溉供水量减少,农业灌溉和工业生产将受到较大影响;内河航运能力下降,通航驳船由 200 吨级下降到 50 吨级,通航条件较好的中丰水期将缩短 50%~85%。具体表现如下。

1. 对汉江中下游河段各水文要素的影响

多年平均下泄水量减少。南水北调中线工程调水后丹江口水库多年平均年下泄水量为 $258.34×10^8 m^3$，相比未调水时的多年平均下泄量减少近29%。调水 $130×10^8 m^3$ 后，多年平均年下泄流量减少到 $232.8×10^8 m^3$，减少35.6%。中线工程调水后，汉江中下游高水位运行时间和发生概率减少，水文过程均匀化。襄阳以下江段受到地区性降雨及支流来水影响，流量年变幅比襄阳以上江段要大，水位涨落与流量一致；襄阳以上的干支流较少，水位变化幅度小。仙桃至河口段水位受长江顶托的影响，水位取决于长江水位的变化。由于流量水位的变幅减小，河道水面比降有调平趋势。

2. 对汉江中下游水质的影响

目前汉江干流，特别是中下游水质污染，主要表现为有机污染和富营养化趋势，主要污染物指标是总磷（TP）、氨氮（NH_3-N）、高锰酸盐指数（COD_{Mn}）和五日生化需氧量（BOD_5）。中线工程实施后，汉江中下游径流量减少，水环境的容量将有所降低，水位不同程度下降，流速变缓，加速水中泥沙与有机质沉降使汉江中下游沿岸城镇与工业排放污染物的稀释自净能力下降。

3. 对河道演变的影响

大坝下游河床下切。调水工程运用后，不完全多年调节模式造成常年清水下泄。在这种情况下，虽然河道造床运动的动力降低，但清水下泄将使下游河道冲刷加强，造成河床进一步下切。其结果使支汊堵塞，游荡强度减小，河流朝更为稳定的方向发展；但同时也会淘刷桥基和沿河工程建筑物的基础，并引起河水位和地下水位降低，给沿江引水抽水带来困难。因此，应高度重视河床下切产生的不利影响。

破坏河岸坍塌和滩地淤长间的平衡。调水工程运用后，汉江中下游的洪峰流量将进一步减小，使下游洪水威胁得到进一步缓解，这是有利的一面。例如，丹江口水利枢纽初期工程的投运，使处于老河口市的王甫洲和襄阳市的鱼粮洲都得到了较好的开发和利用。但含沙量的减小将引起河岸继续坍塌，导致河槽展宽，甚至影响两岸堤防的安全，这种情况在老河口至襄阳市之间无砌石护坡的地方比较严重。而滩地淤长速度则因洪峰和含沙量的减小而减缓有可能在支流汇口（如唐白河、蛮河等）的下游造成淤积。

4. 对生态的影响

中线工程的运用对汉江中下游生态，主要是对鱼类和浮游生物有影响。汉江中下游鱼类资源非常丰富，是天然淡水渔业的主要产区，下泄水量的减小，河道缩窄，鱼类生存空间缩小；丹江口水库水位蓄高后，坝下游水温与天然状况下的水温差异增大，影响鱼类的产卵。下泄水量的减小，使原本缺少的富有物质进一步减少，从而影响坝下游鱼类的食源。但同时也使汉江中下游水温变化幅度减小，有利于浮游生物和河底部分水生生物的生长，这将对鱼类的食源起到一定的补偿作用。同时会加剧水华现象的暴发。汉江中下游曾于1992年、1998年、2000年、2003年多次发生水华现象。水华产生的最大危害是饮用水源受到威胁，藻毒素通过食物链影响人类健康。汉江出现水华的时间一般在每年的2—3月，此时流量较小,一般为400~500m³/s。在水温适宜和排污量等同的情况下,流量小是导致水华发生的重要因素。因此,中线工程运用后,枯水期下泄流量进一步减小,有可能加剧水华现象。

5. 对水生植物的影响

在中游丹江口至襄阳江段,由于水流更缓,透明度增加,水位变浅,水温降低,水生植物尤其是沉水植物如狐尾藻、穿叶眼子菜、竹叶眼子菜等和挺水植物分布面积扩大,生物量增加,加上河床斑块化,物种丰度略有下降,均匀度下降,生物多样性下降;在下游襄阳到汉口段,按多年平均流量在调水145×10⁸m³后,仙桃断面及其下河道平均流量将减少352m³/s,流速变缓。由于下游沿途城市人口密度大,沿岸城镇密集,工厂密布,使得沿岸城镇大量生活污水和工业废水排污量大,大大降低了江水对污染物的稀释自净能力,加剧了下游水体富营养化程度和水质恶化趋势,而上、中游污染汇聚的"积累"效应在受到长江较高水位顶托的作用而增强,在适宜条件下则发生"水华"现象。因此在调水后汉江下游水生植物分布面积将萎缩,群落生物量将减少,生物多样性下降,水生植物分布更趋于单一化和斑块化。

1.2.4 汉江梯级开发工程影响

汉江梯级开发就是加快实现汉江渠化,推进内河航运标准化,使汉江中下游具备三级通航能力,汉江中下游通航能力就可由目前的500吨级提高到1 000吨级以上,从而与长江联动,形成名副其实的黄金水道,同时进行发电、旅游、防汛综合开发。目前,湖北汉江生态经济带除丹江口水利枢纽以外,还规划了6个梯级枢纽项目,已有3个建成(王甫洲、崔家营、兴隆),3个待建(雅口、新集、碾盘山)。其中兴隆水利枢纽工程位于汉江下游潜江市高石碑镇和天门市多宝镇境内,是中国在平原地区建设的堪比"三峡大坝"的水利枢纽工程,可以称之为"中国平原第一坝"。工程的主要任务是改善两岸灌区的引水条件和汉江通航条件,兼顾水力发电。该枢纽主要由泄水闸(56孔)、电站厂房(4台装机)、船闸、鱼道和两岸滩位过流段及其交通桥等建筑组成,轴线全长2 830m,水库设计正常蓄水位36.20m(黄海高程),总库容4.85×10⁸m³,规划灌溉面积21.84×10⁴hm²,过船吨位1 000t,最大泄洪19 400m³/s,年发电量2.25×10⁸kW·h,2014年全面竣工。

汉江梯级开发工程对区域生态环境的影响包括许多方面,例如社会政治经济方面,大量的移民搬迁和安置,诱发地震和防震抗震对策等;水文特性方面,如河道径流情势的调节,水库的淤积,河床的冲淤变化等;生物方面,如珍稀动植物生态环境的改变,洄游性鱼类的阻隔,某些疾病的传播,某些寄生虫的生存、繁衍和传播等;以及交通方面对航运的影响,自然保护方面对古生物和自然景观的破坏等。

1. 水文物理效应

水利工程建成后,会对区域水文气象条件如降雨、蒸发、气温、风速、风向等产生影响;会改变或调节河道径流的水文特性,如洪峰流量、年径流量、季(日)径流以及极值流量(最大、最小)等;会影响天然河道的输沙特性,造成库区淤积和下游河道冲淤状态的改变;会引起河道径流的水温变化,对作物生长和鱼类繁殖带来影响;由于不合理的地下水开发利用,会造成区域地下水位下降,引起地面沉降或地下水污染等。

2. 河流泥沙动力学效应

在河流,尤其是多沙河流上修建水利水电工程,最重要的环境水文效应之一就是对河道泥沙输移动力特性的改变。水库就像一个大型沉沙池,隔断了河流向下游输移泥沙的连续过程,从而造成水库淤积和上、下游河道冲淤积状态的变化,引起河道形态的演变。水质效应同天然情况下的河流不一样,水利工程建成后,由于蓄(泄)水、引水和灌溉排水等,会使水流在温度,水化学组成天然的结构、状态及时空变化特征等方面发生改变,产生明显的水质效应。水库蓄水后,原天然河道的水流在状态、分层流动力特性及运动特性方面形成了十分复杂的特殊的水质特性,特别是水库的温度分层和化学分层,使得泄放水流的水质也具有分层的特性,从而对下游的水质产生影响。

3. 水生物效应

水利水电工程的修建不仅会影响到陆上生态系统,也会影响到水下生态系统。若以水库的建设为主,则不会影响到包括库区在内的坝上控制河段的生态系统,而更重要的是会对下游相当距离控制河段的生态系统带来影响;不仅会影响到由低级到高级的植物群落和生命活动,而且也会对水生动物,例如鱼类的栖息繁衍带来影响。在以发电为主的水库,对鱼类带来致命伤害,主要是流经水轮机通道时,受到的强烈紊动和压力变化以及机械伤害。有研究表明,水轮机造成的鱼类死亡率在9%~45%,其中由于压力和高速水流造成的死亡不到20%,大部分是由于机械伤害造成的。因此,幼鱼和某些鱼类的伤亡率,取决于溢洪道的尾水水深、冲积强度、混掺程度以及水头、闸门开度等,还与水轮机内瞬时压差和空蚀度,水轮机运行情况等有关。

1.2.5 引江济汉工程影响

引江济汉工程是从长江荆江河段引水至汉江高石碑镇兴隆河段的大型输水工程,属汉江中下游治理工程之一。渠道全长约 67.23km,年平均输水 $37×10^8 m^3$,其中补汉江水量 $31×10^8 m^3$,补东荆河水量 $6×10^8 m^3$。工程的主要任务是向汉江兴隆以下河段补充因南水北调中线一期工程调水而减少的水量,改善该河段的生态、灌溉、供水、航运用水条件。2010 年 3月,引江济汉工程在长江荆江河段开工,工程从荆州区李埠镇长江龙洲垸河段引水到潜江市高石碑镇汉江兴隆段,地跨荆州、荆门两地级市所辖的荆州区和沙洋县,以及省直管市潜江市、天门市。引水干渠全长 67.23km,渠道设计流量 $350m^3/s$,最大引水流量 $500m^3/s$,进口渠底高程 26.10m,出口渠底高程 25.00m,渠底宽 60m,渠道内用砼块护砌,左岸渠顶设计宽7m,渠堤外坡脚有宽 4m 的绿化草为保护地,渠道以通水为主,兼顾灌溉与通航两种功能,可常年通行 1 000 吨级船舶。

1. 引江济汉对汉江中下游水文条件的影响

调水使汉江中下游径流量减少,水流变缓,水位稳定,汉江中下游水体对沿岸城镇与工业排放污染物的稀释自净能力下降。与调水前相比,调水使汉江中下游河道多年平均水位下降。引江济汉对汉江中下游的水温、水体透明度没有大的影响,引江济汉对汉江中下游的根本作用是提高了汉江枯水期的水位和流量。一定程度上又改变了干流河道水位流量关系,水流条件较调水前有较为明显地改善。作为 $95×10^8m^3$ 的南水北调方案的配套工程,引江济汉工程设计引水规模 $350m^3/s$,最大引水规模为 $500m^3/s$,对兴隆以下河段水文条件有一定改善。

2. 引江济汉对汉江中下游水生态的影响

由于长江荆江段水质良好,该段江水引入汉江能改善汉江枯水期的水质。在调水过程中,调水总量和水体污染物含量对汉江水质有着比较大的影响。引江济汉使得长江水的引入,不会改变兴隆枢纽下游江段的河床结构和底质,对大型水生植物和底栖动物的分布和生物量不会产生明显的影响。由于枯水季节水位的提高,改善了鱼类的栖息环境,在某种意义上说,改善了鱼类的生存空间,加上长江或长湖渔业资源的补充,兴隆坝下渔业生产潜力会提高,鱼的种类会增加,一些洄游性鱼类可能重新游回汉江。经过生物调查和研究,长江水的引入在改善鱼类生存环境的同时也会对汉江中下游鱼类造成一定不利的影响。同时引江济汉工程可在一定程度上减缓汉江中下游初春藻类的大量繁殖。

1.2.6 生态环保社会基础

汉江生态经济带的生态条件优越。在主体功能区区域划分中,分布有国家重点生态功能区和国家农产品主产区。流域内有多个国家级和省级森林公园。丹江口水库是南水北调中线工程水源地,是我国中部区域水质状况最好的水体之一,在维护我国生态安全方面具有特殊重要地位。神农架亚热带森林是中纬度地区唯一保持完好的生态系统,是重要的绿色生态屏障,是国家生态文明示范工程试点区,十堰市正在创建国家生态文明先行示范区,襄阳是国家级可持续发展实验区,荆门是国家循环经济试点市,谷城是国家循环经济试点县,仙桃是国家园林城市,潜江是生态文明交通示范市。谷城县五山镇早在 2004 年就开展了"生态文明户""生态文明村"评比活动,为全国最早。生态建设与环境保护群众基础良好。

(1)汉江生态经济带可以通过生态市、生态县、生态文明先行示范区、循环经济试点市等建设,可以进一步加快汉江生态经济带经济结构的调整和产业布局的优化,减少环境污染和生态破坏,更好地为生产力的发展增添后劲;进一步促进人们生产方式、生活方式、消费观念的转变,推进生态文明建设;进一步建设优美舒适的人居环境,生产安全可靠的绿色产品,实现自然资源的永续利用。从而有效改善人民的生活质量,提高人民的生活水平。

(2)汉江生态经济带通过推进资源节约型、环境友好型社会建设,以污染治理化解环境压力,以资源节约优化经济发展,以环境友好促进社会和谐,从而推动区域经济社会转入科学发展轨道。汉江生态经济带要在规划期内推进全区域经济跨越式发展,既要优化产业布局,调整产业结构,走科技先导型、资源节约型、清洁生产型、生态保护型、循环经济型的发展之路,又要进一步凸显区域的生态优势,提升对外形象,增强区域对资金、技术、人才等方面的吸引力,吸引更多的外部投资,为区域经济的跨越式发展提供支撑。

（3）汉江生态经济带在现有环保基础上加大了自然生态系统和环境保护力度，实施了重大生态修复工程，增强了生态产品生产能力，推进了荒漠化、石漠化、水土流失综合治理。在控制开发强度、调整空间结构的基础上，促进生产空间集约高效、生活空间宜居适度、生态空间山清水秀，给自然留下更多修复空间，给农业留下更多良田，给子孙后代留下天蓝、地绿、水净的美好家园。同时经济带内部分区域已开展生态文明制度建设，把资源消耗、环境损害、生态效益纳入经济社会发展评价体系，建立体现生态文明要求的目标体系、考核办法、奖惩机制。

因此，在良好的生态环境基础上要突出汉江生态经济带的区域经济特色优势，通过科学有效的方法推动生态环境保护和经济建设，使全区域经济结构更为合理，经济增长方式得到根本性转变，生态经济得到快速发展；将汉江生态经济带建设成具有特色生态文化体系、城乡统筹发展、社会事业全面进步、人民生活水平显著提高，资源得到高效循环综合利用，生态环境优良，人和自然的关系更为和谐的区域。

1.3 研究区河流水系

汉江干流经陕西、湖北两省，于武汉市龙王庙入长江，全长 1 577km，流域面积 $5.9 \times 10^4 km^2$。汉江北以秦岭伏牛山、桐柏山、大洪山为分水岭分别与黄河、淮河及本流域的府环河相邻，南以大巴山、神农架、荆山为分水岭分别与本流域的嘉陵江、长江上游北岸中小河流、沮漳河相邻。下游南岸为江汉平原，无明显天然分水线，为计算流域面积，以堤防为界。按河长计汉江为长江最大支流（按面积计则次于嘉陵江居第二，按水量计则次于岷江、嘉陵江居第三）。根据国家水文年鉴编印规范规定，郧西县金钱河口（白河水文站）为上游与中游分界点，金钱河口至钟祥市皇河口（皇庄水文站）为中游与下游分界点。为统计方便，又以丹江口（黄家港水文站）为界分中游上段和中游下段。汉江上游河段长 709km，集水面积 59 115km²；中游河段长 484km，区间面积 82 941km²，其中上段长 223km，区间面积 36 102km²，下段长 281km，区间面积46 839km²；下游河段长 384km，区间面积 16 944km²。

汉江北先于南入鄂，北岸郧西县景阳乡耿家沟至南岸郧阳区胡家营镇焦家台子，其间 31km 为鄂陕界河，界河南岸为陕西省白河县境。汉江入境后经郧西、郧阳、丹江口、谷城、老河口、襄阳、宜城、钟祥、荆门、天门、潜江、仙桃、汉川、武汉等县市入长江。汉江在湖北省河段长 864km，为汉江全长的 54.8%，集水面积 52 694km²，为汉江总面积的 33.1%。

汉江上游和中游上段属山区河流，两岸坡陡谷深，水急滩多，东行入境后在南岸郧阳有汉江最大支流堵河汇入，过郧阳进入丹江口水库库区，北岸有丹江自河南省汇入。汉江出丹江口水库折向东南行，两岸为丘陵河谷阶地，河道宽浅，河汊密布，江心滩洲众多，主流游荡不定，枯水期河宽仅 300~400m，洪水期漫滩可达 2~3km。此段南岸有南河、蛮河分别在谷城、钟祥汇入，北岸有营白河自河南省入境后携支流滚河在襄阳汇入。

汉江自钟祥河出山谷，山尽水泛，进入冲积平原。河床坡降平缓，两岸受堤防约束。除汉北河在武汉新沟汇入外,支流较少。另有东荆河、通顺河在潜江市谢湾和泽口分汉江水于武汉市汉南区水洪和蔡甸区沌口入长江。汉江下游原是云梦古泽的一部分,由于汉江泥沙输送堆积,古泽淤废,分解成平原湖泊。明代开始,两岸筑堤,以水争地,形成下游水道狭窄,汉川以下两岸堤距仅300~400m,洪水宣泄不畅,常溃口成灾,新中国成立前三年两溃。1935年7月,钟祥至旧口左岸决堤长4km,洪水经天门、汉川至汉口张公堤,由谌家矶入长江。洪水所经之地,田地房屋荡然无存。新中国成立后,对汉江下游河道进行综合治理,除加强沿江两岸堤防建设外,还兴建了大量的分洪撇洪工程,如杜家台分洪闸,汉北河、府环河改道撇洪工程。加上丹江口水库拦蓄上游洪水,使洪水与河道安全泄量基本平衡。

1.3.1 汉江上游河流

湖北省汇入汉江上游的河流在汉江北岸,上起郧西县景阳乡上沟,下至郧西县夹河镇大车沟口,有河流60条,较大的有仙河、金钱河。

仙河:源出郧西县湖北口乡小岩垭,南流至关防乡猴坡进入陕西省,在旬阳县蜀河镇入汉江,全长64km,集水面积500km²,湖北省内长38.6km,集水面积335km²。

金钱河:又名夹河,源出陕西省柞水县秦岭光秃山,自郧西县上津乡长省林进入湖北境,南流至郧西县夹河镇吕家坡入汉江,全长261km,集水面积5 610km²,湖北省内长63.5km,集水面积962km²。

1.3.2 汉江中游上段河流

湖北省内的汉江中游上段上起郧西县夹河镇大东沟口,下至丹江水库坝下丹江口市黄家港。汇入河流600条,其中南岸413条,北岸187条。较大的南岸有堵河,北岸有天河、丹江支流淘河。丹江水库建成后丹江已成库区,未按河流统计。

堵河:源出大巴山北麓,陕西省镇坪县山树坪,北流经竹溪县鄂坪乡彭家台入湖北后折向东流,至竹山县又折向东北流,于郧阳区辽瓦乡堵河口入汉江,流经竹溪、竹山、房县、十堰、郧阳等县区市。堵河上游在陕西省内名南江河,入湖北后称汇湾河,支流县河汇入后又称泗河,官渡河汇入后始称堵河。堵河全长342km,集水面积12 431km²,湖北省内长245km,集水面积10 932km²。堵河水系较为发育,河网密度大,支流286条,较大的有县河、泉河、官渡河、深河、苦桃河、霍河。县河又称小河,上游分东西两支,东支长为干流,源出竹山县大庙乡周家庄,至竹溪县新洲乡郭家洲入堵河,长94.9km,集水面积522km²。支流43条。较大支流为西支龙王河,源出竹溪县蒋家堰乡龙王凹,至平镇乡楂家沟入县河。长69.3km,集水面积658km²。泉河源出竹溪县丰溪乡龙桃湾,北流至新洲乡郭家洲入堵河,长84.6km,集水面积901km²,支流28条。官渡河源出神农架林区大九湖乡南天门,经房县北流至竹山县田家坝乡泗河坪入堵河,是堵河最大支流,长127km,集水面积2 885km²,支流52条,较大的有公祖河、渣渔河。深河源出神农架林区官封乡泉水湾,北流经房县在竹山县田家坝镇入堵河,长81.6km,集水面积582km²,支流10条。苦桃河又名潭家河,源出竹山县牌

楼乡宽坪岭,南流至竹山县田家坝镇入堵河,长 64.1km,集水面积 553km²,支流 19 条。霍河
又名秦口河,源出房县门古寺镇楠木洼,北流至竹山县城关镇霍河湾入堵河,长 103km,集水
面积 781km²,支流 24 条。堵河流域水能资源丰富,干流建有黄龙滩水力发电站,支流上建有
中型水库三处。

天河:源出陕西省山阳县东南,在陕西省称南水河,南流于郧西县茅坪乡大凹入湖北省
境,流经郧西县城于观音镇天河口入汉江。全长 99km,集水面积 1 608km²,湖北省内长
64.9km,集水面积 1 183km²,支流 41 条,较大的有五里河、安家河。

滔河:丹江支流。源出陕西省商南县西部新开岭西南麓。南流于郧阳区南化塘镇白木
沟口入湖北省境,在郧阳区城折向东流于梅铺镇尖头进河南省,在淅川县滔河口入丹江口水
库。全长 156km,集水面积 1 520km²,湖北省内长 83.5km,集水面积 775km²,干流建有滔河
中型水库。

1.3.3　汉江中游下段河流

汉江中游下段上起丹江水库坝下丹江口市黄家港,下至钟祥市呈庄。汇入河流 101 条,
南岸 63 条,北岸 38 条。较大河流南岸有北河、南河、清溪河、蛮河、利河;北岸有清河、唐白
河及其支流滚河、淳河、激河。

北河:源出房县沙河镇南进沟,东流至谷城县北河镇小坪入汉江,长 103km,集水面积
1 194km²,支流 34 条,较大的有紫金河、池河、团湖河。干流建有潭口中型水库。

南河:上游分两支,南支名粉青河,北支名马栏河,汇合后称南河。南支长为干流,源出
神农架林区田家山乡大神农架,经保康县、房县东流至谷城县城关镇王家咀入汉江。长
253km,集水面积 6 481km²,支流 175 条,其中粉青河段长 151km,集水面积 2 146km²,支流
53 条。北支马栏河源出房县土城镇羊圈梁子,南流至房县城关镇折向东流,于保康县寺坪镇
彭家湾与南支粉青河相汇。马栏河长 108km,集水面积 2 299km²,支流 67 条,较大的有汪家
河、清溪河。汪家河源出房县化龙镇西沟,南流至化龙镇折向东流,于房县军店镇汤家营入
马栏河,长 50.8km,集水面积 641km²,支流 17 条;清溪河源出保康县后坪镇分水岭,东流至
后坪镇折向南流入马栏河,长 50.8km,集水面积 599km²,支流 15 条。南河干流已梯级开发,
建有过渡湾、白水峪、南河水电站,支流建有汪家河、谭家湾中型水库。

蛮河:源出保康县龙坪镇马虎垭,东流经南漳、宜城于钟祥市转斗镇小河口入汉江。长
184km,集水面积 3 276km²,支流 82 条。较大的有清凉河、黑河。清凉河源出南漳县闫坪镇
天坪垭,东南流于武安镇谢家台入蛮河,河长 79.5km,集水面积 561km²,支流 12 条。黑河源
出南漳县薛坪镇查岭坪,东流至安集镇折向北流于高家台入蛮河,长 78.6km,集水面积
802km²,支流 21 条。自南漳县武安镇至宜城市郭海闸有百里长渠,分蛮河水灌溉,百里长渠
又名白起渠、战国渠,长 47.7km,已有两千多年历史。蛮河干支流建有三道河、云台山大型
水库,中型水库四座。

涝河:源出荆门市仙居镇杜家台子,东流于钟祥市磷矿镇涝河口入汉江,长 84.1km,集

水面积 1 143km²,支流 17 条。建有中型水库 4 座。利河下游为汉江蓄洪区。

清河:上游名东排子河,源出河南省淅川县南部山丘,经邓州市于襄州区黑龙集镇李楼入湖北省境,在襄阳市樊城区清河口入汉江,长 116km,集水面积 1 960km²,湖北省内长 74.5km,集水面积 1 376km²,支流 39 条,较大的有西排子河、红水河。建有西排子河、红水河大型水库,中型水库 6 座。流域地处丹江口水库灌区,河渠交错,水系复杂。

唐白河及滚河:上游分东西两支,东支名唐河,西支名白河,汇合后名唐白河。白河长为干流。源出河南省嵩山县,伏牛山主峰玉皇顶,于襄州区朱集镇东翟湾入湖北省境,在襄州区张湾镇黄沙坎入汉江,全长 352km,集水面积 24 500km²,省内长 48.6km,集水面积 4 439km²,支流 123 条。唐河源出河南省方城县北七峰山,于襄州区埠口镇云台寺入湖北省境,在襄州区双沟镇龚家咀与白河相会。全长 286km,集水面积 9 870km²,省内长 48.0km,集水面积 1 071km²。支流 41 条。滚河上游名沙河。源出随州市吴山镇七尖峰,在襄州区东津镇唐家店入唐白河,长 146km,集水面积 2 824km²,支流 61 条。较大支流华阳河,源出枣阳市刘升乡碾子湾,在琚湾镇入滚河,长 78.5km。集水面积 1 598km²。滚河流域降雨径流少,是湖北省干旱地区,俗称"旱包子"。流域内水利工程众多,有熊河、华阳河大型水库,中型水库 20 座,小型水库众多。另有石台寺、大岗坡大型提水工程,提唐白河水入流域灌溉。

淳河:源出枣阳市耿集镇余家湾,东流在襄州区东津镇王家咀入汉江。长 67.4km,集水面积 626km²,支流 23 条。有罗岗、秦咀中型水库。

激河:又名直河。源出京山市杨集镇鹰子尖,在钟祥市洋梓镇直河口入汉江,长 94.4km,集水面积 1 597km²,支流 35 条。较大支流长寿河,源出钟祥市张集镇小寨子山,在洋梓镇三义河入激河,长 68.8km,集水面积 596km²,支流 27 条。激河流域上游为丘陵区,有温峡口大型水库和黄坡中型水库,下游为平原蓄洪区。

1.3.4 汉江下游河流

汉江下游上起钟祥市皇庄,下至汉江口,支流 220 条。南岸支流 38 条,较大的有竹皮河;北岸支流 182 条,较大的有汉北河及其支流瑰水、大富水。

竹皮河:源出荆门市子陵铺镇赵家冲,于马良镇入汉江。长 72.0km,集水面积 558km²,支流 11 条。流域上游为丘陵区,有漳河水库灌渠穿过,下游为平原湖区。

汉北河:源出京山市孙桥镇朱家冲,南流经天门拖市镇后折向东流,经应城市在汉川市新河镇新沟闸入汉江。长 238km,集水面积 6 256km²,支流 156 条,较大的有洗水、大富水。河源至天门市万家台称天门河,长 140km,集水面积 2 536km²。万家台以下称汉北河,于 1969 年人工开挖,长 98km。原天门河经天门、汉川入汈汊湖,由于上游采水量大,湖垸洪涝灾害频发,为综合治理汉北地区湖垸而开挖汉北河,将天门河改道,撇开汈汊湖直接入汉江。在汉川市民乐镇有沧水分汉北河水经东头闸入府环河。瑰水源出京山市杨集镇彭家湾,南流经天门市胡市镇水陆李家入汉北河,长 91.8km,集水面积 749km²,支流 22 条。瑰水皂市以下河道曲折,水流不畅,1975 年开挖新河 19km,缩短流程 6km。上游有惠亭山大型水库。

大富水源出大洪山南麓,随州市三里岗镇黄狗山。南流经京山市在应城市天鹅镇南垸入汉北河,长168km,集水面积1 672km²,支流50条。下游河道曲折,水流不畅,20世纪70年代,配合天门河改道,开挖河道43.5km,使流程缩短1/3。流域内建有高关大型水库,中型水库两座。

1.4　研究区产业布局

1.4.1　中游产业布局

1. 襄阳市产业布局

襄阳市省级及国家级开发区:湖北襄阳鱼梁洲经济开发区、襄阳高新技术产业开发区、襄阳经济技术开发区、湖北襄州经济开发区、襄州双沟工业园、湖北襄城经济开发区、湖北樊城经济开发区、湖北南漳经济开发区、湖北谷城经济开发区、湖北谷城石花经济开发区、湖北保康经济开发区、湖北老河口经济开发区、湖北枣阳经济开发区、枣阳吴店工业园、湖北宜城经济开发区。

湖北襄阳鱼梁洲经济开发区:鱼梁洲建设成为以汉水文化为灵魂,以水生态景观为特征,以文化旅游产业为支撑,辅之以部分先进城市功能的中国汉水文化旅游综合试验区。以旅游业为主导。位于襄阳市主城区。

襄阳高新技术产业开发区:高新区产业布局为"一区两园"。汽车工业园是以"服务东风、配套东风"为宗旨,以汽车零部件项目为主体的工业园区。园区内有神龙工业园、汽车电子园、节能产业园等多个园中园,重点发展汽车产业、新能源、节能环保等产业。园区内有襄阳科技城、国际创新产业园、健康产业园等多个园中园,重点发展航空航天、机电控制、新材料、健康产业、电子信息等产业。主导产业为汽车零部件制造业。位于襄阳市主城区。

襄阳经济技术开发区:主要规划为装备制造、电子电气、环保节能、机械加工及制鞋服装五大产业。目前入园企业较少,暂无明显主导产业。位于襄阳市主城区。

湖北襄州经济开发区:大力发展汽车产业、农副产品加工业、服务业及纺织业,区内基本上形成了四大功能区。主导产业为汽车零部件制造与销售。位于襄州区。

襄州双沟工业园:园区农副产品资源丰富,该园区是襄阳市菜篮子基地和鄂西北粮油加工中心。主导产业为农副产品加工业。位于襄州区。

湖北襄城经济开发区:规划建设生物医药、能源物流、建工建材、机械加工、精细加工等"五大板块"。开发区功能定位为襄阳市重要的水陆联运枢纽,以发展火电能源、化工、建材工业为主体,以发展循环经济产业链为特色的生态型城市工业园区。位于襄城区。

湖北樊城经济开发区:有全市汽车、化纤纺织、能源三大园区。其中主导产业为化纤纺织。位于樊城区。

湖北南漳经济开发区:开发区由机械化工工业园区、轻纺工业园区、建材工业园区三部分组成。主导产业为磷化工。位于南漳县。

湖北谷城经济开发区：谷城经济开发区已初步形成了三个主导产业集群，分别为新型产业群、汽车配件产业集群、食品医化产业群。主导产业为食品医药。位于谷城县。

湖北谷城石花经济开发区：初步形成骆蓄汽车配件工业园、杨溪湾化工工业园、平川冶金工业园等，园区内形成了纺织、机械、化工、冶金、电子、建筑建材、彩印装潢、食品加工等门类较为齐全的现代化工业体系；以铅酸蓄电池、合金铅、高档服装面料、精密铸件、硬脂酸、实木家具、石花大曲酒等一大批省优、部优为龙头的产品体系。主导产业是汽车配件。位于谷城县。

湖北保康经济开发区：由城区精细磷化工业园、马桥周湾磷化工业园、马桥横溪矿化工业园、襄阳保康余家湖工业园、城关台商农产品加工工业园组成。主导产业为磷化工。位于保康县。

湖北老河口经济开发区：包括"一区五园"，即开发区核心区、李楼冶金工业园、洪山嘴新型建材工业园、仙人渡工业园、光化创业园、精细化工工业园。主导产业为机电汽车产业。位于老河口市。

湖北枣阳经济开发区：汽车及零部件、精细化工、轻工纺织、农副产品加工为四大支柱产业。主导产业为食品加工和汽车及零部件。位于枣阳市。

枣阳吴店工业园：以纺织业为主，带动塑编、机械、米面加工及食品罐头加工业发展。主导产业为纺织业。位于枣阳市。

湖北宜城经济开发区：主要经营开发区已形成农产品加工、纺织服装、机械装备制造、光电子四大产业。位于宜城市。

2. 荆门市产业布局

省级及国家级开发区：湖北东宝工业园区、湖北荆门高新技术产业园区、湖北荆门化工循环产业园区、湖北沙洋经济开发区、湖北京山经济开发区、湖北钟祥经济开发区。

湖北东宝工业园区：东宝工业园始建于 2008 年，形成了磷化工、建材、纺织、农产品加工等主导产业。最具特色的为其磷化产业集群，新洋丰肥业位于园区中。位于东宝区。

湖北荆门高新技术产业园区：荆门高新区定位于循环经济发展示范区，建设区域资源循环利用与再造的特色型产业园区。主导产业为城市矿山循环产业。位于东宝区。

湖北荆门化工循环产业园区：产业园建成区 $7km^2$，新规划 $20.63km^2$，园区现有企业主要有荆门石化总厂、天茂集团和市热电厂等，规划在现有企业基础上形成三大产业链——液化气利用产业链、甲醇资源利用产业链和苯资源利用产业链。主导产业为石油化工。位于掇刀区。

湖北沙洋经济开发区：以农产品加工、新型建材、精细化工三大主导产业为支撑，以机械、能源、电子等新兴产业为补充的新型工业化体系。位于沙洋县。

湖北京山经济开发区：主要产业为机械、建材、冶金、化工、纺织服装、农副产品加工六大产业。位于京山市。

湖北钟祥经济开发区：已初步形成了以机械、建材、化工、轻工、纺织、食品饲料六大行业为支柱,具有钟祥地方特色的工业体系。位于钟祥市。

1.4.2　下游产业布局

1. 天门产业布局

天门市省级经济开发区:湖北天门经济开发区。区内已建成投产企业(项目)100 余家,初步形成了纺织服装、机械电子、医药化工、农副产品加工四大产业板块。

2. 潜江产业布局

省级经济开发区及国家级开发区:湖北潜江经济开发区、潜江园林经济开发区、潜江张金经济开发区。

湖北潜江经济开发区:形成了以石油化工的丙烯等产品,盐卤化工的烧碱、盐酸、氯气、氢气等产品,煤化工的合成氨、甲醚、二甲醚等产品,硫化工的硫酸、二氧化硫、三氧化硫等产品为产业支撑的石油化工、盐化工、煤化工、医药化工、精细化工产业链。主导产业为石油化工。

潜江园林经济开发区:园林经济开发区遵循资源节约、环境友好的发展理念,立足于传统产业改造升级,发展高新技术产业,以纺织服装、食品加工、汽车零部件、生物医药、电子信息、新材料为主导产业。

潜江张金经济开发区:开发区已经发展成为集火电,铝冶炼、脱氧铝线、电工圆棒、铝杆、A356 合金等铝产品于一体的新型铝电产业集群,形成了主要能源自给、部分辅料自产、大部分原铝自销的发展格局。主导产业为铝工业。

3. 仙桃产业布局

省级经济开发区:湖北仙桃经济开发区、仙桃彭场工业园。

湖北仙桃经济开发区:有食品加工、无纺布卫材、机械电子、医药化工和纺织服装五大产业集群。主导产业为食品加工和机械电子。

仙桃彭场工业园:现拥有 240 多家无纺布企业,其中无纺布生产和制品加工企业 108 家,配套企业 242 家,规模以上企业 45 家,拥有自营出口权企业 43 家,各类无纺布生产线 23 条。主导产业为无纺布生产和制品加工。

4. 孝感产业布局

孝感市省级经济开发区:孝感高新技术产业区、湖北汉川经济开发区、湖北应城经济开发区。

孝感高新技术产业区:孝感高新区正在打造光电子信息、先进装备制造、汽车及零部件三个主导产业集群,提升食品加工、纺织服装两个传统产业集群,发展生物医药、新材料、新能源等高新技术产业。主导产业为电子信息、先进装备制造、汽车及零部件。位于孝感城区。

湖北汉川经济开发区:汉川经济开发区形成了电力能源、食品加工、纺织服装、印刷包装、金属制品五大主导产业。位于汉川市。

湖北应城经济开发区:打造新型材料、机械制造、食品医药、纺织服装、电子信息、现代物流六大产业集群。

第二章

水资源状况

2.1 汉江流域水资源现状

2.1.1 水文站特征

汉江流域水文记录始于1929年,但仅限于干流中下游的少数水位站。至1935年增设了安康、白河、郧县(今郧阳区)、襄阳等控制性水文站达10余处,观测水位、流量。新中国成立后,汉江干、支流又增设了大量监测站,目前整个流域水文、水位站已达180多个。

(1)黄家港水文站。黄家港水文站位于丹江口坝下6.19km,集水面积95 217km²。1953年8月由长江水利委员会设立,1956年1月起基本水尺断面上迁950m的左岸观测至今。丹江口水库建成运行后,因来沙减少,断面产生剧烈冲刷。多年平均流量1 250m³/s情况下,水位下降达1.64m;1979年后,河段冲刷已基本平衡,水位流量关系趋于稳定,水位流量关系为较稳定单一线。1999年下游王甫洲水利枢纽建成后,对该站低水水位流量关系有一定的影响。

(2)襄阳水文站。襄阳水文站位于襄阳市襄城小北门,集水面积为103 261km²,水位观测年份为1929年5月—1938年1月、1939年6月—1942年12月、1943年6月—1948年12月、1949年6月至今,流量观测1933—1938年、1947—1948年、1950—1960年、1973年至今。襄阳站下游9km处有唐白河汇入,对襄阳站有明显的顶托作用。丹江口初设时,通过对不同时期襄阳站水位流量关系及下游水情的分析,由本站水位资料插补了缺测的逐日平均流量和特殊流量资料。丹江口大坝建成蓄水后,清水下泄使河段汛前、汛后冲淤变化很大,河床极不稳定。至1979年,多年平均流量1 600m³/s情况下水位下降约0.46m;流量在1 000m³/s时水位下降0.74m。目前,襄阳以上河段为卵石和卵石挟沙河床,较为稳定。本站受洪水涨落、断面冲淤及下游唐白河顶托等多种因素影响,历年水位流量关系不稳定,流量资料多用连时序法整编。

(3)皇庄(碾盘山)水文站。1932年6月在皇庄观测水位,1933年5月增加流量、含沙量测验。1936年9月断面上迁18km至碾盘山,设立碾盘山水文站,但皇庄仍保留水位观测至

1938 年 7 月底。碾盘山水文站于 1938 年 8 月—1947 年 1 月和 1947 年 12 月—1949 年 12 月两度停测,1950 年 1 月恢复观测,1973 年 4 月断面下迁 18km 回皇庄,观测至今。碾盘山、皇庄水文站集水面积分别为 140 340 km² 和 142 056 km²,上距丹江口大坝分别为 223km 和 241km。皇庄水文站测流断面一般情况涨淤落冲,高水左冲右淤,断面汛前是两个深槽夹一滩,滩不露出水面,汛后则一深槽,且汛期前后冲淤变化幅度较大,可达 1m。皇庄水位流量关系受洪水涨落影响明显,伴有断面冲淤影响。

(4)沙洋水文站。沙洋水文站位于湖北省荆门市沙洋县,于 1929 年由湖北省水利局设立为水位站,1932 年由前汉江工程局接办。1930 年 1 月—1931 年 2 月、1931 年 6—9 月、1938 年 10 月—1950 年前后三次中断观测;1946—1950 年,有断续不全水位记录。1950 年 7 月长江委中游工程局复设立为沙洋水文站,流量断面位于下游 6km 的新城,另设水尺观测,1953 年改为新城水文站,本站改为沙洋水文站,至 1955 年 5 月停测。1980 年 1 月新城水文站上迁至沙洋,水尺位于 1955 年断面上游约 70m 处,集水面积 144 219 km²,改为沙洋站,1983 年 1 月上迁 100m。测验河段顺直,两岸有堤防,测流断面左岸为石砌堤坡,下游 400m 处,左为罗汉寺引水闸,最大设计流量为 120m³/s;右岸为滩地,滩宽约 900m 至干堤,滩上约 10m 为民堤,约 500m 为沙洋镇;其上约 600m 有公路桥一座,测验河段主槽偏左。水位 35m 以下时,右岸出现沙洲,宽约 200m,水位 38m 以上主泓逐渐移向江心,流速横向分布较均匀。

(5)泽口水位站。泽口水位站位于湖北省潜江市泽口镇,距汉江河口约 241km,集水面积 144 535 km²,该站于 1933 年 1 月设为水文站,1938 年 8 月停测,1947 年 3 月恢复,1947 年 12 月停测,1949 年 12 月改为岳口水文站,1951 年 1 月恢复为泽口水位站,1983 年 1 月下迁 350m,观测至今。泽口水位站水尺位于汉江右岸,距东荆河口下游约 1.5km,测验河段上游为弯道,下游较为顺直,水位高于 38.5m 时开始出现漫滩,右岸滩宽约 300m,主槽河宽约 400m,左岸滩宽约 1 000m,水尺下游 100m 处有汉南引水闸,对本站水位很短时间内稍有影响。

(6)仙桃水文站。仙桃水文站距汉江河口 157km,为汉江下游在东荆河分流后的水情基本控制站。仙桃站设立于 1932 年 3 月,1947 年 12 月停测,1951 年 1 月恢复,1954 年增加流量、含沙量测验项目,1955 年 1 月上迁 1 300m 至小石村,改名为小石村水文站。1968 年 1 月停测流量和含沙量,1971 年恢复流量和含沙量测验。1972 年 1 月断面下迁 1 400m 至仙桃,更名为仙桃水文站,集水面积 144 683 km²,观测至今。

2.1.2　水文历史演化分析

考虑到丹江口水库 1959 年下闸蓄水、1967 年建成,因此统计时段分为丹江口水库建库前(1956—1959 年)、滞洪期(1960—1967 年)、蓄水期(1968—2005 年)和丹江口大坝加高工程以来(2006—2012 年)。截至 2012 年,汉江湖北段实施的水体工程主要包括:丹江口大坝、王甫洲水利枢纽工程、崔家营水利枢纽工程和兴隆水利枢纽工程。

1. 汉江中下游径流特征分析

统计分析了汉江中下游主要控制性水文站黄家港、襄阳、皇庄(碾盘山)、沙洋、潜江、仙桃等站1956—2012年实测流量过程。

(1)汉江黄家港水文站。建库前(1956—1959年)和滞洪期(1960—1967年)时期全年枯、平、丰径流量变化趋势明显,最低径流量在1月为274m³/s;最高径流量在7月,可达3 750m³/s。蓄水期(1968—2005年)后径流量减少,全年径流平缓,最低径流量在3月;最高径流量在9月,峰值相差1 005m³/s;2005年丹江口大坝加高,进一步开始蓄水后,黄家港水文站径流量进一步减少,全年最高水位出现在9月。

(2)汉江襄阳水文站。建库前(1956—1959年)全年枯、平、丰径流量年变化趋势显著,最低径流量在1月为300m³/s,最高径流量在7月为3 930m³/s。蓄水期(1968—2005年)后径流量相对变换平缓,最低径流量在3月;最高径流量在8月,峰值相差1 148m³/s。2005年丹江口大坝加高,进一步开始蓄水后,襄阳水文站径流量进一步减少,全年最高水位出现在9月。

(3)汉江皇庄水文站。建库前(1956—1959年)和滞洪期(1960—1967年)时期全年枯、平、丰径流量变化显著,最低径流量在1月为336m³/s;最高径流量在7月,可达4 800m³/s。蓄水期(1968—2012年)后径流量平缓,最低径流量在2月;最高径流量在8月,峰值相差1 636m³/s,近年来最高径流量出现在9月。

(4)汉江沙洋水文站。建库前(1956—1959年)和滞洪期(1960—1967年)时期全年枯、平、丰径流量年变化趋势明显,最低径流量在2月为334m³/s;最高径流量在7月,可达4 660m³/s。蓄水期(1968—2012年)后径流量相对变换平缓,最低径流量在2月;最高径流量在8月,峰值相差1 592m³/s,相差倍数2.94倍,近年来最高径流量出现在9月。

(5)汉江潜江水文站。建库前(1956—1959年)和滞洪期(1960—1967年)时期全年枯、平、丰径流量年变化趋势明显,最低径流量在1月为0.991m³/s;最高径流量在7月为966m³/s。蓄水期(1968—2005年)后径流量最低径流量在2月、3月;最高径流量在8月,峰值相差13.25倍。

(6)汉江仙桃水文站。建库前(1956—1959年)和滞洪期(1960—1967年)时期全年枯、平、丰径流量年变化趋势明显,最低径流量在2月为342m³/s;最高径流量在7月为3 670m³/s。蓄水期(1968—2012年)后最低径流量在3月;最高径流量在8月,峰值相差2.49倍,近年来径流量进一步降低,年最高径流量出现在9月。

2. 汉江中下游流域水位特征

统计分析了汉江中下游主要控制性水文站黄家港、襄阳、皇庄(碾盘山)、沙洋、潜江、仙桃等站1956—2007年实测水位过程。考虑到丹江口水库1959年下闸蓄水、1967年建成,因此统计时段分为丹江口水库建库前(1956—1959年)、滞洪期(1960—1967年)和蓄水期(1968—2007年)。

(1)汉江黄家港水文站。建库前(1956—1959年)全年各月水位均高于建库后;蓄水期全年水位最低出现在3月;最高在7月,相差0.95m。

(2)汉江襄阳水文站。建库前(1956—1959年)全年各月水位均高于建库后;蓄水期全年水位最低出现在 2 月;最高在 8 月,相差 0.27m。

(3)汉江皇庄水文站。建库前(1956—1959 年)全年各月水位均高于建库蓄水后期;蓄水后期水位最低在 2 月;最高在 8 月,相差 1.86m。

(4)汉江沙洋水文站。建库后全年各月水位均高于建库前,平均高 0.38m;蓄水期水位最低在 2 月;最高在 8 月,相差 2.1m。

(5)汉江潜江水文站。建库后枯水期水位高于建库前;丰水期水位低于建库前。建库后水位波动较小,最低出现在 2 月、3 月;最高在 8 月,相差 2.27m。

(6)汉江仙桃水文站。建库后枯水期水位高于建库前;丰水期水位低于建库前,总体而言,建库前、建库后水位波动不大。建库后蓄水期水位最低出现在 2 月;最高在 8 月,相差 4.21m。

3. 汉江中下游流域水文特征分析

汉江中下游主要控制断面多年平均水面宽在黄家港河段最大,到襄阳河段逐渐变小,襄阳到沙洋河段水面渐宽,之后水面宽呈变窄的趋势,在仙桃河段达到最低值。多年平均水面宽的变化范围为 329.2~555.7m。汉江中下游主要控制断面多年平均水深在黄家港到襄阳河段逐渐增大,在襄阳到皇庄河段逐渐降低,皇庄至沙洋又呈上升趋势,在仙桃河段达到最大。

汉江流域年径流的地区分布与降水分布大体一致,由于陆地蒸发的地区分布与降水量相反,使得年径流深的地区分布更不均匀。流域内径流深一般为 300~900mm,秦岭山地和米仓山、大巴山一带均在 400mm 以上,其中米仓山、大巴山高值区分别为 1 400mm 和 1 000mm。流域东南部及东部降水高值带由于陆地蒸发量大,年径流深和其余大部分地区为 300~400mm。径流深小于 200mm 的低值区位于丹江上游商、丹盆地及东部的南襄盆地一带。

汉江径流年内分配极不均匀,以皇庄水文站为例,丹江口建库前汛期(5—10 月)径流量占年径流量的 78%,丹江口初期规模建库后汛期径流量占年径流量的 70%。汉江多年平均连续最大四个月径流量占全年径流量的 60%~65%,白河以上为 60%,白河以下为 60%~65%。出现时间由东向西推迟,襄阳以下大致在 4—7 月和 4—8 月,襄阳以上为 7—10 月。受流域的调蓄作用,径流的集中程度略次于降水。

汉江径流年际变化也很大,以皇庄水文站为例,其最丰年(1964 年)径流量达 1 060×10^8m^3,最枯年(1999 年)径流量只有 182×10^8m^3,极值比为 5.82。汉江流域年径流变差系数 C_v 值为 0.3~0.6,其分布趋势由西向东递增。

汉江流域(1956—1997 年)地表水资源量 566×10^8m^3,其中丹江口以上流域达 388×10^8m^3,丹江口以下流域达 178×10^8m^3;地下水资源量 188×10^8m^3;全流域地表水和地下水资源重复水量 172×10^8m^3,不重复量 16×10^8m^3,流域水资源 582×10^8m^3。

汉江流域年径流丰枯交替规律与长江年径流丰枯变化基本一致,1964 年、1983 年、2003 年等丰水年和 1996 年、1978 年、1986 年、1997 年等枯水年,汉江与长江完全对应。

汉江皇庄水文站多年平均径流量占汉口水文站多年平均径流量的 7.14%,小于相应的面积比 9.4%;汉江径流量占长江径流量比值丰枯对应规律较为明显;汉江丰水年,其径流量占长江径流量的百分比较大,如 1964 年为 12%,1963—1964 年、1982—1984 年两个丰水期分别为 11.5%和 9.7%;汉江枯水年,其径流量占长江径流量的百分比较小,如 1966 年为 3.5%,1959—1962 年、1976—1979 年两个枯水期分别为 5.7%和 5.6%。

汉江干流建库前和建库后蓄水期水位变化幅度方面,有 5 个水文站(黄家港、襄阳、皇庄、沙洋、仙桃)建库后水位都不同程度有所下降,仅潜江建库后水位较之前有所上升。

2.2 湖北汉江流域水利工程

2.2.1 南水北调中线一期工程

南水北调中线一期工程主要供水目标是京、津及华北地区,调水线路从汉江丹江口水库引水,沿唐白河平原北部及华北平原西部边缘往北自流输水,沟通长江、淮河、黄河、海河四大流域。供水范围跨京、津、冀、豫、鄂五省市。南水北调中线工程是我国经济建设中一项规模宏大的水资源配置工程,对于缓解华北水资源危机,改善供水区生态环境,促进华北地区并带动全国国民经济和社会的持续稳定发展具有重要的战略意义。但调水后由于流域间水资源的分布改变,以及工程施工、移民等活动,对水源区和受水区的生态与环境将产生深远影响。南水北调中线一期工程位于长江干流以北的华中和华北地区,涉及湖北、陕西、河南、河北、北京、天津等省市。工程范围可分为丹江口水库区、汉江中下游工程区和受水区。

丹江口水库区位于东经 110°~112°、北纬 32°~33°。丹江口水库位于汉江上游,控制流域面积 $9.5×10^4km^2$,于 1973 年建成初期规模,坝顶高程 162m,设计蓄水位 157m,相应库容 $174.5×10^8m^3$。水库面积 745km²,回水线沿河道长度,汉江为 177km,丹江为 80km。库区初期规模淹没涉及湖北省丹江口市、郧阳区、郧西县、河南省淅川县等县(区、市),总面积 $1.59×10^4km^2$。丹江口水库后期规模丹江口大坝加高至 176.6m,设计蓄水位 170m,总库容 290.5 $×10^8m^3$。水库面积 1 050km²,回水长度汉江为 194km,丹江为 93km。

南水北调受水区位于东经 111°~118°、北纬 32°~40°。受水区为输水干线途经地区。输水干线由总干渠和天津干渠组成。总干渠从丹江口水库陶岔渠首开始,穿越江、淮、黄、海四大流域,抵达北京团城湖,总干渠全长 1 276.557km。天津干渠长 155.419km。受水区西侧以总干渠为界,东南面分别以汉江直接供水范围线、豫皖省界、引黄灌区以及南水北调东线工程受水区西部边缘为界,包括豫、冀、京、津等省市大部分地区,总面积约 $15.1×10^4km^2$。

丹江口水利枢纽初期工程于 1958 年 9 月开工建设,1973 年底全部建成并运行。2005年为满足南水北调,开始对丹江口大坝开展加高工程,截至 2013 年底,历经近 8 年的建设,目前大坝"长"高了近 15m,从 162m 加高至 176.6m。

为了南水北调中线工程的顺利实施,大坝今后将蓄水至 170m,比过去的蓄水水位抬高13m。相应库容由 $174.5×10^8m^3$ 增加到 $290.5×10^8m^3$。两岸土石坝坝顶高程加高至177.6m,丹江口大坝加高工程校核洪水位 174.35m,死水位 150m,极限死水位为 145m,防洪限制水位为 160~163.5m,总库容 339.1×10^{8}m^3。过坝建筑物可通过 300 吨级驳船。大坝加高增加淹没面积 302.5km^2,淹没线以下人口 22.36 万人、房屋 621.16×10^{4}m^2、耕园地 1.709×10^{4}hm^2。南水北调中线一期工程 2014 年 10 月开始送水。

2.2.2　王甫洲水利枢纽工程

王甫洲水利枢纽位于湖北省老河口市下游 3km,上距丹江口水利枢纽约 30km,控制流域面积 9.53×10^{4}km^2,坝址处平均流量 1 215m^3/s。枢纽的任务以发电为主,结合航运,兼有灌溉、养殖、旅游等作用。王甫洲水利枢纽是汉江中下游衔接丹江口水利枢纽的第一座发电航运梯级。水库正常蓄水位 86.23m,相应库容 1.495×10^{8}m^3,工程建成后增加了发电效益,也可作为丹江口水利枢纽的反调节水库;改善坝址上游通航条件,使丹江口至王甫洲河段达到 V 级航道标准,保证老河口市已建的跨江老河口大桥下净空满足正常通航要求。工程总装机容量 109MW,年发电 5.81×10^{8}kW·h。

王甫洲水利枢纽为二等工程,永久性主要建筑物为 3 级,次要建筑物为 4 级,临时建筑物为 5 级。设计洪水标准为 50 年一遇,流量 18 070m^3/s;校核洪水标准为 150 年一遇,流量 22 000m^3/s;超过此标准与非常溢洪道共泄 300 年一遇洪水,流量 26 962m^3/s。

王甫洲水利枢纽于 1995 年 2 月主体工程开工,1998 年 12 月主河床截流,2000 年 1 月正式下闸蓄水,2000 年 11 月 4 台机组全部投产运行。

2.2.3　新集水利枢纽工程

新集水电站位于汉江中游湖北省襄阳市襄城区和樊城区境内,坝址位于白马洞,上距王甫洲枢纽 47.5km,下距崔家营航点枢纽 63.5km,距襄阳市区 28km。控制流域面积 10.3×10^{4}km^2,坝址处平均流量 1 290m^3/s。结合开发条件和地区社会经济发展的要求,电站的开发任务以发电、航运为主。

新集水电站是汉江中下游丹江口水利枢纽以下的第二级枢纽,为河床式电站,自身调节库容很小。水库建成后,随着水位抬高,可改善库区两岸的灌溉用水条件,增加农田灌溉面积、提高灌溉保证率,为农业生产创造有利条件。新集水电站最大坝高 22.3m,正常蓄水位76.23m(黄海高程),总库容 4.373×10^{8}m^3,属于大(Ⅱ)型水库,装机 120MW,工程等级为Ⅱ等工程。永久性主要建筑物按 2 级设计,永久性次要建筑物按 3 级设计,临时建筑物按 4 级设计。电站按山区丘陵区枢纽工程设计洪水标准为 100 年一遇洪水设计,相应洪峰流量18 700m^3/s;土石坝按照 1 000 年一遇洪水校核,相应洪峰流量38 400m^3/s。

2.2.4　崔家营水利枢纽工程

崔家营航电枢纽位于襄阳市下游 17km,控制流域面积 13.06×10^{4}km^2,本枢纽上距丹江口水利枢纽 142km、王甫洲水利枢纽 109km,下距河口 515km,坝址处平均流量 1 470m^3/s,是以航运为主、兼顾发电、以电养航、综合利用的工程。

崔家营航电枢纽是汉江中下游丹江口水利枢纽以下第三级枢纽工程。水库正常蓄水位62.73m,相应库容 2.45×10⁸m³,装机容量 96MW。崔家营枢纽属Ⅱ等工程,规模为大(Ⅱ)型。枢纽配套建设了 1 000 吨级船闸,可改善库区段航道约 30km 通航条件。

崔家营枢纽工程 2008 年 12 月船闸建成通航,2009 年 4 月第一台机组发电,2010 年 7 月主体工程完工,6 台机组全部投产运行。枢纽建筑物由船闸、电站、泄水闸和土坝组成。永久性主要建筑物的级别为 2 级,次要建筑物为 3 级,临时建筑物为 4 级。主要建筑物采用 50 年一遇洪水设计,相应流量为 19 600 m³/s;校核洪水标准为 300 年一遇,洪峰流量25 380m³/s。

崔家营航电枢纽工程于 2008 年 12 月船闸建成通航,2010 年 1 月下闸蓄水,2010 年 7 月主体工程完工,8 月机组投入运行并验收。

2.2.5　雅口水利枢纽工程

雅口水利枢纽位于汉江中游河段湖北省宜城市境内,上距襄阳市 81.58km,距崔家营航电水利枢纽 56.14km,距宜城市区 15.74km,下距规划中的碾盘山水利枢纽 63.95km,坝址控制流域面积 13.31×10⁴km²,坝址处多年平均流量 1 487m³/s。工程的开发任务以发电为主,兼顾航运、灌溉及旅游。

雅口水利枢纽是汉江中下游丹江口水利枢纽以下的第四级枢纽,水库正常蓄水位55.72m,死水位 55.22m,总库容 6.99×10⁸m³,水库具有日调节功能,最大坝高 20.58m。工程属Ⅱ等大(Ⅱ)型工程,枢纽主要建筑物由泄水建筑物、电站厂房、通航建筑物和两岸挡水建筑物组成。电站装机 6 台、总装机容量 80MW,保证出力 25.44MW,多年平均发电量 3.72×10⁸kW·h。枢纽主要建筑物按 50 年一遇洪水设计,300 年一遇洪水校核,相应频率洪峰流量为 2 500m³/s 和 30 000m³/s,水库最高水位为 55.72m、56.39m,最大下泄流量分别为 2 500m³/s、28 500m³/s。

2.2.6　碾盘山水利枢纽工程

碾盘山水利水电枢纽位于汉江中下游钟祥市境内,工程坝址位于文集镇沿山头,控制流域面积 14.03×10⁴km²,坝址处平均流量 1 020m³/s(丹江口调水后成果)。碾盘山水利水电枢纽是汉江中下游丹江口水利枢纽以下的第五级枢纽,正常蓄水位为 50.72m(黄海高程),相应库容 8.77×10⁸m³,校核洪水位 50.81m,相应总库容 8.96×10⁸m³,属Ⅱ等工程。电站装机为 200MW,年发电量 6.5×10⁸kW·h,主要供电钟祥市和荆门市,电力电量纳入湖北省电力系统。该枢纽工程船闸级别为Ⅲ级,通航船舶等级为 1 000 吨级。工程永久性主要建筑物为2 级,洪水标准采用 50 年一遇,设计泄洪流量 20 200m³/s,校核泄洪流量 27 300m³/s;次要建筑物为 3 级,洪水标准采用 20 年一遇,相应洪水流量为 16 400m³/s;临时建筑物为 4 级,设计洪水标准采用 10 年一遇,相应洪水流量为 16 890m³/s(不考虑丹江口加坝)。

工程主要开发任务为发电、航运,兼顾灌溉与旅游等综合利用。兴建碾盘山水利水电枢纽是地区经济发展需要,也是电力系统的需要,将发电作为枢纽的首要任务。碾盘山水利水电枢纽地处汉江干流中下游,上接规划梯级雅口。枢纽兴建后,可淹没库区险滩7处,改善库区航道58km,并将该河段通航等级从Ⅳ级提高到Ⅲ级(1 000吨级)标准。建设碾盘山水利水电枢纽是实现汉江中下游1 000吨级航运规划目标的重要组成部分之一,因此航运是本枢纽仅次于发电的重要任务。碾盘山水利水电枢纽的开发任务主要是发电和航运,兼有灌溉与旅游等综合利用。

2.2.7　兴隆水利枢纽工程

兴隆水利枢纽位于汉江流域下游湖北省天门市的多宝镇和潜江市的高石碑镇,上距丹江口枢纽378.3km,下距河口273.7km,控制流域面积14.42×10^4km²,坝址处平均流量1 020 m³/s。兴隆水利枢纽是南水北调中线一期工程中汉江中下游治理工程的重要组成部分,是缓解南水北调中线调水对汉江中下游生活、生产和生态用水影响的补偿措施之一。兴隆水利枢纽的工程任务在汉江流域规划和南水北调中线工程规划中均明确为雍高水位,与上游水利枢纽水位衔接,改善两岸灌溉引水条件及库区内航运条件。兴隆枢纽的主要任务是灌溉和航运,同时兼顾发电。

兴隆水利枢纽是汉江中下游干流规划中最下一级梯级。枢纽为Ⅰ等工程,为平原区低水头径流式枢纽。电站挡水后,最大水头差达6.5m,具有一定的水能资源。水库正常蓄水位36.2m,相应库容2.73×10^8m³。库区回水河段涉及湖北省的荆门市、潜江市、天门市、京山市及沙洋农场的部分地区。

兴隆水利枢纽于2009年2月正式开工建设,2009年12月26日实现了一期截流,2012年12月二期截流,2013年3月下闸蓄水,2013年9月投产运行。

2.2.8　补水工程——引江济汉工程

引江济汉工程是从长江荆江河段引水至汉江兴隆河段的大型输水工程,是南水北调中线汉江中下游四项治理工程之一,是湖北最大的水资源优化配置工程。工程主要任务是向汉江兴隆以下河段补充因南水北调中线一期工程调水而减少的水量,改善汉江兴隆以下河段的生态、灌溉、供水和航运用水条件。

引江济汉通水工程根据功能和设计标段分为引江济汉干渠、东荆河节制工程、公路及铁路桥复建工程三部分。工程规模为大型工程、工程等别为Ⅰ等。干渠全长67.23km,渠底宽60m,设计水深5.62~5.85m,设计内坡(1∶3.5)~(1∶2);渠道设计流量350m³/s,最大引水流量为500m³/s,渠首泵站近期规模为200m³/s;工程沿线涉及各类建筑物共计83座,其中各种水闸14座,泵站1座,船闸2座,东荆河橡胶坝3座,倒虹吸30座;公路桥32座,铁路桥1座。该工程同时具有通航功能:为限制性Ⅲ级航道,船闸级别为1 000吨级。

2010年2月底,引江济汉工程初步设计报告获国务院南水北调办批复;2010年3月,引江济汉工程正式开工。2013年主体工程完工。

2.3 汉江中下游水文情势演变预测

规划梯级全部实施后,汉江中下游将形成以丹江口水利枢纽为首的,丹江口—王甫洲—新集—崔家营—雅口—碾盘山—兴隆 7 个梯级共同组成的梯级开发形式。兴隆水利枢纽下游采用引江济汉水源作为补充。

根据南水北调和汉江中下游规划梯级的实施进度,规划梯级将于 2020 年全部实施,预测水平年为 2020 年。预测背景条件为中线调水 $95×10^8m^3$ 下考虑四项补偿工程、梯级规划全部实施后及引江济汉工程。

2.3.1 水体形态影响预测

1. 南水北调实施后水体变化影响

(1)水面宽:汉江中下游主要控制断面多年平均水面宽在黄家港河段最大,到襄阳河段逐渐变小,襄阳到沙洋河段水面渐宽,之后水面宽呈变窄的趋势,在仙桃河段达到最低值。南水北调建成调水 $95×10^8m^3$ 及引汉济渭调水 $10×10^8m^3$ 后,考察了四项补偿工程及梯级电站的建设,汉江中下游各个主要控制断面中除沙洋河段水面宽增大外(主要是兴隆梯级工程的兴建,抬升了河段的水位),其余各河段水面宽均减小。多年平均水面宽减小 10.2 ~ 107.3m,减幅 3.04% ~ 16.5%。

(2)水深:两次调水及梯级开发区,汉江中下游各个主要控制断面除沙洋河段水深增大外(主要是兴隆梯级工程的兴建,抬升了河段的水位),其余各河段水深均减小(表 2-1)。

表 2-1　汉江中下游断面多年平均水面宽和水深　　　　　　　　　单位:m

控制断面		黄家港	皇庄	沙洋	仙桃
水面宽	多年平均水面宽	零方案(A)	650.3	447.6	512.2	335.0
		南水北调(B)	551.1	427.5	55.6	328.1
		南水北调+梯级开发(C)	551.1	425.5	555.6	327.4
		两次调水+梯级开发(D)	543.0	423.3	555.3	324.8
	调水前后差值	绝对差值(B-A)	-99.2	-20.6	43.4	-6.9
	梯级实施后前后差值	绝对差值(C-B)	0	-1.5	0	-0.7
	梯级全部实施后与不调水影响差值	绝对差值(C-A)	-99.2	-22.1	43.4	-7.6
	两次调水梯级开发后与零方案差值	绝对差值(D-A)	-107.3	-24.3	43.1	-10.2

续表

	控制断面		黄家港	皇庄	沙洋	仙桃
水深	多年平均水深	零方案（A）	2.15	2.65	3.64	5.03
		南水北调（B）	2.08	2.38	6.18	4.87
		南水北调+梯级开发（C）	2.08	2.36	6.18	4.84
		两次调水+梯级开发（D）	2.07	2.33	6.17	4.75
	调水前后差值	绝对差值（B-A）	-0.07	-0.27	2.54	-0.16
	梯级实施后前后差值	绝对差值（C-B）	0	-0.02	0	-0.03
	梯级全部实施后与不调水影响差值	绝对差值（C-A）	-0.07	-0.29	2.54	-0.19
	两次调水梯级开发后与零方案差值	绝对差值（D-A）	-0.08	-0.32	2.53	-0.28

2.规划梯级实施后水体形态变化

规划梯级建设前后,对主要控制断面的水面宽度和水深影响较小。但是新集、雅口和碾盘山规划梯级建成后,一定程度上抬升了各梯级库区水位,水面宽度和水深相应的增大。总之,各个控制断面水面宽度和水深变化主要受南水北调的影响,受梯级建设的影响很小。但是各个梯级库区水域的水深和水面宽度受库区形成的影响变化很大。根据《湖北汉江新集水电站环境影响报告书》预测结果,95%保证率枯水年枯水月新集水库形成前后水文参数对比见表2-2、表2-3。按照同样的方法可以预测雅口和碾盘山水库形成前后水文参数变化。各个枢纽水库形成后,水体面积、体积、水深及水面宽度均较天然情况特枯时期有较大的增加。

表 2-2 拟建梯级运行前后库区水文参数变化

拟建工程	项目	单位	水库形成前	水库形成后	水库形成后/水库形成前
新集	水库（域）面积	km²	12.5	71.08	5.69
	水库（域）体积	10^8 m³	0.086	3.012	35.02
	坝址平均流速	m/s	0.7	0.06	0.09
	坝址平均水深	m	0.69	4.24	6.14
	坝址平均水面宽度	m	450	2 551.0	5.67
雅口	水库（域）面积	km²	35.5	111.75	3.15
	水库（域）体积	10^8 m³	0.35	6.99	19.97
	坝址平均流速	m/s	0.8	0.11	0.13
	坝址平均水深	m	0.98	6.26	6.39
	坝址平均水面宽度	m	710	2 235	3.15

续表

拟建工程	项目	单位	水库形成前	水库形成后	水库形成后/水库形成前
碾盘山	水库(域)面积	km²	44	200	4.55
	水库(域)体积	10⁸m³	0.299	8.77	29.33
	坝址平均流速	m/s	1.1	0.094	11.7
	坝址平均水深	m	0.68	4.39	6.46
	坝址平均水面宽度	m	880	4 000	4.55

表 2-3　梯级工程完成后主要控制断面多年平均流速比较　　　　单位:m/s

序号	监测断面	零方案(A)	南水北调(B)	南水北调+梯级开发(C)	两次调水+梯级开发(D)	绝对差值			
		2020 年				B-A	C-B	C-A	D-A
1	黄家港	0.73	0.59	0.59	0.58	-0.14	0	-0.14	-0.15
2	襄阳	0.56	0.33	0.31	0.29	-0.23	-0.02	-0.25	-0.27
3	皇庄	1.10	0.97	0.96	0.95	-0.13	-0.01	-0.14	-0.15
4	沙洋	0.69	0.32	0.31	0.30	-0.37	-0.01	-0.38	-0.39
5	仙桃	0.67	0.64	0.64	0.62	-0.03	0	-0.03	-0.05

2.3.2　流速影响预测

两次调水和梯级开发后,汉江中下游干流天然河道主要控制断面的多年平均流速减少 0.05~0.39m/s,其中沙洋河段减幅最大,襄阳河段其次,仙桃河段减幅最小。兴隆以上河段 (黄家港、襄阳、皇庄和沙洋)流速减少主要受水位和流量的变化情况影响,而兴隆以下河段 (仙桃河段)除受上游来水情况影响外,还受长江水位顶托影响,流速减少较小。

规划梯级建设前后汉江中下游干流主要控制断面多年平均流速成降低趋势,但降低幅度很小,其中黄家港和仙桃控制断面距离梯级较远,流速没有发生变化。汉江中下游干流流速主要受南水北调的影响,主要控制断面多年平均流速呈降低趋势,规划梯级建设前后对流速的影响较小。

2.3.3　水位影响预测

两次调水和梯级开发后,受丹江口总下泄水量减少的影响,汉江中下游干流多年平均水位减小,其中仙桃下降最大为 0.49m;皇庄其次,为 0.47m。襄阳及沙洋河段由于崔家营及兴隆梯级工程的兴建,水位有所抬高外,其他河段多年平均水位均有不同程度的下降,最大下降 0.49m 左右,总体上沿程自上而下降幅比较平缓(表 2-4)。

表 2-4　梯级工程完成后主要控制断面多年平均水位比较　　　　单位:m

序号	监测断面	零方案(A)	南水北调(B)	南水北调 + 梯级开发(C)	两次调水 + 梯级开发(D)	绝对差值			
		2020 年				B-A	C-B	C-A	D-A
1	黄家港	87.23	86.85	86.85	86.82	-0.38	0	-0.38	-0.41
2	襄阳	62.47	62.78	62.78	62.78	0.31	0	0.31	0.31
3	皇庄	40.04	39.62	39.62	39.57	-0.42	0	-0.42	-0.47
4	沙洋	33.47	36.35	36.35	36.34	2.88	0	2.88	2.87
5	仙桃	24.29	23.93	24.36	23.80	-0.36	0.43	0.07	-0.49

汉江中下游干流水位主要受南水北调的影响,规划梯级建设前后对水位的影响较小。受南水北调运行的影响,汉江中下游天然河道水位呈下降趋势,沙洋河段受兴隆枢纽的影响、仙桃河段受引江济汉工程的影响,水位条件较调水前有所改善。沙洋河段由于兴建兴隆枢纽,水位多年平均上升 2.88m,仙桃河段如无引江济汉工程,水位多年平均下降 0.31m,兴建引江济汉工程,水位多年平均上升 0.11m。

2.3.4　干流流量及水库调节的影响预测

南水北调及梯级开发实施后,汉江干流多年平均流量的变化范围在 761.4~1 113.5m³/s。汉江中下游干流多年平均流量减小 187~418.1m³/s,减幅 14.8%~32.37%,其中襄阳段减幅最大,为 32.37%;其次是沙洋段,为 27.86%;仙桃减幅最小,为 14.8%。沙洋以下因引江济汉的补给作用,减幅较小,总体上沿程自上而下降呈减少趋势。

汉江中下游干流流量过程(枯、平、丰)趋于均化:南水北调运行后,丹江口水库大坝加高后,提高了其调蓄能力,丹江口水库按补偿下泄调度,改善了枯水年的水情条件,汉江中下游干流各断面枯水保证率流量明显增大。调水后干流的枯水流量历时增加,中水流量历时减少,干流流量趋于均化(表 2-5)。

表 2-5　梯级工程完成后主要控制断面多年平均流量比较　　　　单位:m³/s

序号	监测断面	零方案(A)	南水北调(B)	南水北调 + 梯级开发(C)	两次调水 + 梯级开发(D)	绝对差值			
		2020 年				B-A	C-B	C-A	D-A
1	黄家港	1 161.3	811.0	798.9	761.4	-350.3	-12.1	-362.4	-399.9
2	襄阳	1 291.3	940.2	911.2	873.2	-351.1	-29.0	-380.1	-418.1
3	皇庄	1 514.9	1 169.7	1 153.9	1 113.5	-345.2	-15.8	-361	-401.4
4	沙洋	1 478.8	1 138.8	1 123.1	1 066.8	-340.0	-15.7	-355.7	-412.0

序号	监测断面	零方案(A)	南水北调(B)	南水北调+梯级开发(C)	两次调水+梯级开发(D)	绝对差值			
		2020 年				B-A	C-B	C-A	D-A
5	仙桃	1 263.1	1 138.9	1 124.4	1 076.1	-124.2	-14.5	-138.7	-187.0

2.3.5 生态下泄流量预测

根据《湖北汉江新集水电站环境影响报告书》影响预测结果:新集电站为满足航运水深需要下泄 300m³/s 的流量,相当于现状多年平均径流量的 23%;根据汉江航运功能的需要,雅口、碾盘山为满足航运要求,需要下泄最小 410m³/s 的流量,均为现状多年平均径流量的 20%以上。根据利用 Tenant 法判断,水利枢纽的日最小下泄流量大于多年平均径流量的 20%,属于"良好"等级,对下游水生生态系统不会造成大的影响。

2.3.6 泥沙影响预测

1. 南水北调实施对泥沙影响

引用 2010 年由湖北省社会科学院牵头编制的《南水北调中线工程对汉江中下游生态环境影响及生态补偿研究》的结论:南水北调调水实施后进一步改变了进入汉江中下游的水沙条件,汉江中下游河道冲淤发生改变。

1)水沙条件变化

调水使汉江中下游的水资源量减少,而大坝加高,水库淤积加大,使下泄沙量减少,且年内水沙分配均匀,这是调水后汉江中下游来水来沙的主要变化。调水 95×10⁸m³ 的方案后,下泄流量一般要比现状方案为小,但在枯水时,前者往往比后者大。年均输沙量减少,除少数枯水月份外,大部分时段含沙量减少,尤其是汛期减少较多。

2)汉江中下游河道冲淤分析

(1)对丹江口坝下至兴隆回水江段泥沙的影响:以黄家港断面为例,对于枯水月份,特别是 95%、98%保证率旬平均流量,分别由 358m³/s 和 268m³/s 提高到 490m³/s,但对于河床有造床功能的 600m³/s 以上流量来说,其保证率大大降低,其中大于 500m³/s 的流量保证率由 86.9%下降为 39.1%,大于 600m³/s 的流量保证率由 78.4%下降为 24.3%,大于 800m³/s 的流量保证率由 62.7%下降为 15.7%,大于 1 250m³/s 的流量保证率由 23.9%下降为 11.5%。调水将主要引走汉江的中水流量,则对汉江兴隆回水末端以上河道产生流量变化过程加快,即河道内经常产生从洪峰流量陡跌到枯水,失去了冲刷洪水期淤积在航槽内泥沙的中水流量,破坏了泥沙冲淤平衡和航道稳定,而加剧浅滩的碍航程度。

(2)对兴隆枢纽库区泥沙的影响:由于兴隆枢纽在汉江河道上形成了 53.33km² 的水库,河床过水断面增大,流速变缓,因而泥沙在兴隆枢纽库区存在一定程度的淤积,但随着兴隆枢纽运行时间的增加,水库泥沙将达到平衡,届时,兴隆枢纽库区泥沙量将减少。

(3)兴隆坝下至河口段泥沙的影响:引江济汉工程将在兴隆坝下约1km处引长江水进入汉江,由于引江济汉的补水作用,汉江仙桃站断面的中水流量历时保证率大大提高,按照汉江下游需水量并结合渠道自流和泵站抽水,汉江仙桃断面大于500m³/s的历时保证率可达到95%,大于600m³/s的历时保证率达到57%,大于800m³/s的历时保证率可达到25.3%,对于600~800m³/s的历时保证率小于调水前,因此,由于引江济汉的补水作用,汉江兴隆坝下至河口江段泥沙淤积现象好于没有引江济汉,但仍然没有恢复到调水前的泥沙淤积水平。

3)河床冲淤变化对汉江中下游防洪影响

南水北调中线一期工程实施后,汉江中下游河床发生冲淤变化,河床有冲有淤,以冲刷为主,其中丹江口水库坝址至襄阳河段因丹江口水库建成后经过长时期坝下冲刷,河床逐渐粗化,具有较好的抗冲性,河床冲淤变化较小;皇庄至仙桃河段河床相对冲刷量较大;仙桃以下河床冲刷强度逐渐减弱。若按照丹江口坝址—襄阳、襄阳—皇庄、皇庄—仙桃、仙桃—汉江河口平均河宽分别为1 000m、800m、500m、300m计算,2020年,上述各河段冲深分别为0.017m、0.103m、0.26m、0.103m。

特别指出的是,皇庄至仙桃河段河床相对冲刷量较大,河段中有些洲滩将会因河床冲刷而发生相应的调整变化。兴隆水利枢纽库区内河势变化相对略小,兴隆以下河道较宽的长坨垸、泗港、泽口和张港等弯道段因河床冲刷,主流线略有摆动,主流顶冲点可能发生局部调整,河岸控制性较差的河段可能发生局部岸滩崩塌现象。

2. 规划梯级全部完成后对泥沙影响

丹江口以下规划梯级全部实施后,丹江口和兴隆之间大量水库的建成,使得下游以及河口处径流泥沙含量进一步减少。各个水库蓄水后的流速减少,上游来水携带的泥沙将会在各个水库内一定程度上淤积下来。

新集水库属于河道型水库,库区天然河道平均坡降0.27‰,水库死水位75.93m,死库容2.938×10⁸m³。入库水沙年内分配很不均匀,来沙主要集中在汛期,6—9月来沙占全年来沙的91.7%,而水量则占全年水量的63.6%,相对于沙量在年内分配上较为分散。丹江口建库前(1956—1959年)、后(1974—2003年)襄阳年输沙量分别为11 810×10⁴t、509×10⁴t。由此可见,新集坝址多年平均输沙量建库后只有建库前的4.3%,丹江口以上来沙基本上全部拦在丹江口水库内。且丹江口—新集区间在汉江干流上已有王甫洲水库,在支流南河上建有南河水库,大量泥沙被上游水库拦截,新集水库来沙量较小,叠加南水北调对水沙的影响,新集水库建库后泥沙淤积不明显。

叠加南水北调调水的影响,对水文情势的影响表现在水体形态、水位和流速和流量的变化。汉江中下游各个主要控制断面受南水北调的影响,除沙洋河段水面宽增大外(主要是兴隆梯级工程的兴建,抬升了河段的水位),其余各河段水面宽均减小,梯级开发对其影响很小。主要控制断面受南水北调的影响,多年平均流速和水位呈降低趋势,规划梯级建设前后对流速和水位的影响较小,沙洋河段受兴隆枢纽的影响、仙桃河段受引江济汉工程工程的影响,水位和流速较调水前有所改善。汉江中下游干流流量主要受丹江口水库下泄流量控制,总体上沿程自上而下降幅呈减少趋势,干流流量过程趋于均化。

南水北调调水实施后进一步改变了进入汉江中下游的水沙条件,汉江中下游河道冲淤发生改变。南水北调工程中线一期工程运行后,汉江中下游的下泄沙量减少,且年内水沙分配均匀。南水北调实施后,泥沙的变化加剧丹江口坝下至兴隆回水江段浅滩的碍航程度,兴隆枢纽库区泥沙量将减少,由于引江济汉的补水作用,汉江兴隆坝下至河口江段泥沙淤积现象好于没有引江济汉,但仍然没有恢复到调水前的泥沙淤积水平。

总之,丹江口以下汉江干流水文情势变化主要受南水北调中线、引江济汉等调水工程,以及多年调节性能的丹江口水库调度影响。引汉济渭工程实施后,丹江口水库坝址处多年平均来水流量较调水前减少约3.0%,但丹江口水库大坝加高后,水库调节性能为多年调节,减小了引汉济渭工程调水对汉江中下游的直接影响,只要丹江口水库对汉江中下游的补偿泄量不变,汉江中下游干流供水区的用水就不会受到影响,对汉江中下游水文情势的影响表现在个别时段上下泄水量有所变化。引汉济渭、南水北调中线和引江济汉等工程的影响在前述章节已进行分析。

丹江口以下共规划6座梯级电站,均为日调节电站,日调节水库建成后,库区水面积有所增大,流速有所减小;坝下游流量主要由本水库下泄流量决定,在水库进行日调节时,下游流量及水位会出现较大变幅。向流域外调水,使汉江中下游的总水量减少,而丹江口后期规模将使泥沙进一步在库区中淤积,水库下泄水年均含沙量进一步减少,且年内水沙分配趋势均匀。除少数枯水月份外,大部分时段含沙量减少,尤其是汛期减少较多。

综上所述,汉江干流水利工程实施后,流域内径流时空分布将发生较大变化,河流水位将抬高,水面变宽,水域面积增加。受跨流域调水和梯级开发的影响,汉江干流径流与天然状态相比有所减少,年内径流变幅减小;汉江中下游河段含沙量将进一步减少。

2.4 汉江干流取水水源工程

汉江中汉江中下游干流沿线共分布县级以上水厂生活取水口20处,其基本情况及与工程的位置关系见表2-6。

表2-6 汉江中下游干流沿岸水厂和灌溉闸站汇总表

地市 名称	公用及备用水厂			农业提灌站			农业灌溉闸	
	座 数	装机容量/ kW	设计流量/ (m³/s)	座 数	装机容量/ kW	设计流量/ (m³/s)	座 数	设计流量/ (m³/s)
十堰市 (丹江口市)	5	855	0.80	1	100	0.1	—	—

续表

地市名称	公用及备用水厂			农业提灌站			农业灌溉闸	
	座数	装机容量/kW	设计流量/(m³/s)	座数	装机容量/kW	设计流量/(m³/s)	座数	设计流量/(m³/s)
襄阳市	32	9 972	28.4	75	13 681	49.4	—	—
荆门市	21	4 106	9.83	31	14 917	71.5	7	125.8
潜江市	6	1 295	1.83	2	600	3.3	2	62.0
天门市	13	927	2.47	4	6 200	32.6	4	161.9
仙桃市	9	855	2.57	—	—	—	6	246.9
孝感市	57	1 489	3.70	56	21 750	207.1	2	2.1
武汉市	73	10 132	23.1	49	10 874	22.7	2	2.0
总计	216	29 631	72.7	218	73 522	386.7	23	600.7

　　由表 2-6 可知:农业灌溉泵站的数量以襄阳、孝感市、武汉市居多,但其规模大都较小,且较分散;荆门市、潜江市、天门市、仙桃市的农业灌溉闸站数量虽然不多,但规模较大,几个大型引水灌溉闸大都分布于此。如荆门市的马良闸、潜江市的兴隆闸和谢湾闸、天门市的罗汉寺闸、仙桃市的泽口闸等。

2.5　汉江一级支流水文情势

　　汉江(湖北段)一级支流众多,较大的支流共计 15 条,包括入丹江口库区的天河、堵河、神定河、泗河、𤏡河、剑河、官山河;以及汇入中下游的南河、北河、唐白河、小清河、蛮河、竹皮河、利河、汉北河。主要的二级支流 8 条,包括马栏河、淳河、大富水、溾水河、永隆河、天门河、通顺河等。本次研究根据一级支流污染程度、流量大小、地域重要性等特征选取库区 3 条河流(天河、堵河、神定河)和中下游 7 条河流(南河、北河、唐白河、小清河、蛮河、竹皮河、汉北河)作为研究重点。汉江中下游主要支流基本情况见表 2-7。

表 2-7　汉江中下游主要支流基本情况表

支流名称	位置	河源	河口	集水面积/km²	河长/km	平均坡降/‰	各支流与工程的关系
北河	右	房县南进沟	谷城小坪	1 194	103	2.96	王甫洲水利枢纽与新集电站之间的支流
南河	右	神农架田家山乡	谷城王家咀	6 481	253	25.10	
小清河	左	河南省淅川县南部山丘	襄阳市清河口	1 960	116	2.65	新集电站与崔家营行电之间的支流
唐白河	左	河南老君山	襄阳张湾	24 500	352	49.37	

续表

支流名称	位置	河源	河口	集水面积/km²	河长/km	平均坡降/‰	各支流与工程的关系
蛮河	右	保康聚龙山	宜城小河口	3 276	184	14.58	雅口电站与碾盘山电站之间的支流
竹皮河	右	荆门市子陵铺镇赵家冲	荆门市马良镇	72	558	0.88	碾盘山电站和兴隆水利枢纽之间的支流
汉北河	左	京山市孙桥镇朱家冲	汉川新河镇新沟闸	6 256	238	0.20	兴隆水利枢纽以下的支流

2.6 汉江水环境功能区划

根据《省人民政府办公厅转发省环境保护局关于湖北省地表水环境功能类别的通知》（鄂政办发〔2000〕10号）要求，汉江水体功能区划如表2-8所示。

表2-8 汉江水环境质量功能区类别表

水系名称	水域名称		水域范围	主要适用功能	执行环境质量标准类别
汉江	汉江干流		郧西县、郧阳区、丹江口市、老河口市、谷城县、襄阳市、宜城市、钟祥市、天门市、沙洋县、仙桃市、汉川市河段	集中式生活饮用水水源地一级保护区	II
			老河口市城区、襄阳市城区、武汉市区河段	集中式饮用水水源地二级保护区	III
汉江	一级支流	天河	郧西县河段	集中式生活饮用水源地二级保护区	III
		南河	神农架林区、房县、保康县、谷城县河段	集中式生活饮用水源地二级保护区，一般鱼类保护区	III
汉江	一级支流	北河	房县、谷城县河段	集中式饮用水水源地二级保护区，一般鱼类保护区	III
		堵河	房县、竹山县、郧阳区、十堰市河段	集中式生活饮用水水源地一级保护区	II
汉江	一级支流	神定河	十堰市市区、郧阳区河段	一般工业用水区	IV
		唐白河	襄阳河段	一般工业用水区	IV
		小清河	襄阳市湖湾电站至云湾河段	一般鱼类保护区	III
			云湾至清河入汉江口	一般工业用水区	IV

续表

水系名称	水域名称		水域范围	主要适用功能	执行环境质量标准类别
汉江	一级支流	蛮河	保康县、南漳县、宜城市、钟祥市河段	集中式生活饮用水水源地二级保护区,一般鱼类保护区	Ⅲ
		竹皮河	荆门市、钟祥市河段	一般工业用水区	Ⅳ
		利河	荆门市、钟祥市河段	集中式生活饮用水水源地二级保护区	Ⅲ
		汉北河	天门市、汉川市河段	集中式生活饮用水水源地二级保护区	Ⅲ
汉江	二级支流	天门河	天门市天门河船闸上游河段	集中式生活饮用水水源地一级保护区	Ⅱ
			船闸下游河段	一般鱼类保护区	Ⅲ
		马栏河	房县河段	集中式生活饮用水水源地一级保护区	Ⅱ
		淳河	襄阳、枣阳市河段	一级鱼类保护区	Ⅲ
		通顺河	仙桃市河段	集中式生活饮用水水源地二级保护区,一般鱼类保护区	Ⅲ
		通州河	仙桃市河段	集中式生活饮用水水源地二级保护区,一般鱼类保护区	Ⅲ
		大富水	京山市、应城市河段	集中式生活饮用水水源地二级保护区,一般鱼类保护区	Ⅲ
		溾水河	京山市、天门市河段	一般鱼类保护区	Ⅲ
		永隆河	京山市河段	集中式生活饮用水水源地一级保护区	Ⅱ

汉江作为长江中游最大的支流,汉江干流流经的郧西县、郧阳区、丹江口市、老河口市、谷城县、襄阳市、宜城市、钟祥市、天门市、沙洋县、仙桃市、汉川市等12个县市河段的主要适用功能为集中式生活饮用水水源地一级保护区,执行地表水Ⅱ类环境质量标准;汉江干流流经的老河口市城区、襄阳市城区、武汉市区等3个城市的城区河段的主要适用功能为集中式饮用水水源地二级保护区,执行地表水Ⅲ类环境质量标准。

汉江的11条一级支流中,其中小清河分为襄阳市湖湾电站至云湾河段和云湾至清河入汉江口段,分别执行地表水Ⅲ类水体和Ⅳ类水体质量标准,其余10条一级支流有1条执行地表水Ⅱ类环境质量标准,6条执行地表水Ⅲ类环境质量标准,3条执行地表水Ⅳ类环境质量标准。具体情况如下。

堵河(房县、竹山县、郧阳区、十堰市河段)这1条一级支流主要适用功能为集中式生活饮用水水源地一级保护区,执行地表水Ⅱ类环境质量标准。

天河(郧西县河段)、南河(神农架林区、房县、保康县、谷城县河段)、北河(房县、谷城县河段)、小清河(襄阳市湖湾电站至云湾河段)、蛮河(保康县、南漳县、宜城市、钟祥市河段)、利河(荆门市、钟祥市河段)和汉北河(天门市、汉川市河段)这7条一级支流执行地表水Ⅲ类环境质量标准,其中天河(郧西县河段)主要适用功能为集中式生活饮用水源地二级保护区;南河(神农架林区、房县、保康县、谷城县河段)、北河(房县、谷城县河段)、蛮河(保康县、南漳县、宜城市、钟祥市河段)、利河(荆门市、钟祥市河段)和汉北河(天门市、汉川市河段)这5条一级支流主要适用功能为集中式生活饮用水源地二级保护区和一般鱼类保护区;小清河(襄阳市湖湾电站至云湾河段)主要适用功能为一般鱼类保护区。

神定河(十堰市市区、郧阳区河段)、唐白河(襄州区河段)、小清河(云湾至清河入汉江口)和竹皮河(荆门市、钟祥市河段)等4条一级支流的主要适用功能为一般工业用水区,执行地表水Ⅳ类环境质量标准。

汉江的8条二级支流中,其中天门河分为天门市天门河船闸上游河段和船闸下游河段,分别执行地表水Ⅱ类水体和Ⅲ类水体质量标准;其他7条二级支流中2条执行地表水Ⅱ类水体质量标准,5条执行地表水Ⅲ类水体质量标准。具体情况如下。

天门河(天门市天门河船闸上游河段)、马栏河(房县河段)和永隆河(京山市河段)等3条二级支流的主要适用功能为集中式生活饮用水水源地一级保护区,执行地表水Ⅱ类环境质量标准;通顺河(仙桃河段)、通州河(仙桃河段)和大富水(京山市、应城市河段)等3条二级支流的主要适用功能为集中式生活饮用水水源地二级保护区和一般鱼类保护区,执行地表水Ⅲ类环境质量标准;天门河(船闸下游河段)、淳河(襄州区、枣阳市河段)、通顺河(仙桃市河段)、通州河(仙桃市河段)、大富水(京山市、应城市河段)和溾水河(京山市、天门市河段)等6条二级支流执行地表水Ⅲ类环境质量标准,其中天门河(船闸下游河段)和溾水河(京山市、天门市河段)这2条二级支流的主要适用功能为一般鱼类保护区,其余4条二级支流的主要适用功能为集中式生活饮用水水源地二级保护区和一般鱼类保护区。

第三章

水环境现状

3.1 水质现状

3.1.1 汉江干流水质现状

依据本次汉江干流各断面的监测数据,以其特点和评价目的拟定以高锰酸盐指数(COD_{Mn})、化学需氧量(COD)、生化需氧量(BOD_5)、氨氮(NH_3-N)、总磷(TP)、石油类、溶解氧(DO)等具有代表性的水质参数,选择单因子指数评价法进行水质综合评价。该方法是现行国家水质标准(GB 3838—2002)中已确定的评价方法,即以水质最差的单项指标所属类别来确定水体综合水质类别。以《地表水环境质量标准基本项目标准限值》为参照,以《湖北省地表水环境功能类别》为依据,对汉江的各项监测断面进行水质级别评价,同时依据全国地表水环境质量年度评价方法(以每年 12 次监测数据的算术平均值进行评价),对各项监测项目的水质级别评价进行总结,可得到汉江干流各断面每月和全年的水质评价结果。

2013 年全年,水质功能区达标率为 95.2%,汉江干流 19 个监测断面,13 个监测断面全部达标,郧西羊尾、郧西陈家坡、宜城郭安、荆门罗汉闸、仙桃石剅、汉川小河等 6 个监测断面出现超标。测断面水质出现过超标情况的污染因子为 NH_3-N、COD_{Mn}、TP、BOD_5、COD。超标因子数量呈上升趋势(表 3-1)。

1.十堰市郧西县羊尾断面

2013 年在该断面进行的 12 次水质监测中,综合水质类别在 1 月和 8 月超过水环境功能区划类别(Ⅱ类),其余月份均合格。其中 TP 在 1 月、8 月超标,分别为Ⅲ类、Ⅳ类;NH_3-N 在 8 月超标,为Ⅲ类;其余指标均达到要求。2013 年全年水质为地表水Ⅱ类,达到区划要求。

表 3-1　2013 年汉江干流年度超标水质评价

序号	监测断面	断面属性	水质规划类别	超标月份	超标指标
1	郧西羊尾	省界(陕—鄂)	Ⅱ	1 月	TP
				8 月	TP、NH_3-N

续表

序号	监测断面	断面属性	水质规划类别	超标月份	超标指标
2	郧西陈家坡	控制	Ⅱ	2月	TP
				8月	NH₃-N、CODₘₙ、TP、BOD、COD
3	宜城郭安	控制	Ⅱ	4月	NH₃-N
				5月	COD
4	钟祥转斗	市界(襄阳—荆门)	Ⅱ	10月	TP
5	荆门罗汉闸	市界(荆门—天门)	Ⅱ	6月	COD
6	仙桃石剅	市界(仙桃—孝感)	Ⅱ	2月	DO
7	汉川小河	控制	Ⅱ	7月	BOD

2.十堰市郧阳区陈家坡断面

2013 年在该断面进行的 12 次水质监测中,综合水质类别在 1 月、2 月、8 月超过区划类别(Ⅱ类),其余月份均合格。其中 TP 在 1 月、2 月、8 月超标,全部为Ⅲ类;NH₃-N 在 8 月超标,为Ⅲ类;CODₘₙ在 8 月超标,为Ⅲ类;其余指标均达到要求。2013 年全年水质为地表水Ⅱ类,达到区划要求。

3.丹江口市蔡湾断面

2013 年在该断面进行的 12 次水质监测中,综合水质类别全部达到区划类别(Ⅱ类),其中在 7 月和 12 月为地表水Ⅰ类。2013 年全年水质为地表水Ⅱ类,达到区划要求。

4. 老河口市沈湾、仙人渡断面

2013 年在该两个断面进行的水质监测中,所有检测项目均达到区划类别(Ⅱ类),其中 CODₘₙ、BOD₅、NH₃-N、石油类已达到地表水Ⅰ类。

5. 襄阳市白家湾、余家湖断面

2013 年在该两个断面进行的水质监测中,全年水质类别全部达到区划类别,其中白家湾断面为地表水Ⅱ类;余家湖断面也为地表水Ⅱ类。

6. 宜城市郭安断面

2013 年在该断面进行的 12 次水质监测中,综合水质类别全部达到区划类别(Ⅱ类),其中 BOD₅和石油类在 12 次监测中全部为地表水Ⅰ类,水质较好。2013 年全年水质为地表水Ⅱ类,达到区划要求。

7. 钟祥市皇庄、转斗断面

2013 年在皇庄、转斗进行的水质监测中,全年水质类别达到区划类别(Ⅱ类)。全年水质为地表水Ⅱ类。

8. 天门市岳口、罗汉闸断面

2013 年在该两个断面进行的水质监测中,全年水质类别(Ⅱ类)全部达到区划类别(Ⅱ

类),其中 BOD_5 和石油类的水质类别均为地表水 I 类,其余为地表水 II 类。

9. 潜江市高石碑、泽口断面

2013 年在该两个断面进行的水质监测中,全年水质类别(II类)全部达到区划类别(II类),其中 BOD_5、DO、NH_3-N 和石油类的水质类别均为地表水 I 类,其余为地表水 II 类。

10. 仙桃市汉南村断面

2013 年在该断面进行的 12 次水质监测中,综合水质类别全部达到区划类别(II类),其中 BOD_5 全部为地表水 I 类,同时在水质中未检测到石油类。2013 年全年水质为地表水 II 类,达到区划要求。

11. 汉川市石剅、汉江小河断面

2013 年在该两个断面进行的水质监测中,综合水质类别(II类)全部达到区划类别(II类),其中 BOD_5 和石油类的水质类别均为地表水 I 类,其余为地表水 II 类。

12. 武汉市新港、宗关、龙王庙、郭家台断面

2013 年在该 4 个断面进行的水质监测中,全年水质类别(II类)全部达到区划类别(III类),其中 BOD_5 和石油类的水质类别均为地表水 I 类,其余为地表水 II 类。

3.1.2　汉江一级支流水质现状评价

2013 年在汉江一级支流 35 个监测断面进行的水质监测中,金钱河水系夹河口断面、天河水系水天河口监测断面、浪河水系浪河口断面、蛮河水系孔湾断面、竹皮河水系马良龚家湾断面等 5 个断面的水质超过区划要求,超标率 14%。主要超标项目为 NH_3-N、TP、COD、BOD_5、COD_{Mn}、氟化物。其中,涢水孝感下游至武汉段、四湖总干渠荆州至潜江段、通顺河水质较差污染严重,主要污染指标为 NH_3-N、COD、TP 和 BOD_5。总体来讲,支流面临的环境形势较干流更为严峻。具体评价结果见表 3-2、表 3-3、表 3-4。

1. 十堰市金钱河水系玉皇滩、夹河口监测断面

2013 年在玉皇滩断面进行的 12 次水质监测中,综合水质类别在 6 月超过区划类别(II类),其余月份均达到要求,主要原因是 6 月的 COD 为 16.9mg/L,超过目标水质,其余水质监测项目均合格。2013 年全年水质为地表水 II 类,达到区划要求。

2013 年在夹河口断面进行的 12 次水质监测中,只有 4 月、7 月、9 月、10 月、11 月、12 月达到区划类别(II类),其余月份全部为地表水 IV 类,超过区划要求(III类),其中 1 月、2 月、3 月、5 月、6 月、8 月的超标指标为石油类,其他指标均合格。2013 年全年水质为地表水 IV 类,没有达到区划要求,超标因子为石油类,最大超标倍数为 1.4 倍。

2. 十堰市天河水系水石门、天河口监测断面

2013 年在水石门断面进行的 12 次水质监测中,综合水质类别全部达到区划类别(II类),其中 BOD_5、COD、石油类、TP 的均达到地表水 I 类,水质较好。2013 年全年水质为地表水 II 类,达到区划要求。

2013 年在天河口断面进行的 12 次水质监测中,只有 5 月水质为地表水 I 类,其余月份

单位:mg/L

表3-2 2013年汉江干流各监测断面水质总体评价表

序号	断面所在地	监测断面	COD_Mn	水质类别	BOD_5	水质类别	DO	水质类别	NH_3-N	水质类别	石油类	水质类别	TP	水质类别	2013年水质类别	区划类别
1	郧西县	羊尾	2.06	Ⅱ	1.46	Ⅰ	8.7	Ⅰ	0.23	Ⅱ	0.02	Ⅰ	0.074	Ⅱ	Ⅱ	Ⅱ
2	郧阳区	陈家坡	1.87	Ⅰ	1.3	Ⅰ	8.12	Ⅰ	0.29	Ⅱ	0.02	Ⅰ	0.06	Ⅱ	Ⅱ	Ⅱ
3	丹江口市	蔡湾	2.13	Ⅱ	1.4	Ⅰ	9.01	Ⅰ	0.14	Ⅰ	0.01	Ⅰ	0.014	Ⅰ	Ⅰ	Ⅱ
4	老河口市	沈湾	2.42	Ⅱ	1.4	Ⅰ	9.41	Ⅰ	0.13	Ⅰ	0.02	Ⅰ	0.015	Ⅰ	Ⅰ	Ⅱ
5	老河口市	仙人渡	1.47	Ⅰ	1	Ⅰ	7.2	Ⅱ	0.028	Ⅰ	0.005	Ⅰ	0.027	Ⅱ	Ⅱ	Ⅱ
6	襄阳市	白家湾	2.47	Ⅱ	2.0	Ⅰ	8.75	Ⅰ	0.136	Ⅰ	0.032	Ⅰ	0.032	Ⅱ	Ⅱ	Ⅱ
7	襄阳市	余家湖	2.86	Ⅱ	2.1	Ⅰ	8.19	Ⅰ	0.203	Ⅱ	0.033	Ⅱ	0.044	Ⅲ	Ⅱ	Ⅲ
8	宜城市	郭安	2.89	Ⅱ	1.61	Ⅰ	8.95	Ⅰ	0.23	Ⅱ	0.02	Ⅰ	0.032	Ⅱ	Ⅱ	Ⅱ
9	钟祥市	转斗	2.57	Ⅱ	—	—	9	Ⅰ	0.25	Ⅱ	—	—	0.052	Ⅱ	Ⅱ	Ⅱ
10	钟祥市	皇庄	2.5	Ⅱ	1.82	Ⅰ	8.80	Ⅰ	0.307	Ⅱ	0.019	Ⅰ	0.084	Ⅱ	Ⅱ	Ⅱ
11	天门市	罗汉闸	2.8	Ⅱ	2.09	Ⅰ	—	—	0.26	Ⅱ	0.022	Ⅰ	0.066	Ⅱ	Ⅱ	Ⅱ
12	潜江市	高石碑	2.1	Ⅱ	1.7	Ⅰ	9.7	Ⅰ	0.23	Ⅱ	0.01	Ⅰ	0.082	Ⅱ	Ⅱ	Ⅱ
13	天门市	泽口	2.1	Ⅱ	1.8	Ⅰ	9.7	Ⅰ	0.26	Ⅱ	0.01	Ⅰ	0.077	Ⅱ	Ⅱ	Ⅱ
14	天门市	岳口	2.04	Ⅱ	1.33	Ⅰ	—	—	0.23	Ⅱ	0.02	Ⅰ	0.05	Ⅱ	Ⅱ	Ⅱ
15	仙桃市	汉南村	2.28	Ⅱ	2.61	Ⅰ	7.38	Ⅱ	0.15	Ⅰ	未检出	—	0.076	Ⅱ	Ⅱ	Ⅱ
16	汉川市	石剅	3.51	Ⅱ	2.42	Ⅰ	6.86	Ⅱ	0.35	Ⅱ	0.02	Ⅰ	0.071	Ⅱ	Ⅱ	Ⅱ
17	汉川市	小河	3.61	Ⅱ	2.69	Ⅰ	6.71	Ⅱ	0.35	Ⅱ	0.02	Ⅰ	0.08	Ⅱ	Ⅱ	Ⅱ
18	武汉市	新港	2.4	Ⅱ	1.0	Ⅰ	8.3	Ⅰ	0.152	Ⅱ	0.012	Ⅰ	0.063	Ⅱ	Ⅱ	Ⅲ
19	武汉市	宗关	2.4	Ⅱ	1.1	Ⅰ	8.3	Ⅰ	0.164	Ⅱ	0.013	Ⅰ	0.085	Ⅱ	Ⅱ	Ⅲ
20	武汉市	龙王庙	2.5	Ⅱ	1.1	Ⅰ	8.3	Ⅰ	0.183	Ⅱ	0.012	Ⅰ	0.083	Ⅱ	Ⅱ	Ⅲ
21	武汉市	郭家台	2.5	Ⅱ	1.1	Ⅰ	8.3	Ⅰ	0.156	Ⅱ	0.012	Ⅰ	0.075	Ⅱ	Ⅱ	Ⅲ

表 3-3   2013 年度汉江支流年度超标水质评价表

序号	河流名称	监测断面	断面属性	水质规划类别	超标月份	超标指标
1	天河	十堰天河口	控制河口	Ⅲ	6 月	TP
2	小清河	襄阳清河口	控制河口	Ⅳ	5 月	BOD_5
3	蛮河	宜城孔湾	消减	Ⅲ	1 月	TP、阴离子表面活性剂、BOD_5、NH_3-N、COD
					2 月	BOD_5、NH_3-N
					3 月	TP、阴离子表面活性剂、BOD_5、COD、COD_{Mn}、NH_3-N
					4 月	BOD_5、TP、NH_3-N
					5 月	TP、COD、BOD_5、阴离子表面活性剂
					6 月	TP、DO、COD_{Mn}
					7 月	阴离子表面活性剂、NH_3-N、COD
					8 月	TP、NH_3-N
					9 月	TP
					10 月	NH_3-N
					11 月	COD、TP、阴离子表面活性剂
					12 月	TP、BOD_5、NH_3-N
4	竹皮河	荆门入汉江口	控制	Ⅳ	1 月	NH_3-N、COD、TP、BOD_5
					2 月	NH_3-N、TP、BOD_5、COD、氟化物
					3 月	NH_3-N、COD、TP
					4 月	NH_3-N、COD、TP、BOD_5
					5 月	NH_3-N、COD、TP
					6 月	BOD_5、COD、TP
					7 月	BOD_5、COD、TP
					8 月	TP
					9 月	TP、COD
					10 月	COD、TP
					11 月	NH_3-N、TP
					12 月	NH_3-N、COD、TP、BOD_5

均为地表水Ⅳ类,超过区划要求(Ⅲ类),超标指标均为石油类,最大超标倍数为 2.2 倍,其余指标全部合格。2013 年全年水质为地表水Ⅳ类,没有达到区划要求,超标因子为石油类。

3. 十堰市竹溪河水系双岔监测断面

2013 年在双岔断面进行的 12 次水质监测中,综合水质类别全部达到区划类别(Ⅲ类),

单位:mg/L

表3-4　2013年汉江一级支流各断面水质总体评价表

序号	水系	断面所在地	监测断面	水质评价												2013年水质类别	区划类别	2013年超标项目
				COD_Mn	水质类别	BOD_5	水质类别	COD	水质类别	NH_3-N	水质类别	石油类	水质类别	TP	水质类别			
1	金钱河	十堰市	玉皇滩	2.41	II	1.47	II	12.12	I	0.28	II	0.03	I	0.01	I	II	II	—
2	夹河		夹河	1.67	I	1.13	I	6.62	I	0.26	II	0.07	IV	0.02	I	IV	III	石油类
3	天河		水石门	2.09	II	1.34	I	9.23	I	0.15	I	0.02	I	0.01	I	II	II	—
4			天河口	2.53	II	1.89	I	9.97	I	0.38	II	0.11	IV	0.03	II	IV	III	石油类
5	竹溪河		双岔	2.25	II	2.07	II	11.85	I	0.13	I	0.03	I	0.01	I	III	III	—
6	堵河		界牌沟	1.96	I	1.6	I	9	I	0.11	I	0.02	I	0.01	I	I	II	—
7			焦家院	2.02	II	1.51	I	5.73	I	0.18	II	0.04	I	0.02	II	II	II	—
8	剑河		剑河口	4.96	III	3.62	III	22.46	IV	1.52	V	0.09	IV	0.26	IV	V	V	—
9	官山河		孙家湾	3.09	II	2.58	II	16.94	III	0.6	III	0.09	IV	0.01	I	IV	IV	—
10	浪河		浪河口	2.73	II	2.08	II	15.18	III	0.41	II	0.09	IV	0.01	I	IV	III	石油类
11	滔河		玉河电站	2.21	II	1.97	I	8.08	I	0.21	II	0.02	I	0.02	I	II	II	—
12	小清河	襄阳市	清河大桥	4.33	III	3.5	III	10.0	III	0.364	II	0.024	I	0.187	III	III	III	—
13			清河口	4.98	III	3.5	III	11.0	III	0.720	III	0.041	II	0.204	IV	IV	IV	—
14	唐河		埠口	3.42	II	2.7	II	8.0	I	0.227	II	0.016	I	0.151	III	III	IV	—
15	白河		翟湾	3.86	II	2.5	II	9.0	I	0.307	II	0.031	I	0.100	II	II	IV	—
16			龚家咀	3.95	II	3.93	III	16.25	III	0.6	III	0.04	I	0.15	III	III	IV	—
17	唐白河		张湾	4.68	III	4.9	IV	10.0	I	0.622	III	0.015	I	0.182	III	IV	IV	—
18	滚河		汤店	3.79	II	4	III	14.25	I	0.61	III	0.04	I	0.13	III	III	III	—

续表

序号	水系	断面所在地	监测断面	COD_{Mn}	水质类别	BOD_5	水质类别	COD	水质类别	$NH_3\text{-}N$	水质类别	石油类	水质类别	TP	水质类别	2013年水质类别	区划类别	2013年超标项目
19	北河	十堰市	聂家滩	2.46	Ⅱ	2.1	Ⅰ	6.9	Ⅰ	0.3	Ⅱ	0.02	Ⅰ	0.055	Ⅱ	Ⅱ	Ⅲ	—
20		神农架	阳日湾	1.98	Ⅰ	未检出		—		0.029	Ⅰ	—	Ⅰ	0.023		Ⅰ	Ⅲ	—
21	南河	襄阳市	马兰河口	1.91	Ⅰ	2.3	Ⅰ	5.0	Ⅰ	0.089	Ⅰ	0.024	Ⅰ	0.097	Ⅰ	Ⅱ	Ⅲ	—
22			玛瑙观	2.02	Ⅱ	2.06	Ⅰ	6.8	Ⅰ	0.18	Ⅱ	0.018	Ⅰ	0.04	Ⅰ	Ⅱ	Ⅲ	—
23			茶庵	2.53	Ⅱ	2.15	Ⅰ	9.5	Ⅰ	0.35	Ⅱ	0.027	Ⅰ	0.07	Ⅰ	Ⅱ	Ⅲ	—
24	蛮河	襄阳市	朱市	5.3	Ⅲ	3.15	Ⅲ	—	—	—	—	0.02	Ⅰ	—	—	Ⅲ	Ⅲ	—
25			孔湾	5.4	Ⅲ	4.76	Ⅳ	27.43	Ⅳ	1.234	Ⅳ	0.02	Ⅰ	0.499	劣Ⅴ	劣Ⅴ	Ⅲ	BOD_5、COD、$NH_3\text{-}N$、TP
26	竹皮河	荆门市	马良龚家湾	5.02	Ⅲ	5	Ⅳ	57	劣Ⅴ	3.95	劣Ⅴ	0.03	Ⅰ	0.51	劣Ⅴ	劣Ⅴ	Ⅳ	COD、$NH_3\text{-}N$、TP
27	天门河	孝感市	汉川新堰	5.03	Ⅲ	3.15	Ⅲ	—	—	0.84	Ⅲ	0.03	Ⅰ	0.1	Ⅰ	Ⅲ	Ⅲ	—
28		天门市	杨林	4.84	Ⅲ	3.56	Ⅲ	—	—	0.63	Ⅲ	0.025	Ⅰ	0.169	Ⅰ	Ⅲ	Ⅲ	—
29			拖市	3.39	Ⅱ	2.36	Ⅰ	—	—	0.33	Ⅱ	0.024	Ⅰ	0.082	Ⅰ	Ⅱ	Ⅲ	—
30	大富水		田店泵站	4.68	Ⅲ	3.4	Ⅲ	—	—	0.51	Ⅲ	0.04	Ⅰ	0.12	—	Ⅲ	Ⅲ	—
31		孝感市	应城公路桥	4.79	Ⅲ	3.62	Ⅲ	—	—	0.93	Ⅲ	0.005	Ⅰ	0.05	Ⅰ	Ⅱ	Ⅲ	—
32	汉北河		垌冢桥	4.34	Ⅲ	3.27	Ⅲ	—	—	0.57	Ⅲ	0.02	Ⅰ	0.09	—	Ⅲ	Ⅲ	—
33			新沟闸	4.41	Ⅲ	3.08	Ⅲ	—	—	0.37	Ⅲ	0.02	Ⅰ	0.083	Ⅰ	Ⅲ	Ⅲ	—
34	淮河	随州市	出山大桥	1.98	Ⅰ	1.25	Ⅰ	6.13	Ⅰ	0.107	Ⅰ	0.01	Ⅰ	0.025	Ⅰ	Ⅱ	Ⅲ	—
35	竹竿河	孝感市	宣化北岗	4.58	Ⅲ	3.35	Ⅲ	—	—	0.53	Ⅲ	0.04	Ⅰ	0.162	Ⅰ	Ⅲ	Ⅲ	—

其中 BOD$_5$、COD、石油类、TP 的指标均达到地表水Ⅰ类,水质较好。2013 年全年水质为地表水Ⅱ类,达到区划要求。

4. 十堰市堵河水系界牌沟、焦家院监测断面

2013 年在界牌沟断面进行的 12 次水质监测中,综合水质类别全部达到区划类别(Ⅱ类),其中 4 月、5 月、6 月、7 月、10 月、11 月、12 月都达到地表水Ⅰ类。2013 年全年水质为地表水Ⅰ类,达到区划要求。

2013 年在焦家院断面进行的 12 次水质监测中,1 月、2 月、4 月、11 月水质超标,为地表水Ⅳ类,超标因子均为石油类;其余月份水质达标。2013 年全年水质为地表水Ⅱ类,达到区划要求。

5. 十堰市剑河水系剑河口断面

2013 年在剑河口断面进行的 12 次水质监测中,其中只有 1 月、2 月、8 月、9 月、10 月、11 月、12 月的水质达到区划类别(Ⅴ类),其余月份均超标,为劣Ⅴ类水质,其中 3 月、4 月的超标因子为 NH$_3$-N(劣Ⅴ类)和 TP(劣Ⅴ类);5 月、6 月的超标因子为 NH$_3$-N(劣Ⅴ类);7 月超标因子为 TP(劣Ⅴ类)。2013 年全年水质为地表水Ⅴ类,达到区划要求。

6. 丹江口市官山河水系孙家湾断面

2013 年在孙家湾断面进行的 12 次水质监测中,综合水质类别全部达到区划类别(Ⅳ类),其中 9 月水质达到地表水Ⅲ类,BOD$_5$ 全部为Ⅰ类。2013 年全年水质为地表水Ⅳ类,达到区划要求。

7. 丹江口市浪河水系浪河口断面

2013 年在浪河口断面进行的 12 次水质监测中,只有 1 月、4 月、9 月的综合水质类别达到区划类别(Ⅲ类),其余月份均为地表水Ⅳ类,并且超标因子全部为石油类,呈地表水Ⅳ类,最大超标倍数为 1.8 倍,其余因子均达到要求。2013 年全年水质为地表水Ⅳ类,没有达到区划要求。

8. 十堰市滔河水系玉河电站断面

2013 年在玉河电站断面进行的 12 次水质监测中,综合水质类别全部达到区划类别(Ⅱ类),其中 BOD$_5$、COD、石油类、TP 的均达到地表水Ⅰ类,水质较好。2013 年全年水质为地表水Ⅱ类,达到区划要求。

9. 襄阳市唐河水系、白河水系、唐白河水系

2013 年在唐河水系埠口断面进行水质监测中,全年水质类别(Ⅲ类)达到区划类别(Ⅳ类),其中 BOD$_5$、COD、石油类、TP 的均达到地表水Ⅰ类,水质较好。

2013 年在白河水系翟湾断面进行水质监测中,全年综合水质类别(Ⅱ类)达到区划类别(Ⅳ类),其中 BOD$_5$、COD、石油类、TP 的均达到地表水Ⅰ类。

2013 年在唐白河水系张湾断面进行水质监测中,全年水质类别(Ⅳ类)达到区划类别(Ⅳ类),其中 COD、石油类、TP 的均达到地表水Ⅰ类。

10. 襄阳市小清河水系、南河水系断面

2013 年在小清河水系清河大桥断面进行水质监测中,全年综合水质类别(Ⅲ类)达到区

划类别（Ⅲ类）；在小清河水系清河口断面中，综合水质类别（Ⅳ类）达到区划类别（Ⅳ类）；其中 COD、石油类在 2 个断面均达到地表水 Ⅰ 类。

2013 年在南河水系马兰河口断面进行水质监测中，全年综合水质类别（Ⅱ类）达到区划类别（Ⅲ类）；其中 COD_{Mn}、BOD_5、COD、NH_3-N、石油类均为地表水 Ⅰ 类，TP 为地表水 Ⅱ 类。

11. 襄阳市唐白河水系龚家咀断面

2013 年在龚家咀断面进行的 12 次水质监测中，综合水质类别全部达到区划类别（Ⅳ类），其中 4 月、6 月、7 月、8 月、11 月的水质为地表水 Ⅲ 类，COD_{Mn}、石油类的数值较好。2013 年全年水质为地表水 Ⅲ 类，达到区划要求。

12. 襄阳市滚河水系汤店断面

2013 年在汤店断面进行的 12 次水质监测中，9 月、10 月、11 月、12 月的水质类别（Ⅳ类）超过了区划类别（Ⅲ类），超标因子均为 BOD_5，为 Ⅳ 类；其余月份均为地表水 Ⅲ 类，其中指标石油类、COD 的数值较低。2013 年全年水质为地表水 Ⅲ 类，达到区划要求。

13. 襄阳市南河水系玛瑙观、茶庵断面

2013 年在南河玛瑙观断面进行的 12 次水质监测中，综合水质类别全部达到区划类别（Ⅲ类），其中 8 月水质最好为地表水 Ⅰ 类，9 月为 Ⅲ 类，其余月份均为 Ⅱ 类。2013 年全年水质为地表水 Ⅱ 类，达到区划要求。

2013 年在南河茶庵断面进行的 12 次水质监测中，综合水质类别全部达到区划类别（Ⅲ类），其中 4 月、10 月、11 月的水质为 Ⅲ 类，其余月份均为 Ⅱ 类，水质偏好。2013 年全年水质为地表水 Ⅱ 类，达到区划要求。

14. 襄阳市北河水系聂家滩断面

2013 年在北河聂家滩断面进行的 12 次水质监测中，综合水质类别全部达到区划类别（Ⅲ类），其中 3 月、5 月的水质为 Ⅲ 类，其余月份均为 Ⅱ 类，水质较好。2013 年全年水质为地表水 Ⅱ 类，达到区划要求。

15. 神农架林区南河水系阳日断面

2013 年在南河水系阳日断面进行的 6 次水质监测中，综合水质类别全部达到区划类别（Ⅲ类），其中 3 月、5 月的水质达到地表水 Ⅰ 类，1 月、7 月、9 月、11 月的水质均为地表水 Ⅱ 类，水质较好。2013 年全年水质为地表水 Ⅱ 类，达到区划要求。

16. 襄阳市宜城蛮河水系孔湾、朱市断面

2013 年在蛮河水系孔湾断面进行的 12 次水质监测中，综合水质类别全部超过区划类别（Ⅲ类），其中 1 月、2 月、3 月、9 月、10 月、12 月的水质受污染最严重为劣 Ⅴ 类，其余月份均为 Ⅴ 类。其中只有石油类在 12 个月份中合格，其余指标超标情况严重。2013 年全年水质为地表水劣 Ⅴ 类，没有达到区划要求，超标因子为 BOD_5、COD、NH_3-N、TP。

2013 年在朱市断面进行的水质监测中，全年水质类别达标。

17. 荆门市竹皮河水系马良龚家湾断面

2013 年在该断面进行的水质监测中，全年水质类别（劣 Ⅴ 类）超过区划类别（Ⅳ类），超

标因子为 COD、NH₃-N、TP，且均为劣 V 类水质。

18. 天门市天门河水系杨林、拖市断面

2013 年在杨林断面进行的水质监测中，全年水质类别(Ⅲ类)达到区划类别(Ⅲ类)；在拖市断面进行的水质监测中，全年水质类别(Ⅱ类)达到区划类别(Ⅱ类)。

19. 随州市淮河水系出山大桥断面

2013 年在淮河水系出山大桥断面进行的 6 次水质监测中，综合水质类别全部达到区划类别(Ⅲ类)，其中 1 月、3 月、5 月的水质较好，均为地表水Ⅱ类。2013 年全年水质为地表水Ⅱ类，达到区划要求。

20. 孝感市天门河水系汉川新堰断面、竹竿河水系宣化北岗断面

2013 年在天门河水系汉川新堰断面进行的 12 次水质监测中，综合水质类别全部达到区划类别(Ⅲ类)，其中石油类全部为地表水Ⅰ类，TP 基本为地表水Ⅱ类。2013 年全年水质为地表水Ⅲ类，达到区划要求。

2013 年在竹竿河水系宣化北岗断面进行的水质监测中，全年综合水质类别全部达到区划类别(Ⅲ类)。

21. 孝感市大富水水系田店泵站、应城公路桥断面

2013 年在田店泵站断面进行的 12 次水质监测中，综合水质类别全部达到区划类别(Ⅲ类)。2013 年全年水质为地表水Ⅲ类，达到区划要求。

2013 年在应城公路桥断面进行的 6 次水质监测中，综合水质类别只在 11 月超过区划类别(Ⅲ类)，为地表水劣 V 类，主要超标因子为 NH₃-N，其余月份均合格。2013 年全年水质为地表水Ⅲ类，达到区划要求。

22. 孝感市汉北河水系垌冢桥、新沟闸断面

2013 年在垌冢桥断面进行的 12 次水质监测中，综合水质类别(Ⅲ类)全部达到区划类别(Ⅲ类)。其中石油类较好，全部为地表水Ⅰ类。2013 年全年水质为地表水Ⅲ类，达到区划要求。

2013 年在新沟闸断面进行的 12 次水质监测中，综合水质类别(Ⅲ类)全部达到区划类别(Ⅲ类)。其中石油类全部为地表水Ⅰ类，NH₃-N 大部分为地表水Ⅱ类。2013 年全年水质为地表水Ⅲ类，达到区划要求。

3.1.3 汉江干流水质占标率分析

根据 2001—2013 年度汉江水质历史监测数据，根据管理需要，汉江流域监测断面在不同年份略有调整，筛选汉江干流有连续监测数据的 15 个断面(其中 2009 年监测数据暂缺)。其中省控断面 5 个：襄阳市沈湾、钟祥市转斗、荆门市罗汉闸、仙桃市石剅、武汉市新沟，市控断面 10 个：武汉市宗关(控制断面)、武汉市龙王庙(控制断面)、襄阳市白家湾(对照断面)、襄阳市余家湖(削减断面)、老河口市仙人渡(削减断面)、宜城市郭安(控制断面)、钟祥市皇庄(控制断面)、汉川市小河(控制断面)、潜江市泽口(控制断面)、天门市岳口(控制断面)。

1. COD_{Mn}占标率分析

汉江干流所选 15 个监测断面中的 COD_{Mn}，2001—2013 年，只有 2004 年宜城郭安断面超标，比Ⅱ类水质标准超标 1.5%，其他断面全部达标。其中 2001 年，占标率最高的断面是钟祥市皇庄断面，占标率为 83.5%；2002 年，占标率最高的断面是襄阳市白家湾断面，占标率为 96.5%；2003 年，占标率最高的断面是钟祥市转斗断面，占标率为 95.5%；2004 年，占标率最高的断面是宜城市郭安断面，占标率为 101.5%；2005 年占标率最高的断面是天门市岳口断面，占标率为 87.5%；2006 年占标率最高的断面是天门市岳口断面，占标率为 88.8%；2007 年占标率最高的断面是钟祥市转斗断面，占标率为 88%；2008 年占标率最高的断面是天门市岳口断面，占标率为 83.8%；2010 年占标率最高的断面是汉川市小河断面，占标率为 81.9%；2011 年占标率最高的断面是汉川市小河断面，占标率为 87.5%；2012 年占标率最高的断面是汉川市小河断面，占标率为 87%；2013 年占标率最高的断面是汉川市小河断面，占标率为 90.9%。

2001—2013 年，COD_{Mn}年均值占标率最高的断面主要为襄阳市 2 个断面（白家湾和宜城市郭安断面各 1 次）、钟祥市 2 个断面（皇庄和转斗断面各 1 次）、天门市岳口断面（2 次最高）和汉川市小河断面（4 次最高）（表 3-5）。

表 3-5　COD_{Mn}占标率最高断面一览表

年份	COD_{Mn}占标率最高断面	该断面占标率/%	规划水体类别	备注
2001 年	钟祥市皇庄	83.5	Ⅱ	
2002 年	襄阳市白家湾	96.5	Ⅱ	
2003 年	钟祥市转斗	95.5	Ⅱ	
2004 年	宜城市郭安	101.5	Ⅱ	超标
2005 年	天门市岳口	87.5	Ⅱ	
2006 年	天门市岳口	88.8	Ⅱ	
2007 年	钟祥市转斗	88	Ⅱ	
2008 年	天门市岳口	83.8	Ⅱ	
2010 年	汉川市小河	81.9	Ⅱ	
2011 年	汉川市小河	87.5	Ⅱ	
2012 年	汉川市小河	87	Ⅱ	
2013 年	汉川市小河	90.9	Ⅱ	

2. BOD_5占标率分析

汉江干流所选 15 个监测断面中的 BOD_5监测因子有 2 个年份的年均值超标，分别是 2001 年的汉川市小河断面（超标 4%），2008 年的钟祥市转斗断面和皇庄断面（分别超标 32.3% 和 28.7%）。2001—2013 年，BOD_5占标率最高的分别出现在汉川市小河断面（最高占标率出现 6 次）、天门市岳口断面、钟祥市转斗断面（最高占标率出现 2 次）、钟祥市皇庄断面、潜江市泽口断面和襄阳市沈湾断面(最高占标率出现 2 次)等 6 个断面。其中 2001 年,占标率最高的断面是汉川市小河断面,占标率为 104%;2002 年,占标率最高的断面是汉川市小河断面,占标率为 81.3%;2003 年,占标率最高的断面是汉川市小河断面,占标率为 80.3%;2004 年,占标率最高的断面是汉川市小河断面,占标率为 86%;2005 年占标率最高的断面是天门市岳口断面,占标率为 98.3%;2006 年占标率最高的断面是钟祥市转斗断面,占标率为 85.7%;2007 年占标率最高的断面是潜江市泽口断面,占标率为 80.3%;2008 年占标率最高的断面是钟祥市转斗和皇庄断面,占标率分别为 132.3% 和 128.7%;2010 年占标率最高的断面是汉川市小河断面,占标率为 73.5%;2011 年占标率最高的断面是汉川市小河断面,占标率为 73.4%;2012 年占标率最高的断面是襄阳市沈湾断面,占标率为 83.3%;2013 年占标率最高的断面是襄阳市沈湾断面,占标率为 87.6%。(表 3-6)

表 3-6 BOD$_5$ 占标率最高断面一览表

年份	BOD$_5$ 占标率最高断面	该断面占标率/%	规划水体类别	备注
2001 年	汉川市小河	104	Ⅱ	超标
2002 年	汉川市小河	81.3	Ⅱ	
2003 年	汉川市小河	80.3	Ⅱ	
2004 年	汉川市小河	86	Ⅱ	
2005 年	天门市岳口	98.3	Ⅱ	
2006 年	钟祥市转斗	85.7	Ⅱ	
2007 年	潜江市泽口	80.3	Ⅱ	
2008 年	钟祥市转斗	132.3	Ⅱ	超标
2009 年	钟祥市皇庄	128.7	Ⅱ	超标
2010 年	汉川市小河	73.5	Ⅱ	
2011 年	汉川市小河	73.4	Ⅱ	
2012 年	襄阳市沈湾	83.3	Ⅱ	
2013 年	襄阳市沈湾	87.6	Ⅱ	

3.NH$_3$-N 占标率分析

汉江干流所选 15 个监测断面中的 NH$_3$-N 监测因子有 4 个年份超标,分别是 2002 年、2006—2008 年,其中 2002 年超标断面为老河口仙人渡断面(超标 10%)和宜城市郭安断面(超标 0.8%);2006 年超标断面为钟祥市转斗断面(超标 19.4%)和汉川市小河断面(超标 19.2%)。2001 年,占标率最高的断面是潜江市泽口断面,占标率为 88.2%;2002 年,占标率最高的断面是老河口仙人渡断面和宜城市郭安断面,占标率为 110.0% 和 100.8%;2003 年,占标率最高的断面是钟祥市转斗断面,占标率为 98.2%;2004 年,占标率最高的断面是钟祥市皇庄断面,占标率为 71.4%;2005 年占标率最高的断面是汉川市小河断面,占标率为 89.8%;2006 年占标率最高的断面是钟祥市转斗断面和汉川市小河断面,占标率分别为 119.4% 和 119.2%;2007 年占标率最高的断面是襄阳市余家湖断面,占标率为 71.1%;2008 年占标率最高的断面是钟祥市转斗断面,占标率为 102.8%;2010 年占标率最高的断面是汉川市小河断面,占标率为68.4%;2011 年占标率最高的断面是汉川市小河断断面,占标率为 68.6%;2012 年占标率最高的断面是汉川市小河断面,占标率为83.4%;2013 年占标率最高的断面是钟祥市皇庄断面,占标率为69.8%(表 3-7)。

表 3-7　NH$_3$-N 占标率最高断面一览表

年份	NH$_3$-N 占标率最高断面	该断面占标率/%	规划水体类别	备注
2001 年	潜江市泽口	88.2	Ⅱ	
2002 年	老河口仙人渡	110.0	Ⅱ	超标
	宜城市郭安	100.8	Ⅱ	超标
2003 年	钟祥市转斗	98.2	Ⅱ	
2004 年	钟祥市皇庄	71.4	Ⅱ	
2005 年	汉川市小河	89.8	Ⅱ	
2006 年	钟祥市转斗	119.4	Ⅱ	超标
	汉川市小河	119.2	Ⅱ	超标
2007 年	襄阳市余家湖	71.1	Ⅱ	
2008 年	钟祥市转斗	102.8	Ⅱ	超标
2010 年	汉川市小河	68.4	Ⅱ	
2011 年	汉川市小河	68.6	Ⅱ	
2012 年	汉川市小河	83.4	Ⅱ	
2013 年	钟祥市皇庄	69.8	Ⅱ	

4.TP 占标率分析

汉江干流所选 15 个监测断面中的 TP 监测因子,2001—2008 年,均有超标断面,其中 2001 年超标断面为汉川市小河断面、仙桃市石剅断面、钟祥市转斗断面和荆门市罗汉闸断面,占标率分别为 182%、134%、109%、109%;2002 年,超标断面为老河口市仙人渡断面、荆门市罗汉闸断面、仙桃市石剅断面、襄阳市白家湾断面和钟祥市转斗断面,占标率分别为 158%、125%、119%、116%、109%;2003 年超标断面为仙桃市石剅断面、荆门市罗汉闸断面、钟祥市转斗断面、潜江市泽口断面和汉川市小河断面,占标率分别为 159%、154%、132%、120%、110%;2004 年超标断面为仙桃市石剅断面,占标率为 109%;2005 年超标断面为潜江市泽口断面,占标率为 110%;2006 年超标断面为仙桃市石剅断面、荆门市罗汉闸断面和宜城市郭安断面,占标率分别为 122%、115%、106%;2007 年超标断面为仙桃市石剅断面、荆门市罗汉闸断面和钟祥市转斗断面,占标率分别为 150%、128%、107%;2008 年超标断面为荆门市罗汉闸断面和仙桃市石剅断面,占标率分别为198%、143%。

2001 年,占标率最高的断面是汉川市小河断面,占标率为 182%;2002 年,占标率最高的断面是老河口市仙人渡断面,占标率为 158%;2003 年,占标率最高的断面是仙桃市石剅断面,占标率为 159%;2004 年,占标率最高的断面仙桃市石剅断面,占标率为 109%;2005 年占标率最高的断面是潜江市泽口断面,占标率为 110%;2006 年占标率最高的断面是仙桃市石剅断面,占标率为 122%;2007 年占标率最高的断面是仙桃市石剅断面,占标率为 150%;2008 年占标率最高的断面是荆门市罗汉闸断面,占标率为 198%;2010 年占标率最高的断面是汉川市小河断面,占标率为 92%;2011 年占标率最高的断面是仙桃市石剅断面,占标率为 95%;2012 年占标率最高的断面是仙桃市石剅断面,占标率为 84%;2013 年占标率最高的断面是钟祥市皇庄断面,占标率为 85%(表3-8)。

表 3-8 TP 占标率最高断面一览表

年份	TP 占标率最高断面	该断面占标率/%	规划水体类别	备注
2001 年	汉川市小河	182	Ⅱ	超标
	仙桃市石剅	134	Ⅱ	超标
	钟祥市转斗	109	Ⅱ	超标
	荆门市罗汉闸	109	Ⅱ	超标
2002 年	老河口市仙人渡	158	Ⅱ	超标
	荆门市罗汉闸	125	Ⅱ	超标
	仙桃市石剅	119	Ⅱ	超标
	襄阳市白家湾	116	Ⅱ	超标
	钟祥市转斗	109	Ⅱ	超标
2003 年	仙桃市石剅	159	Ⅱ	超标
	荆门市罗汉闸	154	Ⅱ	超标
	钟祥市转斗	132	Ⅱ	超标
	潜江市泽口	120	Ⅱ	超标
	汉川市小河	110	Ⅱ	超标
2004 年	仙桃市石剅	109	Ⅱ	超标
2005 年	潜江市泽口	110	Ⅱ	超标
2006 年	仙桃市石剅	122	Ⅱ	超标
	荆门市罗汉闸	115	Ⅱ	超标
	宜城市郭安	106	Ⅱ	超标
2007 年	仙桃市石剅	150	Ⅱ	超标
	荆门市罗汉闸	128	Ⅱ	超标
	钟祥市转斗	107	Ⅱ	超标
2008 年	荆门市罗汉闸	198	Ⅱ	超标
	仙桃市石剅	143	Ⅱ	超标

续表

年份	TP 占标率最高断面	该断面占标率/%	规划水体类别	备注
2010 年	汉川市小河	92	Ⅱ	
2011 年	仙桃市石剅	95	Ⅱ	
2012 年	仙桃市石剅	84	Ⅱ	
	钟祥市皇庄	84	Ⅱ	
2013 年	钟祥市皇庄	85	Ⅱ	

5.石油类占标率分析

汉江干流所选 15 个监测断面中的石油类监测因子在 2002 年和 2003 年出现严重超标现象,占标率分别达到 5 000%;2004—2013 年,石油类监测因子占标率最高的断面均为襄阳市余家湖断面,占标率分别为 72%、68%、66%、70%、60%、48%、60%、58%、66%;2001 年占标率最高的断面为荆门市罗汉闸断面,占标率为 52%(表 3-9)。

表 3-9　石油类占标率最高断面一览表

年份	石油类占标率最高断面	该断面占标率/%	规划水体类别	备注
2001 年	荆门市罗汉闸	52	Ⅱ	
2002 年	潜江市泽口	5 000	Ⅱ	严重超标
2003 年	潜江市泽口	5 000	Ⅱ	严重超标
2004 年	襄阳市余家湖	72	Ⅱ	
2005 年	襄阳市余家湖	68	Ⅱ	
2006 年	襄阳市余家湖	66	Ⅱ	
2007 年	襄阳市余家湖	70	Ⅱ	
2008 年	襄阳市余家湖	60	Ⅱ	
2010 年	襄阳市余家湖	48	Ⅱ	
	天门市岳口	48	Ⅱ	
2011 年	襄阳市余家湖	60	Ⅱ	
2012 年	襄阳市余家湖	58	Ⅱ	
2013 年	襄阳市余家湖	66	Ⅱ	

汉江干流 15 个监测断面 2001—2013 年水质 COD_{Mn}、BOD_5、NH_3-N、TP、石油类年均占标率分别如表 3-10、表 3-11、表 3-12、表 3-13、表 3-14 所示。

3.1.4　汉江支流水质占标率分析

根据 2001—2012 年汉江水质历史监测数据,根据管理需要,汉江流域监测断面在不同年份略有调整,筛选汉江 6 条主要支流的入河断面,即北河聂家滩、南河茶庵、唐白

表 3-10　COD$_{Mn}$ 年均值占标率一览表

序号	断面	2001年	2002年	2003年	2004年	2005年	2006年	2007年	2008年	2010年	2011年	2012年	2013年
1	襄阳市沈湾	45.3%	51.0%	48.3%	48.3%	56.3%	51.3%	48.0%	46.3%	50.3%	46.0%	49.5%	47.5%
2	钟祥市转斗	59.5%	84.5%	95.5%	80.0%	70.0%	80.3%	88.0%	68.8%	52.0%	56.6%	67.3%	72.3%
3	荆门市罗汉闸	63.5%	79.8%	81.0%	74.3%	71.8%	70.3%	84.3%	65.0%	53.9%	49.7%	56.5%	45.7%
4	仙桃市石剅	60.5%	78.3%	76.8%	72.0%	75.0%	79.5%	86.0%	63.0%	54.5%	60.7%	57.4%	56.4%
5	武汉市新沟	42.2%	54.7%	52.5%	46.8%	46.5%	50.0%	59.7%	42.5%	38.5%	43.0%	43.9%	42.6%
6	武汉市宗关	67.0%	68.0%	55.0%	41.2%	40.7%	46.0%	46.7%	52.8%	46.0%	49.1%	44.5%	40.4%
7	武汉市龙王庙	61.8%	67.3%	60.2%	41.5%	39.5%	43.8%	46.3%	53.7%	45.6%	48.2%	45.1%	41.4%
8	襄阳市白家湾	48.8%	96.5%	50.8%	45.5%	48.3%	45.8%	50.5%	50.5%	62.3%	61.2%	62.3%	61.7%
9	襄阳市余家湖	54.7%	41.2%	49.2%	46.5%	49.2%	39.5%	41.7%	40.2%	43.3%	45.0%	46.3%	47.6%
10	老河口市仙人渡	44.0%	95.8%	46.8%	51.0%	51.5%	53.8%	46.5%	45.8%	46.6%	42.1%	38.8%	34.7%
11	宜城市郭安	74.0%	80.5%	88.8%	101.5%	78.0%	67.5%	67.5%	57.3%	50.6%	59.8%	69.8%	72.1%
12	钟祥市皇庄	83.5%	75.3%	77.5%	83.8%	74.5%	84.5%	79.3%	70.3%	63.1%	62.4%	64.1%	71.5%
13	汉川市小河	60.5%	71.3%	72.3%	70.0%	80.3%	83.0%	83.5%	74.0%	81.9%	87.5%	87.0%	90.9%
14	潜江市泽口	56.5%	67.8%	92.5%	86.3%	75.0%	59.8%	77.8%	70.8%	74.8%	60.5%	59.7%	51.7%
15	天门市岳口	66.3%	59.3%	68.5%	84.3%	87.5%	88.8%	77.0%	83.8%	64.3%	79.8%	66.9%	50.9%

表 3-11 BOD$_5$ 年均值占标率一览表

序号	断面	2001 年	2002 年	2003 年	2004 年	2005 年	2006 年	2007 年	2008 年	2010 年	2011 年	2012 年	2013 年
1	襄阳市沈湾	36.3%	34.7%	41.0%	41.0%	67.7%	45.0%	77.7%	48.0%	60.0%	42.6%	55.8%	49.3%
2	钟祥市转斗	47.7%	38.0%	74.7%	72.0%	71.7%	85.7%	65.7%	132.3%	45.7%	51.8%	49.2%	42.3%
3	荆门市罗汉闸	45.3%	34.7%	67.7%	77.3%	83.3%	53.7%	77.7%	78.7%	47.1%	45.5%	36.4%	38.8%
4	仙桃市石剅	36.7%	39.3%	45.7%	66.0%	83.0%	79.3%	73.0%	78.3%	50.8%	62.1%	83.3%	87.6%
5	武汉市新沟	29.8%	28.8%	41.3%	40.3%	48.0%	40.8%	64.5%	56.0%	38.5%	37.8%	29.2%	27.9%
6	武汉市宗关	33.3%	29.8%	46.8%	34.0%	29.5%	31.8%	51.8%	44.0%	38.4%	37.1%	30.0%	27.4%
7	武汉市龙王庙	30.5%	30.8%	41.0%	36.3%	25.0%	35.3%	59.8%	43.5%	35.8%	36.9%	30.7%	27.6%
8	襄阳市白家湾	45.7%	34.3%	36.3%	33.3%	33.3%	38.7%	50.7%	67.0%	54.7%	53.5%	55.3%	66.1%
9	襄阳市余家湖	43.8%	35.0%	41.5%	43.3%	39.8%	47.3%	54.8%	49.0%	49.7%	52.9%	48.8%	2.1%
10	老河口市仙人渡	33.3%	73.7%	33.3%	35.3%	36.0%	45.3%	39.0%	36.7%	38.8%	36.2%	33.3%	34.4%
11	宜城市郭安	33.3%	62.7%	40.7%	48.0%	51.0%	51.7%	44.7%	41.3%	38.6%	33.3%	60.1%	49.2%
12	钟祥市皇庄	36.3%	38.0%	45.7%	57.0%	68.7%	57.7%	40.7%	128.7%	42.8%	60.3%	51.2%	40.7%
13	汉川市小河	104.0%	81.3%	80.3%	86.0%	76.0%	68.0%	69.7%	66.7%	73.6%	73.4%	78.8%	86.8%
14	潜江市泽口	52.7%	54.0%	40.0%	46.7%	54.0%	37.3%	80.3%	77.0%	63.4%	60.7%	67.9%	58.0%
15	天门市岳口	50.7%	35.0%	39.3%	61.3%	98.3%	80.7%	56.3%	62.7%	58.8%	64.2%	60.0%	44.3%

表3-12 NH₃-N 年均值占标率一览表

序号	断面	2001年	2002年	2003年	2004年	2005年	2006年	2007年	2008年	2010年	2011年	2012年	2013年
1	襄阳市沈湾	43.8%	46.2%	39.2%	34.0%	42.2%	69.6%	25.8%	20.2%	31.0%	21.6%	19.0%	19.6%
2	钟祥市转斗	46.0%	71.4%	98.2%	47.2%	55.6%	119.4%	50.2%	102.8%	28.8%	50.6%	61.8%	61.0%
3	荆门市罗汉闸	49.4%	47.4%	64.0%	29.0%	41.0%	55.0%	38.8%	61.6%	26.0%	33.2%	31.2%	34.2%
4	仙桃市石剅	38.2%	52.2%	76.2%	35.8%	40.2%	89.0%	51.6%	73.0%	38.4%	53.8%	38.6%	34.8%
5	武汉市新沟	18.7%	27.5%	38.4%	15.7%	26.7%	33.5%	20.8%	33.2%	19.6%	22.1%	19.6%	15.4%
6	武汉市崇关	25.1%	24.0%	21.1%	25.4%	18.7%	12.8%	25.7%	25.3%	19.2%	19.0%	21.8%	16.4%
7	武汉市龙王庙	25.3%	23.7%	21.7%	23.2%	22.6%	15.5%	25.6%	25.3%	20.1%	18.7%	23.3%	18.3%
8	襄阳市白家湾	10.6%	44.0%	41.6%	35.0%	35.0%	22.2%	32.2%	5.2%	28.0%	17.2%	21.0%	27.2%
9	襄阳市余家湖	46.4%	28.9%	45.9%	45.0%	46.0%	43.2%	71.1%	40.0%	23.1%	24.7%	14.7%	20.3%
10	老河口市仙人渡	17.6%	110.0%	8.4%	11.0%	22.6%	15.4%	12.8%	12.6%	37.8%	22.4%	10.6%	6.8%
11	宜城市郭安	43.6%	100.8%	95.4%	68.4%	79.0%	54.0%	52.6%	27.0%	31.8%	33.8%	28.4%	48.0%
12	钟祥市皇庄	46.4%	36.6%	47.0%	71.4%	73.8%	44.4%	61.0%	56.2%	57.6%	61.4%	61.4%	69.8%
13	汉川市小河	20.0%	60.6%	74.4%	47.6%	89.8%	119.2%	3.0%	35.2%	68.4%	68.6%	83.4%	69.4%
14	潜江市泽口	88.2%	62.6%	36.6%	27.4%	37.2%	15.8%	48.4%	44.6%	28.6%	28.6%	31.6%	24.6%
15	天门市岳口	82.0%	78.0%	86.4%	39.4%	17.0%	22.8%	46.0%	64.4%	41.2%	53.6%	53.0%	45.2%

表 3-13 TP 年均值占标率一览表

序号	断面	2001年	2002年	2003年	2004年	2005年	2006年	2007年	2008年	2010年	2011年	2012年	2013年
1	襄阳市沈湾	31.0%	15.0%	20.0%	16.0%	25.0%	16.0%	24.0%	21.0%	27.0%	26.0%	25.0%	21.0%
2	钟祥市转斗	109.0%	109.0%	132.0%	85.0%	82.0%	93.0%	107.0%	6.0%	52.0%	60.0%	83.0%	82.0%
3	荆门市罗汉闸	109.0%	125.0%	154.0%	89.0%	83.0%	115.0%	128.0%	198.0%	75.0%	57.0%	43.0%	43.0%
4	仙桃市石剅	134.0%	119.0%	159.0%	109.0%	99.0%	122.0%	150.0%	143.0%	87.0%	95.0%	84.0%	80.0%
5	武汉市新沟	56.5%	53.5%	71.5%	52.0%	53.5%	58.0%	70.5%	65.0%	48.0%	48.5%	40.0%	40.5%
6	武汉市宗关	62.5%	56.0%	52.5%	54.5%	49.0%	53.0%	48.5%	51.5%	48.0%	49.5%	43.5%	36.5%
7	武汉市龙王庙	65.5%	57.0%	57.5%	56.0%	56.0%	47.5%	47.0%	52.5%	47.0%	9.5%	43.5%	41.5%
8	襄阳市白家湾	12.0%	116.0%	41.0%	28.0%	46.0%	25.0%	21.0%	17.0%	36.0%	33.0%	30.0%	32.0%
9	襄阳市余家湖	52.0%	33.0%	62.0%	36.0%	47.5%	47.0%	41.5%	23.0%	24.5%	27.5%	21.5%	22.0%
10	老河口市仙人渡	29.0%	158.0%	28.0%	26.0%	33.0%	33.0%	34.0%	34.0%	33.0%	23.0%	30.0%	25.0%
11	宜城市郭安	60.0%	45.0%	50.0%	45.0%	87.0%	106.0%	69.0%	44.0%	53.0%	50.0%	31.0%	32.0%
12	钟祥市皇庄	72.0%	47.0%	87.0%	75.0%	99.0%	86.0%	90.0%	87.0%	83.0%	84.0%	84.0%	85.0%
13	汉川市小河	182.0%	81.0%	110.0%	65.0%	83.0%	82.0%	93.0%	4.0%	92.0%	90.0%	83.0%	83.0%
14	潜江市泽口	84.0%	84.0%	120.0%	98.0%	110.0%	85.0%	73.0%	76.0%	63.0%	77.0%	67.0%	78.0%
15	天门市岳口	68.0%	67.0%	88.0%	89.0%	88.0%	91.0%	79.0%	78.0%	70.0%	65.0%	57.0%	50.0%

表 3-14　石油类年均值占标率一览表

序号	断面	2001年	2002年	2003年	2004年	2005年	2006年	2007年	2008年	2010年	2011年	2012年	2013年
1	襄阳市沈湾	40.0%	38.0%	40.0%	40.0%	40.0%	44.0%	64.0%	46.0%	46.0%	52.0%	50.0%	40.0%
2	钟祥市转斗	40.0%	32.0%	40.0%	40.0%	40.0%	46.0%	50.0%	50.0%	36.0%	50.0%	34.0%	38.0%
3	荆门市罗汉闸	52.0%	32.0%	40.0%	40.0%	40.0%	46.0%	60.0%	50.0%	40.0%	44.0%	36.0%	38.0%
4	仙桃市石剅	42.0%	40.0%	40.0%	40.0%	40.0%	46.0%	58.0%	50.0%	40.0%	40.0%	20.0%	62.0%
5	武汉市新沟	42.0%	36.0%	40.0%	40.0%	40.0%	46.0%	60.0%	50.0%	44.0%	58.0%	34.0%	26.0%
6	武汉市宗关	40.0%	88.0%	40.0%	42.0%	40.0%	40.0%	40.0%	40.0%	28.0%	28.0%	30.0%	26.0%
7	武汉市龙王庙	40.0%	64.0%	40.0%	40.0%	40.0%	40.0%	40.0%	40.0%	34.0%	34.0%	34.0%	24.0%
8	襄阳市白家湾	40.0%	52.0%	40.0%	62.0%	42.0%	46.0%	54.0%	46.0%	2.0%	48.0%	52.0%	64.0%
9	襄阳市余家湖	40.0%	40.0%	40.0%	72.0%	68.0%	66.0%	70.0%	60.0%	48.0%	60.0%	58.0%	66.0%
10	老河口市仙人渡	40.0%	40.0%	50.0%	40.0%	42.0%	46.0%	50.0%	50.0%	16.0%	14.0%	10.0%	10.0%
11	宜城市郭安	40.0%	40.0%	50.0%	50.0%					26.0%	50.0%	50.0%	42.0%
12	钟祥市皇庄	40.0%	40.0%	20.0%					40.0%	40.0%	40.0%	40.0%	40.0%
13	汉川市小河									6.0%	54.0%	44.0%	36.0%
14	潜江市泽口		5 000.0%	5 000.0%			10.0%	10.0%	10.0%	10.0%	10.0%	10.0%	10.0%
15	天门市岳口	40.0%	40.0%	50.0%	42.0%	46.0%	46.0%	50.0%	50.0%	48.0%	42.0%	42.0%	40.0%

河张湾、蛮河孔湾、汉北河新沟闸、小清河清河口。现对这 6 个断面的 COD_{Mn}、BOD_5、NH_3-N、TP 和石油类等 5 个监测因子的年均值占标率进行分析。

1. COD_{Mn} 占标率分析

北河聂家滩、南河茶庵、唐白河张湾、蛮河孔湾、汉北河新沟闸、小清河清河口等 6 个监测断面的 COD_{Mn} 占标率最大的断面和占标率情况详见表 3-15、表 3-20。

2. BOD_5 占标率分析

北河聂家滩、南河茶庵、唐白河张湾、蛮河孔湾、汉北河新沟闸、小清河清河口等 6 个监测断面的 BOD_5 占标率最大的断面和占标率情况详见表 3-16。

3. NH_3-N 占标率分析

北河聂家滩、南河茶庵、唐白河张湾、蛮河孔湾、汉北河新沟闸、小清河清河口等 6 个监测断面的 NH_3-N 占标率最大的断面和占标率情况详见表 3-17、表 3-21。

4. TP 占标率分析

北河聂家滩、南河茶庵、唐白河张湾、蛮河孔湾、汉北河新沟闸、小清河清河口等 6 个监测断面的 TP 占标率最大的断面和占标率情况详见表 3-18、表 3-22。

表 3-15　汉江支流 COD_{Mn} 占标率最大断面一览表

年份	COD_{Mn} 占标率/%	断面	备注
2001 年	180.5	小清河清河口	超标
2002 年	383.1	小清河清河口	超标
2003 年	181.6	小清河清河口	超标
2004 年	204.1	小清河清河口	超标
2005 年	199.0	小清河清河口	超标
2006 年	53.1	南河茶庵	
2007 年	77.3	南河茶庵	
2008 年	78.6	南河茶庵	
2009 年	31.1	汉北河新沟闸	
2010 年	75.6	汉北河新沟闸	
2011 年	70.5	蛮河孔湾	
2012 年	77.7	蛮河孔湾	

表 3-16　汉江支流 BOD_5 占标率最大断面一览表

年份	BOD_5 占标率/%	断面	备注
2010 年	79.6	唐白河张湾	
2011 年	67.4	唐白河张湾	
2012 年	112.9	蛮河孔湾	超标

表 3-17 汉江支流 NH_3-N 占标率最大断面一览表

年份	NH_3-N 占标率/%	断面	备注
2001 年	154.3	南河茶庵	超标
	106.9	小清河清河口	超标
2002 年	216.3	小清河清河口	超标
	183.1	南河茶庵	超标
	146.6	唐白河张湾	超标
2003 年	434.5	小清河清河口	超标
	249.9	唐白河张湾	超标
2004 年	202.2	唐白河张湾	超标
	173.9	小清河清河口	超标
2005 年	203.1	小清河清河口	超标
	173.8	唐白河张湾	超标
2006 年	270.2	唐白河张湾	超标
2007 年	258.9	唐白河张湾	超标
2008 年	199.3	唐白河张湾	超标
2009 年	50.6	唐白河张湾	
2010 年	56.5	唐白河张湾	
2011 年	69.3	唐白河张湾	
2012 年	86.0	蛮河孔湾	

表 3-18 汉江支流 TP 占标率最大断面一览表

年份	TP 占标率/%	断面	备注
2001 年	94.7	小清河清河口	
2002 年	531.3	小清河清河口	超标
	111.3	唐白河张湾	超标
2003 年	557.7	小清河清河口	超标
	145.7	唐白河张湾	超标
2004 年	211.3	小清河清河口	超标
	114.0	唐白河张湾	超标
2005 年	291.0	小清河清河口	超标
	92.7	唐白河张湾	
2006 年	95.0	小清河清河口	

续表

年份	TP 占标率/%	断面	备注
2007 年	106.3	唐白河张湾	超标
2008 年	97.7	唐白河张湾	
2009 年	27.7	唐白河张湾	
2010 年	185	蛮河孔湾	超标
2011 年	146	蛮河孔湾	超标
2012 年	13.5	南河茶庵	

5.石油类占标率分析

北河聂家滩、南河茶庵、唐白河张湾、蛮河孔湾、汉北河新沟闸、小清河清河口等 6
个监测断面的石油类占标率最大的断面和占标率情况详见表 3-19。

表 3-19　汉江支流石油类占标率最大断面一览表

年份	石油类占标率/%	断面	备注
2010 年	57.0	汉北河新沟闸	
2011 年	68.0	南河茶庵	
2012 年	27.0	南河茶庵	

表 3-20　汉江支流 COD_{Mn} 占标率一览表

序号	支流	断面	2001 年	2002 年	2003 年	2004 年	2005 年	2006 年
1	北河	北河聂家滩	15.1%	29.6%	25.2%	19.6%	25.6%	28.9%
2	南河	南河茶庵	21.5%	38.6%	22.9%	31.2%	40.3%	53.1%
3	唐白河	唐白河张湾	26.0%	34.5%	95.7%	71.1%	49.1%	47.3%
4	蛮河	蛮河孔湾	—	—	—	—	—	—
5	汉北河	汉北河新沟闸	22.7%	30.7%	34.1%	29.5%	26.8%	58.3%
6	小清河	小清河清河口	180.5%	383.1%	181.6%	204.1%	199.0%	65.9%
序号	支流	断面	2007 年	2008 年	2009 年	2010 年	2011 年	2012 年
1	北河	北河聂家滩	31.6%	37.4%	12.2%	41.4%	40.3%	42.4%
2	南河	南河茶庵	77.3%	78.6%	30.8%	41.7%	45.8%	48.0%
3	唐白河	唐白河张湾	43.0%	35.6%	19.1%	28.5%	46.6%	41.9%
4	蛮河	蛮河孔湾	—	—	—	62.2%	70.5%	77.7%
5	汉北河	汉北河新沟闸	59.1%	61.6%	31.1%	75.6%	69.7%	74.7%
6	小清河	小清河清河口	44.9%	40.0%	14.0%	41.2%	44.4%	42.5%

表 3-21 汉江支流 NH$_3$-N 占标率一览表

序号	支流	断面	2001 年	2002 年	2003 年	2004 年	2005 年	2006 年
1	北河	北河聂家滩	4.2%	15.1%	6.2%	10.3%	14.5%	25.5%
2	南河	南河茶庵	154.3%	183.1%	68.8%	38.1%	47.0%	38.3%
3	唐白河	唐白河张湾	106.9%	216.3%	434.5%	173.9%	203.1%	80.3%
4	蛮河	蛮河孔湾	34.9%	146.6%	249.9%	202.2%	173.8%	270.2%
5	汉北河	汉北河新沟闸	—	—	—	—	—	—
6	小清河	小清河清河口	7.3%	8.3%	12.6%	20.1%	10.6%	46.9%
序号	支流	断面	2007 年	2008 年	2009 年	2010 年	2011 年	2012 年
1	北河	北河聂家滩	30.8%	31.8%	16.8%	28.1%	23.8%	28.8%
2	南河	南河茶庵	45.3%	52.2%	32.1%	51.6%	46.7%	43.2%
3	唐白河	唐白河张湾	65.6%	52.9%	15.1%	46.5%	51.7%	74.1%
4	蛮河	蛮河孔湾	258.9%	199.3%	50.6%	56.5%	69.3%	39.9%
5	汉北河	汉北河新沟闸	—	—	0.0%	53.2%	50.7%	86.0%
6	小清河	小清河清河口	25.2%	28.1%	15.3%	35.3%	49.5%	55.7%

表 3-22 汉江支流 TP 占标率一览表

序号	支流	断面	2001 年	2002 年	2003 年	2004 年	2005 年	2006 年
1	北河	北河聂家滩	12.5%	11.5%	23.0%	9.0%	22.0%	16.5%
2	南河	南河茶庵	14.5%	12.0%	16.0%	11.0%	19.0%	14.0%
3	唐白河	唐白河张湾	60.3%	111.3%	145.7%	114.0%	92.7%	90.0%
4	蛮河	蛮河孔湾	0.0%	0.0%	0.0%	0.0%	0.0%	0.0%
5	汉北河	汉北河新沟闸	17.0%	18.5%	19.0%	16.0%	17.0%	32.0%
6	小清河	小清河清河口	94.7%	531.3%	557.7%	211.3%	291.0%	95.0%
序号	支流	断面	2007 年	2008 年	2009 年	2010 年	2011 年	2012 年
1	北河	北河聂家滩	16.5%	13.0%	2.5%	22.0%	21.0%	12.0%
2	南河	南河茶庵	21.0%	14.5%	15.5%	21.0%	4.0%	13.5%
3	唐白河	唐白河张湾	106.3%	97.7%	27.7%	78.0%	89.7%	10.3%
4	蛮河	蛮河孔湾	0.0%	0.0%	0.0%	185.0%	146.0%	12.5%
5	汉北河	汉北河新沟闸	36.5%	26.5%	11.5%	28.5%	31.0%	12.0%
6	小清河	小清河清河口	41.3%	56.0%	13.3%	38.3%	50.3%	11.3%

3.1.5 饮用水水源地水质现状

根据 2012 年度,全省集中式饮用水水源地环境状况评估结果,汉江湖北段共设置 44 个取水口全部达到评估标准,详见表 3-23。评估内容包括 2012 年度水质和环境管理状况。地表饮用水源的水质评价采用单因子评价法,河流型水源不评价 TN,为掌握湖库型水源因 TN、TP 超标导致的富营养化水平,对仅 TN 或(和)TP 超标的湖库型水源,增加综合营养状态指数评价,并根据水质状况和综合营养状态指数的评价结果综合确定湖库型水源的达标状况。

3.2 水污染物排放现状

水体污染源按污染产生的方式可分为点源和面源。点源污染是指污水在排放点通过排污管网直接进入水体。面源污染则是指 N 和 P 养分、农药等污染物在一块地或一个区域通过地表径流、土壤渗滤进入水体,其发生的强度受发生地点的特定土壤类型、土地利用类型和地形条件的影响。

汉江生态经济带水资源相对来讲属富有之地,而且水质在国内属优质之列。南水北调之后,湖北汉江生态经济带将出现工程性水源不足和水质性污染的矛盾。目前,汉江干流情况良好,但支流普遍较差。湖北汉江生态经济带每年排入大量的生活污水和工业废水,面源污染也较突出。

本项规划涉及的汉江生态经济带的点源污染源包括工业污染源和城镇生活污染源,面源污染源包括农村生活污染源、农业地表径流、分散养殖、水产养殖、船舶航运污染、大气降水污染源。

3.2.1 点源污染

1. 工业污染源

汉江经济带 2013 年常住人口 2 578×10⁴ 人,占全省的 44.6%。地区生产总值 2 163.5 亿元,占全省的 23.6%;规模以上工业增加值 627.29 亿元,占全省的 22.2%;农业总产值 16.73 亿元,占全省 14.4%;一般预算收入 102.3 亿元,占全省的 17.3%;社会消费品零售总额 1 198.72 亿元,占全省的 29.6%。加上库区的神农架林区和十堰市(丹江口、郧阳区、郧西县除外)的其他六县(市、区)及经济带内其他非干流区域,整个经济带在全省经济社会发展中的地位非常重要。汉江生态经济带湖北省境内包括十堰、襄阳、荆门、天门、潜江、仙桃、随州、孝感和武汉九市及神农架林区,面积约占全省地域总面积的 40%。沿汉江的十堰市—襄阳市—武汉市是湖北的汽车工业走廊、化工基地及粮棉油基地,构成可与本省长江干流产业带相匹敌的汉江产业密集带。丹江口水库以下的汉江中下游地区是湖北省经济发展的核心地区之一。

表3-23 汉江生态经济带饮用水源地情况分析表

地区	水源地名称	水源地类型	位置	服务人口 /10⁴人	设计取水量 /(10⁴m³/d)	实际取水量 /(10⁴m³/d)	水质类别	主要超标因子和倍数	水质达标率	监测点个数
神农架林区	神农架乌稍尾饮用水水源保护区	河流型	神农架林区松柏镇	3	1.5	0.6	Ⅱ类	0	100%	
	神农架龙溪饮用水水源保护区	河流型	神农架林区阳日镇	0.08	0.001	0.0011	Ⅱ类	0	100%	
荆门市	漳河水库	湖库型	荆门市	6.7	1825	2160	Ⅱ类	0	100%	2
	三水厂水源	河流型	荆门市	39.1	3650	3764	Ⅱ类	0	100%	2
	汉江钟祥黄庄段	河流型	荆门市	20	3640	3420	Ⅱ类	0	100%	1
	汉江沙洋段	河流型	荆门市	10	3285	1000	Ⅱ类	0	100%	1
	惠亭水库	湖库型	荆门市	17	1350	1320	Ⅱ类	0	100%	1
潜江市	汉江泽口码头水源地	河流型	潜江市区	28.8	10	8.9	Ⅱ类	无	100%	2
	汉江红旗码头水源地	河流型	江汉油田	10.6	3.6	3.5	Ⅱ类	无	100%	2
随州市	随州市先觉庙水库		随州市							
	随州市浪河水王福窑		随州市							
	广水市许家冲水库		广水市							
天门市	汉江天门二水厂水源地	河流型	汉江岳口大桥下游200米处	38.08	10	2754	Ⅱ类		100%	1
武汉市	国棉水厂水源	河流型	武汉市	7	1460	200	Ⅲ类	无	100%	1
	白鹤嘴水厂水源	河流型	武汉市	32	9125	7312.4	Ⅲ类	无	100%	1
	宗关水厂水源	河流型	武汉市	181	38325	25622.3	Ⅲ类	无	100%	1
	琴断口水厂水源	河流型	武汉市	40	10950	9151.6	Ⅲ类	无	100%	1

续表

地区	水源地名称	水源地类型	位置	服务人口 /10⁴人	设计取水量 /(10⁴m³/d)	实际取水量 /(10⁴m³/d)	水质类别	主要超标因子和倍数	水质达标率	监测点个数
武汉市	西湖水厂水源	河流	武汉市	8	1 500	871.4	Ⅲ类	无	100%	1
	蔡甸水厂水源	河流	武汉市	23.7	2 520	3 242	Ⅲ类	无	100%	1
	余氏墩水厂水源	河流	武汉市	30	4 000	5 165.7	Ⅲ类	无	100%	1
仙桃市	二水厂	一级支流	仙桃市		50 000	20 000	Ⅱ类			
	三水厂	一级支流	仙桃市	40.3	150 000	150 000	Ⅱ类		100%	1
十堰市 丹江口市	第一水厂	库区	丹江口市	12.96	6	2.79	Ⅱ类	TN 0.19~0.74	100%	1
	第二水厂	库区	丹江口市	1.2	1	0.31	Ⅱ类	TN 0.14~0.72	100%	1
十堰市 房县	房县泉水湾水源地	河流型一级支流	城关镇泉水村	14.1	3	2.8	Ⅱ类	无	100%	2
十堰市 茅箭	马家河水库	一级支流	茅箭区武当路街办马家河村	13	5	4.93	Ⅲ类	TN	100%	1
	茅塔河水库	一级支流	茅箭区茅塔乡王家村	8	2.6	1.92	Ⅲ类	TN	100%	1
十堰市 郧西	土门水库	湖库	土门镇上坪村	9.8	3	2	Ⅲ类	无	100%	1
十堰市 郧阳区	郧阳区耿家垭子水源地	库区	城关镇	11.5	3	1.8	Ⅱ类	无	100%	1
十堰市 郧阳区	郧阳区谭家湾水库	库区	谭家湾镇	3.41	0.55	0.51	Ⅱ类	无	100%	1

续表

地区	水源地名称	水源地类型	位置	服务人口/10⁴人	设计取水量/(10⁴m³/d)	实际取水量/(10⁴m³/d)	水质类别	主要超标因子和倍数	水质达标率	监测点个数
十堰市张湾	黄龙水库	湖库型	张湾区	41.06	41.92	24.66	Ⅱ类	无	100%	2
	头堰水库	湖库型	张湾区	5	2.74	0.96	Ⅱ类	无	100%	1
十堰市竹山	堵河郭家山	河流	竹山县城关镇城西社区郭家山	8		2	Ⅱ类	无	100%	1
	霍河水库（备用水源）	湖库	竹山县城关镇刘家山村	0	0	0	Ⅲ类	无	100%	1
十堰市竹溪	龙坝水库	库	龙坝镇廖家岭村	10	1.1	1	Ⅲ类	无	100%	1
襄阳市保康	云溪沟水厂	支流	云溪沟水厂	4	16.67	16.67	Ⅲ类	无	100%	1
	三溪沟水厂	支流	三溪沟水厂	1	2.12	2.12	Ⅲ类	无	100%	1
	东沟水厂	支流	东沟水厂	1	2.12	2.12	Ⅲ类	无	100%	1
	段家湾水						Ⅲ类	备用		
	封银岩水						Ⅲ类	备用		
襄阳市谷城	谷城县三水厂水源地	河流型	谷城县城关镇格垒嘴村	9.8	1460	600	Ⅱ类	/	100%	1
襄阳市枣阳	北郊水库	水库型	枣阳市北城办事处	15.6	11	6	Ⅲ类	无	100%	1
	刘桥水库	水库型	枣阳市环城办事处	9.4	8.4	5	Ⅲ类	无	100%	1
襄阳市	汉江白家湾水厂水源地	地表水	白家湾	67	7 783.61	7 383.61	Ⅱ类	/	100%	1
	汉江火星观水源地	地表水	火星观	53	4 458.17	4 458.17	Ⅱ类	/	100%	1

续表

地区	水源地名称	水源地类型	位置	服务人口/10⁴人	设计取水量/(10⁴ m³/d)	实际取水量/(10⁴ m³/d)	水质类别	主要超标因子和倍数	水质达标率	监测点个数
襄阳市南漳	三道河水库	湖泊型	襄阳市	9.5	720	720	Ⅱ类		100%	1
孝感市安陆	解放山水库	河流	府河大坝	20.3	10	4.76	Ⅲ类	无	100%	1
	赵冲水库	水库	赵棚镇	0.6	2 000	500	Ⅲ类	无	100%	1
	紫石河坝水库	水库	李店镇	0.6	800	500	Ⅲ类	无	100%	1
	太阳寺水库	水库	棠棣镇	0.38	600	280	Ⅲ类	无	100%	1
孝感市安陆	叶家洼水库	水库	雷公镇	1.1	800	650	Ⅲ类	无	100%	1
	碧山湖水库	水库	烟店镇	0.5	1 000	480	Ⅲ类	无	100%	1
	清水河水库	水库	李畈镇	0.4	1 000	500	Ⅲ类	无	100%	1
	塔山水库	水库	接官乡	0.41	800	460	Ⅲ类	无	100%	1
	城区二水厂水源地	一级支流	仙女山街道办事处	7.15	3.00	2.94	Ⅱ类		100%	
	城区三水厂水源地	一级支流	仙女山街道办事处	12.04	10.00	6.32	Ⅱ类		100%	
孝感市汉川	马鞍乡汉江水源地	一级支流	马鞍乡	0.55	0.20	0.06	Ⅱ类		100%	
	马口镇汉江水源地	一级支流	马口镇	6.01	1.00	0.73	Ⅱ类		100%	
	庙头镇汉江水源地	一级支流	庙头镇	4.10	0.30	0.27	Ⅱ类		100%	
	经济开发区汉江水源地	一级支流	经济开发区	2.65	0.40	0.34	Ⅱ类		100%	
	城隍镇汉江水源地	一级支流	城隍镇	0.97	0.20	0.04	Ⅱ类		100%	
	华严农场汉江水源地	一级支流	华严农场	1.09	0.20	0.13	Ⅱ类		100%	
	分水镇一水厂汉江水源地	一级支流	分水镇	0.95	0.30	0.27	Ⅱ类		100%	

续表

地区	水源地名称	水源地类型	位置	服务人口 /10^4人	设计取水量 /($10^4 m^3$/d)	实际取水量 /($10^4 m^3$/d)	水质类别	主要超标因子和倍数	水质达标率	监测点个数
孝感市汉川	分水镇二水厂汉江水源地	一级支流	分水镇	1.79	0.20	0.02	II类		100%	
	脉旺镇汉江水源地	一级支流	脉旺镇	3.82	0.50	0.45	II类		100%	
	沉湖镇汉江水源地	一级支流	沉湖镇	5.46	2.50	2.13	II类		100%	
	杨林沟镇汉江水源地	一级支流	杨林沟镇	1.64	0.30	0.25	II类		100%	
	湾潭乡汉江水源地	一级支流	湾潭乡	0.55	0.20	0.03	II类		100%	
孝感市大悟	界牌水库	水库	湖北省大悟县三里城镇与河南省罗山县铁铺乡交界处	15		3	II类	无	100%	1
孝感市应城	大富水饮用水水源	地表水	应城市	19	10	4.5	II类、III类	无	100%	1
孝感市云梦	云梦县城区饮用水水源	河流型	府河	12.81	2 609	1 063.8	III类		100%	1

注：同时还包括孝感市孝昌县的观音湖水库、金盆水库、丰山滑石冲水库、王店张冲水库、周巷摸令塘、季店季店河、白沙地下水、花西民心坝、晏家河等饮用水水源地。

经调查,2013年汉江生态经济带规模以上工业企业共计1 427家,其中武汉市境内132家,十堰市境内238家,襄阳市境内184家,荆门市境内164家,孝感市境内255家,随州市境内130家,荆州市境内68家,仙桃市境内109家,潜江市境内65家,天门市境内78家,神农架林区境内4家。2013年,湖北省汉江生态经济带工业废水排放量为27 700.65×10^4t,约占全省工业废水排放总量的32.6%。监测资料表明,湖北省汉江生态经济带中下游区工业COD排放负荷集中在化工、造纸、纺织等行业。这类废水水量大,水质复杂,治理技术难度大。2013年,湖北汉江生态经济带排入汉江的工业废水2.77×10^8t/a,COD为50 286.36t/a;NH_3-N为6 418.14t/a。2013年汉江生态经济带各县市重点工业企业污染源总体情况,见表3-24。

表 3-24　2013年汉江生态经济带各县市重点工业企业污染源总体情况

地区		工业企业数/个	工业废水排放量/10^4t	COD排放量/t	NH_3-N排放量/t
武汉市	江汉区	11	33.40	69.26	3.29
	硚口区	20	480.16	2 262.59	63.54
	汉阳区	17	447.27	365.45	44.62
	东西湖区	39	2 426.25	2 417.81	253.03
	汉南区	9	141.86	209.34	8.98
	蔡甸区	36	193.82	497.24	28.34
小计		132	3 722.75	5 821.69	401.80
十堰市	茅箭区	24	159.15	934.77	27.66
	张湾区	51	1 060.33	4 164.41	187.43
	郧阳区	29	128.47	412.29	7.45
	郧西县	26	90.55	100.68	16.95
	竹山县	23	97.62	742.21	37.36
	竹溪县	16	110.36	1 436.26	49.88
	房县	17	34.08	650.25	19.25
	丹江口市	52	287.17	1 058.44	368.76
小计		238	1 967.73	9 499.29	714.75
襄阳市	襄城区	35	1 659.38	1 471.01	73.52
	樊城区	17	2 334.96	4 603.86	61.33
	襄州区	11	303.49	300.68	9.61
	南漳县	7	614.75	545.66	79.11
	谷城县	26	277.15	425.85	81.97
	保康县	12	292.02	58.65	24.34

续表

地区		工业企业数/个	工业废水排放量/10⁴t	COD 排放量/t	NH₃-N 排放量/t
襄阳市	老河口市	22	323.27	129.52	2.21
	枣阳市	30	371.82	533.42	77.71
	宜城市	24	1 102.23	823.44	388.80
小计		184	7 279.06	8 892.08	798.59
荆门市	东宝区	35	596.75	733.13	355.12
	掇刀区	28	802.43	963.07	732.84
	京山市	22	439.82	627.85	2.61
	沙洋县	35	882.51	1 527.26	43.74
	钟祥市	44	640.37	583.36	79.31
小计		164	3 361.87	4 434.68	1 213.62
孝感市	孝南区	57	1 306.79	1 471.71	72.53
	孝昌县	25	139.05	572.05	69.65
	云梦县	16	819.45	1 506.75	278.23
	应城市	16	606.36	1 495.28	726.62
	安陆市	68	369.95	1 114.11	21.81
	汉川市	57	1 335.24	1 520.60	91.19
	大悟县	16	457.40	392.25	60.81
小计		255	5 034.25	8 072.75	1 320.84
随州市	曾都区	69	585.61	1 218.01	139.74
	随县	29	483.68	459.51	113.46
	广水市	32	692.05	1 578.81	36.25
小计		130	1 761.34	3 256.32	289.45
荆州市荆州区		68	1 466.49	1 829.67	167.38
仙桃市		109	1 119.74	2 910.66	900.86
潜江市		65	1 489.85	4 030.27	545.81
天门市		78	487.92	1 307.33	61.28
神农架林区		4	9.65	231.62	3.77
总计		1 427	27 700.65	50 286.36	6 418.14

按城市分布统计,化学需氧量(COD)排放量和氨氮(NH₃-N)排放量较大的地区为十堰、襄阳、孝感、武汉、荆门等(图3-1)。

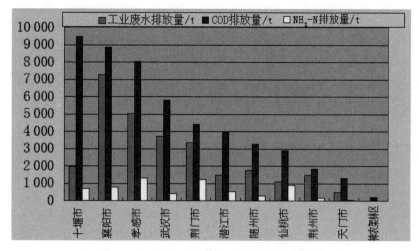

图 3-1 汉江生态经济带工业污染源排放分布

2.城镇生活污染源

根据 2013 年的统计资料显示,汉江生态经济带的城镇人口为 10 528 301 人。由于资料缺失,参考《第一次全国污染源普查城镇生活源产排污系数手册》,湖北汉江生态经济带人均生活污水产生量按 140L/(人·d)计算,污染物负荷按 COD 59g/(人·d),NH_3-N 7.2g/(人·d)。

计算得出汉江生态经济带城镇生活污水年排放总量为 53 799.6×10⁴t,污染物产生量 COD 32 279.8t,NH_3-N 10 759.9t。根据全国水环境容量核定的有关资料和《湖北省水源地环境保护规划基础调查》中的要求,城市生活污水排放系数 0.6,则汉江生态经济带污染物实际入河量为 COD 19 367.8t,NH_3-N 6 455.9t。(表 3-25)

表 3-25 汉江生态经济带主要县市、乡镇污水处理厂情况

地区		污水处理厂名称	处理规模/(t/d)	出水水质标准
武汉市	汉阳区	武汉什湖污水处理有限公司	15 000	一级标准
	东西湖区	三金潭污水处理厂	300 000	二级标准
		武汉汉西污水处理有限公司	400 000	二级标准
	汉南区	武汉景川天源污水处理有限公司	30 000	二级标准
	蔡甸区	蔡甸污水处理厂	50 000	二级标准
十堰市	郧阳区	郧阳区污水处理厂	25 000	COD18.85mg/L、NH_3-N3.088mg/L
	郧西县	郧西县污水处理厂	25 000	COD28.33mg/L、NH_3-N3.35mg/L
	竹山县	竹山县污水处理厂	30 000	COD18.95mg/L、NH_3-N3.08mg/L
	竹溪县	竹溪县城关镇污水处理厂	30 000	COD18.25mg/L、NH_3-N5.3mg/L

地区		污水处理厂名称	处理规模/(t/d)	出水水质标准
十堰市	房县	房县城关镇污水处理厂	10 000	COD26.08mg/L、NH$_3$-N3.93mg/L
		房县大木镇污水处理厂	2 000	COD36.22mg/L
	丹江口市	丹江口市污水处理厂	45 000	COD12.07mg/L、NH$_3$-N2.30mg/L
		丹江口市六里坪镇污水处理厂	10 000	COD28.81mg/L、NH$_3$-N1.18mg/L
襄阳市	襄城区	襄城余家湖污水处理厂	25 000	
	樊城区	太平店污水处理厂	50 000	
	南漳县	南漳县银泰达水务有限公司	15 000	一级 B 标准
	谷城县	谷城县城污水处理厂	20 000	一级 B 标准
	保康县	保康县城市污水处理厂	10 000	
	枣阳市	枣阳市王湾污水处理厂	60 000	
荆门市	京山市	湖北鑫山环保科技发展有限公司	30 000	
	沙洋县	沙洋县城市污水处理厂	30 000	一级 B 标准
	钟祥市	钟祥东海水务有限公司	50 000	一级 B 标准
孝感市	孝昌县	菲力污水处理有限公司	25 000	一级 B 标准
	应城市	应城新锦程环保科技有限公司	30 000	一级 B 标准
	汉川市	汉川市城区污水处理厂	50 000	一级 B 标准
荆州市	荆州区	荆州市草市污水处理厂	30 000	一级 B 标准
		荆州市城南污水处理厂	50 000	一级 B 标准
仙桃市		仙桃市仙下河污水处理厂	15 000	
		仙桃市城南污水处理厂	70 000	
		仙桃市城东污水处理厂	60 000	
潜江市		潜江市污水处理厂	50 000	
		江汉油田污水处理厂	30 000	
天门市		天门市黄金污水处理有限公司	50 000	一级 B 标准
神农架林区		神农松柏污水处理厂	3 000	一级 B 标准
总计			1 735 000	

　　据调查资料显示,汉江生态经济带 43 个县市几乎都有污水处理厂并正常运行,汉江生态经济带各县市的污水处理厂详见表 3-25。汉江生态经济带在湖北省的水域属于Ⅲ类功能区,污水处理厂污水排放需达到一级 B 标准,即 COD60mg/L,NH$_3$-N20mg/L。同时,污水处

理厂总的年排放量为62 962.5×10⁴t/a 大于总人口每年的排放总量53 799.6×10⁴t。因此,湖北省汉江生态经济带生活污水排放浓度可以按此参数计算。

3.2.2　面源污染

1. 农村生活污染源

汉江生态经济带总的农村人口为1 350万人。参照全国污染源普查办发布的源强系数说明,农村人均生活污水量取 80L/(人·d),污染物产生量 COD16.4g/(人·d),NH₃-N4.0g/(人·d)。该地区农村生活污水排放均以各自散排的方式,未经过处理,排放量等同于产生量。汉江生态经济带农村生活污水和主要污染物排放情况见表3-26,计算得汉江生态经济带年农村生活污水排放量395 143 977.6t,污染物排放量 COD 81 004.5t,NH₃-N 19 757.2t。

表3-26　汉江生态经济带农村生活污水和主要污染物产生量

地区		人口数量/人	污水排放量/(t/a)	主要的污染物产生量/(t/a)	
				COD	NH₃-N
武汉市	江汉区	8 700	254 040	52.1	12.7
	硚口区	12 311	359 481.2	73.7	18.0
	汉阳区	42 612	1 244 270.4	255.1	62.2
	东西湖区	183 843	5 368 215.6	1 100.5	268.4
	汉南区	88 600	2 587 120	530.4	129.4
	蔡甸区	327 105	9 551 466	1 958.1	477.6
小计		663 171	19 364 593.2	3 969.7	968.2
十堰市	茅箭区	19 000	554 800	113.7	27.7
	张湾区	54 566	1 593 327.2	326.6	79.7
	郧阳区	128 500	3 752 200	769.2	187.6
	郧西县	425 108	12 413 153.6	2 544.7	620.7
	竹山县	378 500	11 052 200	2 265.7	552.6
	竹溪县	301 313	8 798 339.6	1 803.7	439.9
	房县	403 538	11 783 309.6	2 415.6	589.2
	丹江口市	267 100	7 799 320	1 598.9	390.0
小计		1 977 625	57 746 650	11 838.1	2 887.3
襄阳市	襄城区	31 000	905 200	185.6	45.3
	樊城区	170 000	4 964 000	1 017.6	248.2
	襄州区	700 000	20 440 000	4 190.2	1 022.0

地区		人口数量/人	污水排放量/(t/a)	主要的污染物产生量/(t/a)	
				COD	NH₃-N
襄阳市	南漳县	316 313	9 236 339.6	1 893.4	461.8
	谷城县	318 246	9 292 783.2	1 905.0	464.6
	保康县	68 500	2 000 200	410.0	100.0
	老河口市	370 000	10 804 000	2 214.8	540.2
	枣阳市	570 882	16 669 754.4	3 417.3	833.5
	宜城市	254 707	7 437 444.4	1 524.7	371.9
小计		2 799 648	81 749 721.6	16 758.7	4 087.5
荆门市	东宝区	138 708	4 050 273.6	830.3	202.5
	掇刀区	64 276	1 876 859.2	384.8	93.8
	京山市	358 505	10 468 346	2 146.0	523.4
	沙洋县	339 280	9 906 976	2 030.9	495.3
	钟祥市	697 000	20 352 400	4 172.2	1 017.6
小计		1 597 769	46 654 854.8	9 564.2	2 332.7
孝感市	孝南区	619 167	18 079 676.4	3 706.3	904.0
	孝昌县	386 511	11 286 121.2	2 313.7	564.3
孝感市	云梦县	461 000	13 461 200	2 759.5	673.1
	应城市	67 252	1 963 758.4	402.6	98.2
	安陆市	317 800	9 279 760	1 902.4	464.0
	汉川市	545 085	15 916 482	3 262.9	795.8
	大悟县	498 430	14 554 156	2 983.6	727.7
小计		2 895 245	84 541 154	17 330.9	4 227.1
随州市	曾都区	385 800	11 265 360	2 309.4	563.3
	随县	573 800	16 754 960	3 434.8	837.7
	广水市	771 200	22 519 040	4 616.4	1 126.0
小计		1 730 800	50 539 360	10 360.6	2 527.0
荆州市	荆州区	257 800	7 527 760	1 543.2	376.4
仙桃市		164 000	4 788 800	981.7	239.4
潜江市		694 833	20 289 123.6	4 159.3	1 014.5
天门市		708 599	20 691 090.8	4 241.7	1 034.6
神农架林区		42 838	1 250 869.6	256.4	62.5
总计		13 532 328	395 143 977.6	81 004.5	19 757.2

农村分散生活污水经过雨水冲刷通过地表径流的方式进入水体,其流失率分别按照污水总量80%的黑水和总量20%的灰水计算,其中黑水中COD、NH_3-N的流失率分别为10%和10%,灰水中污染物的流失率均为75%。汉江生态经济带农村生活污染物实际进入水体的量为COD 18 631.0t/a、NH_3-N 4 544.1t/a。按城市分布统计,COD和NH_3-N排放量较大的地区为孝感、襄阳、十堰等(图3-2)。

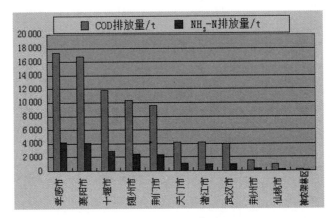

图3-2 汉江生态经济带农村生活污染源排放分布

2. 农业地表径流

农业生产是汉江生态经济带各乡镇经济的重要增长点,据2005年湖北统计年鉴显示,汉江生态经济带城镇生产总值中农业比重高,城镇化率低,大约有70%的人口从事农业生产,但由于缺乏信息引导和市场服务以及科学技术的支持,农业综合生产能力弱,生产管理粗放,农田耕作和农药化肥的施用都存在很大程度的不合理性。随着"十一五"期间省政府提出的"把湖北建设成重要的农产品加工生产区"的战略目标,作为重要的农产品生产区,汉江生态经济带农业生产的集约化程度将会不断加大,农业地表径流对汉江水环境造成的污染也将越来越大。2013年汉江生态经济带各县市农田种植情况见表3-27。

表3-27 2013年汉江生态经济带各县市农田种植情况　　　　　　单位:亩*

地区		农田种植面积			
		水田	旱地	林地	草地
武汉市	江汉区	—	—	—	—
	硚口区	—	600	—	—
	汉阳区	450	6 450	—	—
	东西湖区	60 000	130 770	197 714	4 668
	汉南区	30 750	117 000	—	—
	蔡甸区	210 000	173 000	45 000	—
小计		301 200	427 820	242 714	4 668

地区		农田种植面积			
		水田	旱地	林地	草地
十堰市	茅箭区	1 755	7 080	604 425	1 800
	张湾区	4 575	14 745	840 750	6 615
	郧阳区	103 230	428 340	6 420	3 930
	郧西县	45 000	353 100	4 352 475	2 764 808
	竹山县	98 590	486 010	4 332 180	397 800
	竹溪县	5 680	22 970	271 900	
	房县	127 448	301 105	4 645 660	1 610 095
	丹江口市	100 810	390 008	2 855 116	168 664
小计		487 088	2 003 358	17 908 926	4 958 380
襄阳市	襄城区	256 800	220 650	20 010	—
	樊城区				—
	襄州区	733 510	910 357	13 620	—
	南漳县	341 767	298 042	49 410	
	谷城县	323 700	251 762	2 671 161	16 854
	保康县	54 249	285 373	35 100	—
	老河口市	213 450	392 550	10 305	
	枣阳市	730 530	935 970	929 212	134 574
	宜城市	482 100	431 550	13 005	
小计		3 136 106	3 726 254	3 741 822	151 428
荆门市	东宝区	245 850	44 700	40 995	—
	掇刀区	173 066	64 084	25 995	—
	京山市	78 725	37 605	149 104	9 731
	沙洋县	819 300	145 650	447 780	428 700
	钟祥市	672 450	566 550	33 915	—
小计		1 989 391	858 589	697 789	438 431
孝感市	孝南区	38 032	13 987	1 031	517
	孝昌县	387 028	95 968	—	—
	云梦县	284 700	95 100	12 600	304
	应城市	—	—	—	—
	安陆市	786 256	193 255	393 821	38 396
	汉川市	626 150	351 811	248 862	—

续表

地区		农田种植面积			
		水田	旱地	林地	草地
孝感市	大悟县	448 791	139 165	25 687	26 048
小计		2 570 957	889 286	682 001	65 265
随州市	曾都区	—	—	14 550	—
	随县	—	—	87 660	—
	广水市			143 070	
小计		129 050	385 050	245 280	
荆州市	荆州区	310 856	213 878	19 452	
仙桃市		999 795	788 355	66 930	10 155
潜江市		568 614	512 637	21 669	
天门市		729 421	917 562	9 155	1 200
神农架林区		1 048	89 264	4 370 190	150 735
总计		12 823 526	10 812 053	28 005 928	5 780 262

注:1 亩 = 1/15 公顷(hm²)

根据 2010—2013 年的统计资料显示,汉江生态经济带水田、旱地、林地和草地面积分别为12 823 526亩、10 812 053亩、28 005 928亩和5 780 262亩。参照黄漪平对太湖周围土壤的研究成果和郭永彬的《基于 GIS 的流域水环境非点源污染评价理论与方法:以汉江中下游为例》中的标准,流域内不同土地类型的单位面积污染物流失率如表 3-28 所示。

表 3-28　不同土地利用类型的单位面积污染物流失率　　　　　单位:kg/亩

土地利用类型	COD	NH_3-N	流失率
水田	4.85	1.73	0.25
旱地	5.08	0.75	0.2
林地	0.73	0.21	0.18
草地	0.92	0.57	0.05

根据《全国地表水环境容量核定》的相关要求,必须对污染物排放量加以修正。水田的流失率按 0.25,旱田按 0.2,林地按 0.18,草地按 0.05 计算。由于流域内主要是黏土,根据《全国地表水环境容量核定》的相关资料,必须对其污染物排放量(表 3-29)加以修正,得出汉江生态经济带农业面源污染物的入河量为 COD 30 479.4t/a、NH_3-N 8 391.3t/a。

按城市分布统计,COD 和 NH_3-N 排放量最大的为襄阳地区,其次为十堰、孝感、荆门等地区(图 3-3)。

表 3-29　不同土壤利用类型污染物排放总量

土地利用类型	不同土地利用类型农业地表径流污染物负荷/(t/a)	
	COD	NH₃-N
水田	62 194.1	22 184.6
旱地	54 925.2	8 109.0
林地	20 444.3	5 881.2
草地	5 317.8	3 294.7

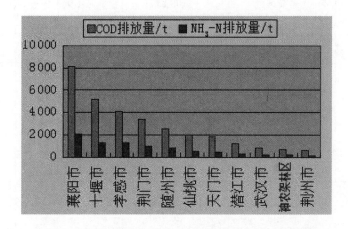

图 3-3　汉江生态经济带农业地表径流污染源排放分布

3.畜禽养殖污染源

畜禽养殖废水是汉江生态经济带水环境污染的重要来源。汉江生态经济带各乡镇大多采取分散式畜禽养殖的模式,排泄污染物基本上是处于分散状态或者是回田作为农家肥处理的。按《全国地表水环境容量核定》相关的计算方法,将牛、马、羊和鸡换算成猪,换算关系为:60 只肉鸡折合为 1 头猪,30 只蛋鸡折合为 1 头猪,3 只羊折合为 1 头猪,1 头牛折合为 5 头猪。猪产生的污染物源强系数为 COD50g/(头·d)、NH₃-N10g/(头·d)、TP6.8g/(头·d)、TN21.59g/(头·d)。各乡镇畜禽养殖污染物产生量见表 3-30。经计算畜禽养殖产生的污染物负荷 COD 495 073.7t/a、NH₃-N 99 014.7t/a。畜禽养殖污染的入河系数以 12% 计,得出畜禽养殖污染物的入河量为 COD 59 408.8t/a、NH₃-N 11 881.8t/a。

表 3-30　汉江生态经济带各地区畜禽养殖污染物产生量

地区		畜禽年末存栏数（标猪）/头	主要的污染物产生量/(t/a)	
			COD	NH₃-N
武汉市	江汉区	0	0.0	0.0
	硚口区	0	0.0	0.0

续表

地区		畜禽年末存栏数（标猪）/头	主要的污染物产生量/(t/a)	
			COD	NH₃-N
武汉市	汉阳区	0	0.0	0.0
	东西湖区	49 000	894.3	178.9
	汉南区	152 667	2 786.2	557.2
	蔡甸区	83 400	1 522.1	304.4
小计		285 067	5 202.5	1 040.5
十堰市	茅箭区	108 817	1 985.9	397.2
	张湾区	19 450	355.0	71.0
	郧阳区	46 642	851.2	170.2
	郧西县	31 867	581.6	116.3
	竹山县	18 250	333.1	66.6
	竹溪县	24 433	445.9	89.2
	房县	35 800	653.4	130.7
	丹江口市	45 167	824.3	164.9
小计		330 425	6 030.3	1 206.1
襄阳市	襄城区	26 760	488.4	97.7
	樊城区	271 953	4 963.1	992.6
	襄州区	602 761	11 000.4	2 200.1
	南漳县	496 813	9 066.8	1 813.4
	谷城县	836 006	15 257.1	3 051.4
	保康县	226 993	4 142.6	828.5
	老河口市	671 500	12 254.9	2 451.0
襄阳市	枣阳市	1 111 467	20 284.3	4 056.9
	宜城市	1 191 418	21 743.4	4 348.7
小计		5 435 672	99 201.0	19 840.2
荆门市	东宝区	253 989	4 635.3	927.1
	掇刀区	44 711	816.0	163.2
	京山市	1 403 117	25 606.9	5 121.4
	沙洋县	338 482	6 177.3	1 235.5
	钟祥市	470 998	8 595.7	1 719.1
小计		2 511 296	45 831.2	9 166.2

续表

地区		畜禽年末存栏数（标猪）/头	主要的污染物产生量/(t/a)	
			COD	NH₃-N
孝感市	孝南区	498 276	9 093.5	1 818.7
	孝昌县	10 636 000	194 107.0	38 821.4
	云梦县	290 177	5 295.7	1 059.1
	应城市	527 811	9 632.6	1 926.5
	安陆市	762 533	13 916.2	2 783.2
	汉川市	561 265	10 243.1	2 048.6
	大悟县	1 015 531	18 533.4	3 706.7
小计		14 291 593	260 821.6	52 164.3
随州市	曾都区	280 045	5 110.8	1 022.2
	随县	700 108	12 777.0	2 555.4
	广水市	420 063	7 666.1	1 533.2
小计		1 400 216	25 553.9	5 110.8
荆州市		257 132	4 692.7	938.5
仙桃市		1 314 446	23 988.6	4 797.7
潜江市		632 208	11 537.8	2 307.6
天门市		660 559	12 055.2	2 411.0
神农架林区		8 714	159.0	31.8
总计		27 127 328	495 073.7	99 014.7

　　按城市分布统计,COD 和 NH₃-N 排放量最大的为孝感地区,其次为襄阳、荆门等地区(图 3-4)。

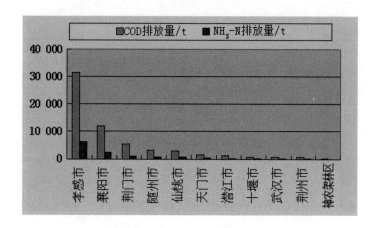

图 3-4　汉江生态经济带畜禽养殖污染源排放分布

4.水产养殖污染

根据日本竹内俊朗关于水产养殖污染排放量的计算方法,鱼类养殖污染物排放量用 N、P 的环境负荷量表示,饵料 N 含量取 2.5%,鱼体内 N 含量为 2.86%,饵料系数取 7,得出每吨鱼的污染物产生量为 COD309.2kg,NH_3-N146.4kg。汉江生态经济带水产养殖情况和污染物产生量见表 3-31。

表 3-31　汉江生态经济带各县市水产养殖情况和污染物产生量

地区		水产养殖产量/t	水产养殖污染物产生量/(t/a)	
			COD	NH_3-N
武汉市	江汉区	0	0.0	0.0
	硚口区	0	0.0	0.0
	汉阳区	0	0.0	0.0
	东西湖区	55 340	17 111.1	8 101.8
	汉南区	0	0.0	0.0
	蔡甸区	55 300	17 098.8	8 095.9
小计		110 640	34 209.9	16 197.7
十堰市	茅箭区	4	1.2	0.6
	张湾区	0	0.0	0.0
十堰市	郧阳区	3 970	1 227.5	581.2
	郧西县	467	144.4	68.4
	竹山县	1 236	382.2	181.0
	竹溪县	233	103.0	48.8
	房县	980	333.9	158.1
	丹江口市	55 149	17 052.1	8 073.8
小计		62 239	19 244.3	9 111.8
襄阳市	襄城区	0	0.0	0.0
	樊城区	4 453	1 376.9	651.9
	襄州区	48 327	14 942.7	7 075.1
	南漳县	7 740	2 393.2	1 133.1
	谷城县	9 406	2 908.3	1 377.0
	保康县	1 154	356.8	168.9
	老河口市	38 774	11 988.9	5 676.5
	枣阳市	42 000	12 986.4	6 148.8
	宜城市	30 900	9 554.3	4 523.8

地区		水产养殖产量/t	水产养殖污染物产生量/(t/a)	
			COD	NH₃-N
小计		182 754	56 507.5	26 755.2
荆门市	东宝区	30 100	9 306.9	4 406.6
	掇刀区	21 063	6 512.7	3 083.6
	京山市	76 500	23 653.8	11 199.6
	沙洋县	170 300	52 656.8	24 931.9
	钟祥市	150 000	46 380.0	21 960.0
小计		447 963	138 510.2	65 581.8
孝感市	孝南区	66 119	20 444.0	9 679.8
	孝昌县	17 589	5 438.5	2 575.0
	云梦县	47 500	14 687.0	6 954.0
	应城市	63 000	19 479.6	9 223.2
孝感市	安陆市	26 600	8 224.7	3 894.2
	汉川市	147 636	45 649.1	21 613.9
	大悟县	25 279	7 816.3	3 700.8
小计		393 723	121 739.2	57 641.0
随州市	曾都区	12 801	3 958.1	1 874.1
	随县	35 700	11 038.4	5 226.5
	广水市	30 200	9 337.8	4 421.3
小计		78 701	24 334.3	11 521.8
荆州市	荆州区	119 600	36 980.3	17 509.4
仙桃市		309 200	95 604.6	45 266.9
潜江市		107 900	33 362.7	15 796.6
天门市		120 500	37 258.6	17 641.2
神农架林区		226	69.9	33.1
总计		1 933 246	597 759.7	283 027.2

计算得出汉江生态经济带水产养殖污染物产生量为 COD 597 759.7 t/a，NH₃-N 283 027.2t/a。根据水产养殖化肥、饵料的实际利用情况分析，饵料中的 N 并非全部输入水体，而是有一部分被自然生存的鱼类和其他水生生物吸收，污染物产生量以输入量的35%计算，由于农村分散鱼塘养殖污染比较分散，而且各自独立，每年投入的污染物量大约有35%存留在池塘中，而这些污染物只有在排水或清淤时带出鱼塘外，其进入湖泊的污染物量很少，因此必须对分散养殖的污染加以校正，农村分散鱼塘养殖污染对汉江的实际输入的

污染量为 COD7 639.9t/a,NH₃-N3 617.3t/a。

5. 其他污染源

其他污染源包括旅游污染、船舶污染(主要是船舶含油污水和生活污水)、大气降尘以及河流内原污染等等,由于排放量相对较小,加上计算困难,在此忽略不计。

3.2.3 水污染物排放的特点及成因

1. 污染源排放负荷分析

汉江生态经济带主要水污染物入河量汇总如表 3-32 所示。

表 3-32　汉江生态经济带主要污染源水污染物入河量

污染源分类		COD		NH₃-N	
		年入河量/(t/a)	比例(%)	年入河量/(t/a)	比例(%)
点源	工业污染源	50 286.3	27.06	6 418.1	15.54
	城镇生活污染源	19 367.8	10.42	6 455.9	15.63
	小计	69 654.1	37.48	12 874.0	31.17
面源	农村生活污水	18 631.0	10.03	4 544.1	11.00
	农业地表径流	30 479.4	16.41	8 391.3	20.31
	畜禽养殖	59 408.8	31.97	11 881.8	28.76
	水产养殖	7 639.9	4.11	3 617.3	8.76
	小计	116 159.1	62.52	28 434.5	68.83
总计		185 813.2	100.00	41 308.5	100.00

由表 3-32 可以看出,汉江生态经济带 COD 入河量达到 18.6×10^4 t,NH₃-N 达到 4.1×10^4 t。在各类污染源中,COD 入河量最大的是畜禽养殖,占总入河量的 31.97%;其次是工业废水和农业地表径流,分别占总入河量的 27.06% 和 16.41%;再次是城镇生活污染源和农村生活污水,分别占 10.42% 和 10.03%;而 NH₃-N 入河量最大的是畜禽养殖,占总入河量的 28.76%;其次是农业地表径流、城镇污染源和工业污染源,分别占总入河量的 20.31%、15.63% 和 15.54%。

2. 水污染物排放的特点

(1)汉江生态经济带主要水污染物排放量大,其中 COD 入河量达到 18.6×10^4 t,NH₃-N 达到 4.1×10^4 t。按污染类型分布来看,汉江生态经济带工业 COD 排放量为 5.03×10^4 t,城镇生活 COD 排放量为 1.94×10^4 t,农业畜禽 COD 排放量为 5.94×10^4 t,农业地表径流 COD 排放量为 3.05×10^4 t,农村生活 COD 排放量为 1.86×10^4 t,水产养殖 COD 排放量为 0.76×10^4 t;工业 NH₃-N 排放量为 0.64×10^4 t,城镇生活 NH₃-N 排放量为 0.65×10^4 t,农业畜禽 NH₃-N 排放量为 1.19×10^4 t,农业地表径流 NH₃-N 排放量为 $0.84 \times$

10^4t,农村生活 NH_3-N 排放量为 $0.45×10^4$t,水产养殖 COD 排放量为 $0.36×10^4$t。(图 3-5)

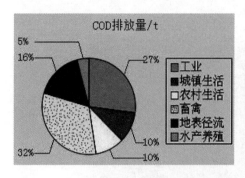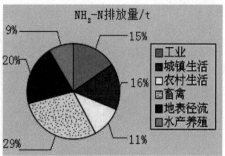

图 3-5　汉江生态经济带各类污染物排放现状分布情况

工业源污染按特征因子的排放分布来看,汉江生态经济带排放量较大的污染物为 COD、NH_3-N、石油类、挥发酚、氰化物、砷、铅、镉、汞、总铬和六价铬。根据各地工业布局情况不同,各污染物排放情况有一定变化。襄阳市工业废水排放的主要行业是化学纤维制造业,化学原料和化学制品制造业,以及造纸和纸制品业;孝感市工业废水排放的主要行业是金属制品业、纺织业以及酒、饮料和精制茶制造业;武汉市工业废水的主要行业是农副产品加工业、非金属矿采选业以及酒、饮料和精制茶制造业;荆门市工业废水排放的主要行业是石油加工、炼焦和核燃料加工业、化学原料以及化学制品制造业、农副食品加工业;潜江市工业废水排放的主要行业是化学原料和化学制品制造业、医药制造业以及造纸和纸制品业。

(2)农业面源污染所占比例较大,湖北省汉江生态经济带水土流失面积达到 12 788.57km^2,占流域面积的 20.5%,从而使得农业地表径流成为流域内最大水污染源。加之农业生产、畜禽和水产养殖等,导致汉江生态经济带面源污染日趋加重。丰水期的水质污染水平一般能反映流域的面源污染状况,监测资料表明,汉江中下游多数江段 COD$_{Mn}$ 浓度值在丰水期比枯、平水期高,反映了汉江有机污染的来源,主要是受面源影响。由于汉江生态经济带城镇化水平较低,人们主要通过农业来发展经济,同时农业以分散式经营为主,产业化程度不高,生产率低下。

(3)按不同地区污染物排放分布来看,污染排放最大的地区为孝感,其次分别为襄阳、十堰、荆门、随州、武汉、潜江、天门、仙桃、荆州和神农架(图 3-6)。

城市、小城镇和乡镇无有效的污水处理设施,绝大多数地区产生的污水直接进入汉江,水环境污染严重,形成不同程度的污染中心。

3.3　水污染物负荷预测及水环境容量

3.3.1　主要水污染物排放量预测

1. 预测方法

根据《流域水污染防治规划技术规范》,在对一定规模的区域进行排污总量预测时,一般工业污染源和生活污染源均在基准年基数上按年递增3%计算。

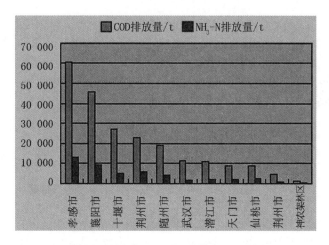

图 3-6　汉江生态经济带不同地区污染物排放现状分布情况

规划区 2020 年排污总量根据以上原则进行预测,计算公式为:

$$W_n = W_1 + W_0 r^n$$

式中:W_n——预测水平年的污染负荷,t/a;

　　　W_1——基准年重点工业排污量+规划年新增重点工业排污量,t/a;

　　　W_0——基准年的一般工业污染量+基准年生活污染量,t/a;

　　　r——年增长率,$r=3.0\%$;

　　　n——计算年数,$n=$预测水平年-2013。

2. 污染源预测结果与分析

预测中考虑了汉江生态经济带 2025 年社会经济发展目标,以及人口增长、城镇化水平提高、科技进步、产业调整和清洁生产工艺推广等因素。2025 年汉江生态经济带主要污染物排放量及入河量预测结果见表 3-33。

表 3-33　汉江生态经济带主要污染物入河量预测

污染物	入河量/(t/a)	
	2013 年	2025 年
COD	185 813.2	252 706.0
NH₃-N	41 308.5	56 179.6

3.3.2　水环境容量压力

1. 计算方法

水环境容量是指在给定水域范围和水文条件下,规定排污方式和水质目标的前提下,单位时间内该水域最大允许纳污量。

水环境容量是客观存在的。因此,它与现状排放无关,只与水量和自净能力有关,这样就使水环境容量的计算问题得到了简化。水环境容量是一种资源,它也应该和使用功能无关。使用功能是人为的设定,功能区的设定和水环境容量分配有关,与水环境容量计算无关。这样就可以使用统一的水质标准计算水环境容量,既方便比较,又坚持了公平和公正性,也避免了有水资源而无水环境容量的矛盾现象。设定功能引起的水环境容量的改变是对资源的重新分配。低功能区的高环境容量,所多利用的环境容量等于高功能区环境容量的减少。按照公正性原则,高功能区(低容量区)应当得到补偿。

本次汉江生态经济带水环境容量计算方法是:在确定了主要污染控制指标和相应的功能区划分后,根据河段水文条件、水力学参数和主要净化机理等选择适当的水质模型,模拟水体中污染物的稀释、扩散、迁移和降解规律,通过模型正向模拟,得到全河段符合不同区划水域水质目标要求的水环境容量,通过校核,分析后确定河流、地市、流域不同层次的水环境容量。

(1)总量控制指标因子的选择。总量控制指标因子为当地环保部门指定的污染物控制指标,同时也是受纳水体最为敏感的特征因子。在对汉江生态经济带水污染现状调查、主要污染物特征及环境问题分析后,确定汉江生态经济带水环境容量核算的总量控制指标因子为 COD、NH_3-N。

(2)汉江生态经济带功能区划。根据汉江沿江各市对现状功能的要求以及汉江近年的水质基本良好的状况,汉江生态经济带各段的现状功能为:汉江湖北境内江段除武汉市江段以及襄阳市城区部分江段的使用功能为集中式生活饮用水源地二级保护区,执行地表水环境质量Ⅲ类标准外,其余江段的最高使用功能为集中式生活饮用水源地一级保护区,执行Ⅱ类标准。

(3)水环境容量计算模型的选择。汉江是属于宽浅河段,假定污染物的排放方式是岸边排放。本项目计算水环境容量的方法是:首先将河道分为不同的河段,基于现有的排污口,以及面污染源入汇负荷量,按照二维有降解和混合区的方式,结合河段的水质标准,计算各污染物允许排放量;然后,对所有河段的污染物允许排放量求和,即获得汉江中下游总环境容量;最后对现状点污染源排放量进行环境容量分配。具体来讲,对于某一二维河段的水环境,污染物岸边集中排放,有降解和混合区。则二维水质模型解析形式为:

$$(c_{si} - c_{oi})h_i u_i = \frac{2(E_i + q_i)}{\sqrt{\dfrac{4\pi E_{yi} x_i}{u_i}}} e^{-\frac{u_i y_i^2}{4\pi y_i x_i}} e^{-\frac{k_i x_i}{u_i}}$$

式中,c_{oi}——河流水质本底浓度;

c_{si}——水质标准;

E——横向弥散系数;

q_i——单位时间内的非点源污染物排放量;

E_i——单位时间内的污染物排放量,即允许排放量。

混合区的宽度可以定义为河流宽度的分数,例如河宽的 1/2、1/3 等。假定限定混合区的宽度为 y。那么在 y 处应该满足水质标准的要求。在宽度小于 y 范围内的水质,允许劣于水质目标值。为了求得混合区边界处达到最大值(水质目标值)时的纵向距离为:

$$x_i = \frac{-u_i + \sqrt{u_i^2 + 4k_i u_i^2 \frac{y_i^2}{E_{yi}}}}{4k_i}$$

排污口的污染物允许排放量为:

$$E_i = q_i + (c_{si} - c_{oi}) h_i u_i \sqrt{\pi E_{yi} \frac{x_i}{u_i}} e^{-\frac{u_i y_i^2}{4\pi y_i^2 x_i}} e^{-\frac{k_i x_i}{u_i}}$$

汉江各河段的环境容量为:

$$E = \sum_i E_i$$

2. 理论水环境容量

根据选定的计算模型,在充分调研汉江生态经济带水文地质条件的基础上,计算的理论水环境容量见表3-34。即汉江生态经济带的理论水环境容量分别为 COD 473 580t/a、NH$_3$-N 31 842t/a。

表3-34　汉江生态经济带理论水环境容量　　　　　　　　　　　单位:t/a

指标	COD	NH$_3$-N
理论水环境容量	473 580	31 842
有效水环境容量	307 827	20 697
调水后有效水环境容量	198 702	13 693

3. 有效水环境容量

水环境容量是一个相对理论指标,指在满足水质控制目标的条件下,整个水域所能容纳的污染物的能力。河流或水库的环境容量是以一定设计保证率为基础的,设计保证率越低,水质目标破坏的可能性也越大,对水质而言就越不安全。而保证率确定过高也会造成对环境容量的浪费,不利于合理利用河流的水环境容量。同时按多年的平均流量计算出的环境容量反映了河流或水库在长系列水文条件下环境容量的多年平均值,其值在年内与年际的变化很大,要全部利用该环境容量也是不可能的。可见,流域有效环境容量的确定是重要而复杂的问题,与河流的流域特性,社会经济发展水平,水文条件,水资源利用状况等诸因素有关。因此,实际应用中为简化起见,通常采取理论环境容量乘以有效系数的方法计算有效环境容量。经研究比较,本次规划中取 0.65 作为有效系数计算。汉江生态经济带的有效水环境容量分别为:COD 307 827t/a、NH$_3$-N 20 697t/a。

总体上讲,水环境容量计算是一个保证率的概念,只要排污满足水环境容量计算结果要求,并且汉江干流绝大部分达到地表水质Ⅱ类标准,即可保证水体在绝大多数情况下达到使用功能。

4. 南水北调中线工程实施后的有效水环境容量

相关研究资料显示,南水北调中线工程实施后,汉江水量将减少1/4,整个水环境容量至少将减少23%。仅在汉江襄阳段,流量为$800 \sim 1\,800\mathrm{m}^3/\mathrm{s}$的中水期,将由当年的7~8个月缩短到3个月,水位下降约1m。根据目前经计算分析得出,水环境损失量日益严重,具体来说,整个汉江生态经济带COD的水环境容量损失35.45%,NH_3-N的水环境容量损失33.84%,因此调水后的实际有效水环境容量为COD 198 702t/a、NH_3-N 13 693t/a。由表3-33和表3-34可以看出,2013年汉江生态经济带的COD入河量低于其有效水环境容量,但NH_3-N的入河量已经超出了其有效环境容量,南水北调中线工程实施调水后,COD的入河量仍稍低于其有效水环境容量,NH_3-N的入河量就大大超出了其有效水环境容量,超出率达到201.67%;到规划目标年的2025年,COD的有效水环境容量不能满足其入河量,调水后的超出率达到27.17%,NH_3-N的超出率更是达到310.28%。由此可见,南水北调中线调水后对汉江生态经济带的水环境容量造成了巨大损失,也就是说对汉江生态经济带的经济发展构成了巨大的环境制约。另一方面,从NH_3-N的入河量大大超出流域的有效水环境容量来看,表明流域的主要污染因子是营养盐(除了氮,应该磷也有类似情况,尽管没有计算磷,但氮和磷往往是以一定比例同时存在的),这也是汉江生态经济带近年来"水华"频繁发生的根本原因。因此,从污染控制的角度,今后更应该把控制营养盐的输入当作重中之重来对待。

5. 汉江生态经济带水污染物削减目标

根据南水北调中线工程实施后的有效水环境容量和规划基准年及目标的污染物入河量,计算出主要水污染物的削减目标量,如表3-35所示。

表 3-35　汉江生态经济带水污染物入河量削减目标量　　　　单位:t/a

指标	COD	NH_3-N
调水后有效水环境容量	198 702	13 693
2025 年削减目标量	54 004	42 486.6

由表3-34和表3-35可以计算出,2025年COD要削减54 004 t/a、NH_3-N削减42 484.6t/a。可以看出,汉江生态经济带水污染物排放控制的任务十分艰巨,需要各方通力合作,排除阻力,力争达到预期理想成效。

由此可见,南水北调中线调水后对汉江生态经济带的水环境容量造成了巨大损失,也就是说对汉江生态经济带的经济发展构成了巨大的环境制约。

3.4　水环境的主要问题

(1)干流水质较好,但部分支流污染严重。通过对汉江近年水质数据进行分析,汉江干流总体水质状况为优,汉江干流2013年总体水质状况为优,监测的19个断面,水质符合Ⅰ~

Ⅲ类的为98.7%,其中Ⅰ类水体断面占3%,Ⅱ类水体断面占90%,Ⅲ类水体断面占6%。2013年度汉江支流水质总体情况为良好。监测的13个断面水质符合Ⅱ类水体的比例占29%,符合Ⅲ类水体的比例占42%,符合Ⅳ类水体的比例占13%,符合Ⅴ类水体的比例占3%,劣Ⅴ水体的比例占13%。2013年设置的13个监测断面中,蛮河和竹皮河等2条支流12个月份全部不达标;天河、小清河等2条一级支流有不同程度的超标现象。2013年汉江支流超标的4个断面中,主要超标因子包括NH_3-N、COD、TP、BOD_5、DO、COD_{Mn}、氟化物和阴离子表面活性剂等8个指标。

(2)农业、畜禽养殖与工业污染基本相当。根据2012年环境统计数据,汉江流域工业废水排放总量为$2.09×10^8t$,COD排放总量为$3.68×10^4t$,NH_3-N排放总量为$4.70×10^4t$,挥发酚排放总量为8.05kg,氰化物排放总量为$3.85×10^4t$。重金属污染物排放从多到少依次为:砷3.06t,铅0.97t,镉0.27t,汞0.20t,总铬7.51t,六价铬7.45t。汉江流域农业生产COD排放总量为$14.33×10^4t$、TN排放总量为$6.77×10^4t$,TP排放量为$0.76×10^4t$,石油类排放量为$1.66×10^4t$。汉江干流工业污水入河总量为5 758.86×$10^4t/a$,占干流污染源(点源与面源总和)污水入河总量的54.51%;工业污水中COD入河量为8 960.81t/a,占干流污染源(面源、点源总和)COD入河总量的18.18%;NH_3-N入河量为638.88t/a,占干流污染源NH_3-N总量的12.07%;按行政区域统计汉江流域畜禽养殖污染物,调查统计汇总结果表明,汉江流域畜禽养殖COD排放总量达到$20.72×10^4t/a$、NH_3-N排放总量$4.17×10^4t/a$;汉江畜禽养殖COD年入河总量$2.07×10^4t/a$、NH_3-N入河总量4 166.89t/a。按行政区域统计汉江流域农村生活污水排放量,调查统计汇总结果表明,汉江流域农村生活污水排放总量达到$2.38×10^8t/a$,COD年排放总量$20.84×10^4t$,NH_3-N$2.98×10^4t$;汉江农村生活污水入河总量达到$714×10^4t/a$,COD年入河总量6 252.73t/a、NH_3-N入河总量893.25t/a。

(3)流域污染物排放总量整体超过流域水环境容量。湖北汉江流域COD水环境容量中,干流河段COD水环境容量总量为$10.38×10^4t$,白家湾—余家湖控制单元的水环境容量为$3.03×10^4t/a$,占干流总容量的29.16%;新沟—龙王庙水环境容量为$2.73×10^4t/a$,占干流总容量的26.31%;青曲下游5km至安阳下游2km水环境容量为$1.26×10^4t/a$,占干流总容量的12.11%。三段之和占全段总量的67.58%。其余控制单元的COD水环境容量所占比例均小于10%。干流水质总体状况较好,仅在沈湾—仙人渡、余家湖—郭安控制单元出现超标现象,相应削减率分别为29.41%和4.84%。支流的COD水环境容量中,竹皮河超标严重,削减率为51.67%。干流的平均削减率为4.10%,支流的平均削减率为8.13%,干流与支流的总的平均削减率为4.82%。NH_3-N水环境容量中,干流河段NH_3-N水环境容量总量为3 144.65t/a,白家湾—余家湖控制单元的水环境容量为1 425.47t/a,占干流总容量的45.33%;新沟—龙王庙水环境容量为631.35t/a,占干流总容量的20.08%,两段之和占全段总量的65.41%。其余控制单元的COD水环境容量所占比例均小于10%。干流水质总体状况一般,在13个控制单元中有8个控制单元NH_3-N均超标。其中,超标最多的为沈湾—仙人渡,削减率高达97.83%;其次,余家湖—郭安控制单元NH_3-N削减率达86.26%,天门市境内罗汉闸—汉川石剐控制单元中的削减率的64.68%。支流的 NH_3-N 水环境容量中,竹皮河超标情况显著,削减率为117.59%;另外,南河、蛮河和天门河 NH_3-N 超标也相对比较严重,削减率分别为67.13%、68.49%和54.40%。干流的平均削减率为27.45%,支流的平均削减率为59.75%,干流与支流的总的平均削减率为35.04%。

(4)南水北调、汉江干流梯级电站的开发,江汉兴隆河段以上来水减少,河流由目前的天然河道演变成水库型河流,水环境净化能力减弱。丹江口大坝加高蓄水后,汉江襄阳段受到丹江口大坝加高及蓄水影响最大,四个监测指标 COD、BOD_5、NH_3-N、TP 监测值均呈上涨趋势,水质受到上游减水作用明显,水质恶化较快;钟祥段水质未呈现明显恶化;下游沙洋与天门潜江交界断面水质监测值微有上涨。汉江荆门段和下游汉江河段受到梯级开发及支流汇入的水文水质影响较大;王甫洲水利枢纽建成后,上游库区水质明显较之前水质有所恶化,四个监测指标 COD、BOD_5、NH_3-N、TP 监测值均呈上涨趋势,一方面是因为水库库区水流变缓,另一方面是由于近20年来襄阳段经济发展,排污量加大等因素。由于王甫洲水利枢纽为日调节工程,不会明显削减下游水流量,因此下游水质监测四因子较建设前微有上涨趋势,主要多为受经济发展,企业增加,支流污染排放多的排污影响;崔家营水利枢纽建成后,上游库区水质明显较之前水质有所恶化,四个监测指标 COD、BOD_5、NH_3-N、TP 监测值均呈上涨趋势,一方面是因为水库库区水流变缓,另一方面是由于两岸经济发展,排污量加大等因素。由于崔家营水利枢纽为日调节工程,不会明显削减下游水流量,因此下游水质监测四因子较建设前微有上涨趋势,主要多为受经济发展,企业增加,支流污染排放多的排污影响。

(5)工业结构不尽合理,高污染、高排放的企业大量存在,造成汉江整体污染负荷偏重。襄阳市工业废水排放量前三位的行业分别是化学纤维制造业、化学原料和化学制品制造业,以及造纸和纸制品业;分别占全市废水总排放量的21.89%、20.83%和14.62%。荆门市工业废水排放量前三位的行业分别是石油加工、炼焦和核燃料加工业、化学原料以及化学制品制造业、农副食品加工业;分别占全市废水总排放量的40.23%、24.63%和8.23%。潜江市工业废水排放量前三位的行业分别是化学原料和化学制品制造业、医药制造业以及造纸和纸制品业;分别占全市废水总排放量的36.41%、19.55%和9.24%。孝感市工业废水排放量前三位的行业分别是金属制品业、纺织业以及酒、饮料和精制茶制造业;分别占全市废水总排放量的36.03%、20.02%和18.57%。武汉市工业废水排放量前三位的行业分别是农副产品加工业、非金属矿采选业和酒、饮料和精制茶制造业;分别占全市废水总排放量的22.3%、17.4%和12.8%。汉江流域主要城市工业废水排放量比重较大的行业主要为化学纤维制造业,化学原料和化学制品制造业,造纸和纸制品业,石油加工、炼焦和核燃料加工业,农副食品加工业,医药制造业,金属制品业,纺织业,酒、饮料和精制茶制造业,非金属矿采选业等行业。

(6)汉江水华频发并且呈现上升趋势。从1992年,汉江首次发生"水华"以来,水华暴发的频率呈现上升趋势。汉江水华多发生在冬末春初的汉江枯水期(1—3月)。汉江首次发生大规模水华在1992年2月,此后1998年2月、2000年2月、2003年2月4日、2005年3

月 9 日、2008 年 2 月 25 日、2009 年 1 月 29 日、2010 年 1 月 27 日一共暴发 8 次水华。1992 年 2 月中旬—3 月初，气候转暖，汉江下游河段水体流速减缓，汉江自潜江以下，长约 240km 的干流水体发生"水华"，硅藻急剧增殖，表现为水色突变成黄褐色，天门以上水色正常。1998 年 2 月中下旬—3 月上旬及 4 月上中旬，汉江中下游干流水质再次发生异常，武汉河段水色呈黄褐色，有藻腥味，与 1992 年枯水期的观感状况类似。2000 年 2 月下旬—3 月中旬前后，从潜江的泽口至汉口近 240km 的河段相继发生"水华"，约持续 20 天时间。2003 年 2 月 4 日汉江中下游水体又呈异常褐色，水体中 DO 出现过饱和现象，藻类大量繁殖，藻类数高达 $3.5×10^7$ 个/L，2 月 9 日上午水体恢复正常。2008 年 2 月 25 日，湖北省境内的汉江支流暴发了大规模的水华事件，导致了沿线 5 个乡镇的自来水厂停止使用，20 万人饮水受到影响。2009 年 1 月 12 日左右，东荆河仙桃郭河段水色发生变异情况，1 月 29 日发生水华，事发河段水体藻类优势种为小环藻（99%）。汉江中下游早春频繁硅藻水华 2010 年 1 月 27 日开始，汉江干流开始出现水华（$14.42×10^6$ 个/L），2 月 23 日达到峰值（$24.66×10^6$ 个/L），到 3 月 3 日，水华开始消退（$6.66×10^6$ 个/L），持续一个多月。

汉江水华不同于多数湖泊出现的蓝藻、绿藻水华，为硅藻水华，属硅藻类小环藻，发生在冬末春初的汉江枯水期。由于小环藻个体较小，细胞光合表面积相对大于大型藻类，在竞争中更容易获得生长所需的营养，而且在冬季低温条件下仍能保持良好的生长状态。发生水华时，汉江水色呈棕褐色，自来水厂（宗关水厂）的水质有明显的腥味，汉江武汉宗关断面藻类细胞总数与正常年度同期相比增加了两个数量级，而且藻类细胞总数从中游到下游逐渐增加，藻类种群的多样性指数则呈下降趋势，下游江段水华发生时优势种小环藻所占比例明显增加。从水华发生的江段和发生时的藻类细胞个数可看出，水华总体上是朝恶化趋势方向发展。

对汉江水华发生时的水质、水文情势及气候因素进行分析发现，多次水华的成因具有一定相似性，具体表现在以下几个方面：汉江中下游有机污染比较严重，汉江上游断面和沿岸的工农业和生活污水的自流排放为藻类疯长提供了必要的氮、磷营养元素，营养物质的氮磷比达到藻类生长的最佳状态是导致水华发生的根本原因；汉江流域较特殊的水文情势及气候。此外，汉江"水华"藻密度亦增大，并且波及范围不断扩大。汉江的第一次"水华"只影响到潜江以下 240km 江段，而第二次和第三次"水华"，则波及钟祥以下约 400km 的所有下游江段。

（7）汉江取水口水质偶尔会出现异常，流域生活污水厂的运行管理须进一步加强。2014 年 4 月 23 日，受汉江武汉段 NH_3-N 超标影响，从 4 月 23 日晚起，武汉白鹭嘴、余氏墩水厂以及汉阳国棉水厂等 3 家自来水厂先后停产。检测出的汉江武汉段水质 NH_3-N 值为 1.59mg/L，超过 1mg/L 的国家标准值。超标原因是春季农作物大量施肥，生活污水及农田中的 NH_3-N 污染物进入汉江造成。汉江流域分布有污水处理厂 58 家，主要工艺有 A^2/O 和改良型氧化沟等工艺。目前污水管网不配套，大量污水处理厂"吃不饱"的问题依然存在，一方面是建设资金有限，排污管网不畅，污水处理厂"吃不饱"。另一方面，由于部分城镇污水处理厂设计太过超前,工艺选择没有与当地的实际需求、经济技术水平相结合,导致运行成本太高,出现污水不能稳定达标排放。

第四章

水环境保护对策

4.1 目标与定位

4.1.1 指导思想与意义

1. 指导思想

以邓小平理论、"三个代表"重要思想、科学发展观、习近平新时代中国特色社会主义思想为指导,深入贯彻落实党的十九大精神,以汉江生态经济带生态环境保护总揽全局,以转变发展方式为主线,以保障和改善民生为出发点,着力加强生态环境综合整治,着力优化产业结构和空间布局,着力形成有利于绿色发展的体制机制,努力开创生态文明建设与经济社会发展相互促进、库区与中下游地区互利共赢的新局面,树立尊重自然、顺应自然、保护自然的生态文明理念,充分发挥流域生态功能,提高流域水资源保障能力,实现"在保护中发展,在发展中保护"。把汉江生态经济带建设成"一江清水延绵后世、两岸生态福泽人民"的"水源保护示范区"和"人水和谐、山川秀美、环境友好"的"生态文明示范区"。为推动汉江沿岸经济开发,湖北省已将"两圈一带"战略升级为"两圈两带",两圈是武汉城市圈、鄂西生态文化旅游圈,两带则是在长江经济带之外,新增"汉江生态经济带"。

长期以来,汉江生态经济带是湖北的传统经济带,古有"南船北马""千里茶路",后有"大小三线建设""二汽",现有"南水北调中线工程"。在最新的湖北省县域(区)经济排名的前20名中,属于汉江生态经济带的就有蔡甸区、襄州区、东宝区、仙桃市、潜江市、枣阳市、钟祥市、曾都区、京山市、汉川市、老河口市,共11个。汉江生态经济带是连接鄂西北与江汉平原的重要纽带。汽车工业、装备制造业、现代农业与农产品加工业、旅游业是汉江生态经济带发展的优势。建设汉江生态经济带,必须要突出生态建设,打好"生态牌",追求生态文明和经济发展相协调,促使汉江生态经济带地区积极转变经济发展方式,实现可持续发展。因此,建设汉江生态经济带是促进生态文明、打造南水北调优质水源区的必然要求。

2. 保护意义

以生态环境保护优先,促进汉江生态经济带绿色发展,把生态建设和环境保护放在首要位置,把资源承载能力、生态环境容量作为经济发展的重要依据,探索建立反映资源环境成本和生态效益的绿色国民经济核算体系,保护"一江清水"、建设绿色家园、发展生态产业,实现在集约节约利用资源中求发展,在保护生态环境中谋崛起。

(1)有利于确保一库清水北送。南水北调中线工程调水后,丹江口水库下泄水量将减少26.9%,对库区下游生产、生态等形成一定的影响。加快汉江生态经济带开发建设,推进相关生态环保工程的建设,加大水污染防治力度,既可确保一库清水永续北送,又可保证库区和汉江生态经济带生态良好、人民生活水平提高,确保国家南水北调战略顺利实施。

(2)有利于确保湖北乃至全国的粮食生产安全。加快汉江生态经济带开发,充分利用发挥汉江生态经济带农业资源条件与优势,加快高效优质特色农业经济带建设,发展高产、优质、高效、生态、安全农业,确保粮食年总产量保持在 $1.3×10^7$ t 以上。

(3)有利于在更大范围内争取国家支持。加快汉江生态经济带并发,可更积极向国家争取系统全面政策支持,争取国家在汉江生态经济带投入更多的资金、项目,建立汉江全流域生态补偿机制,尤其是将汉江中下游地区纳入补偿范围。积极争取按南水北调中线调水量的一定比例建立汉江生态经济带生态补偿基金,专项用于汉江水生态、水环境治理。

(4)有利于深入推进全省区域"特色发展、融合发展"。湖北的区域发展正在由"重点突破"向"多点支撑、协调发展"转变,加快汉江生态经济带开发,发挥汉江生态经济带"融合两圈,连接一带,融通南北,承东启西"的功能;发挥战略的叠加效应,更好地实现资源共享、优势互补、互利共赢,实现特色发展和融合发展。

4.1.2　生态环境功能定位

1. 国家战略水源

战略水源是汉江生态经济带的国家级生态功能,构建和谐社会是我国新时期发展的重要战略,是实现全面建成小康社会宏伟目标的必然要求。在突发性事件时确保居民饮用水安全,直接关系到人民群众的生命安全和健康,关系到和谐社会的建设。因此,将汉江生态经济带建成完善的战略储备水源地,确保在遇到特殊紧急情况时,诸如发生战争、突发性重大水污染事故、瘟疫、地震、发生连续特大干旱年等,启动城市战略储备水源地,保障城市居民生活饮用水安全。多年来,随着汉江生态经济带的经济快速发展,各种环境问题也日显突出,尤其城乡污水治理步伐十分缓慢,不达标污水任意排放,加之多年来农田引用污水灌溉,致使区域浅层地下水水质恶化,深层地下水水质也受到一定程度影响,使本就十分突出的水资源供需矛盾更加突出。因此,要树立顺应自然、保护自然的生态文明理念,建立完善的城市战略储备水源地,以确保居民供水安全。

由于汉江是湖北汉江生态经济带以及武汉城市圈不可替代的水源之一,水源得不到保护,就会制约汉江生态经济带以及武汉等城市圈未来社会及经济的可持续发展。随着汉江生态经济带社会与经济的发展、人口的增加,以及南水北调(中线)工程的实施,应对汉江中下游水源水污染及其饮用水安全的问题予以重视,充分发挥经济带生态净化功能,提高经济带水资源供给能力和水环境安全保障水平,既要保证一江清水永续北送,又要维护库区和中下游水环境安全,让人民喝上干净的水。

第一,应进一步加强对汉江中下游污染源(点、面源)的调查、监测和研究,重点加强对丹江口水库等水源地的监管,特别是对能产生有毒有害污染物的污染源,除了采用常规水质监测指标外,还应采用水中有毒有害污染物的指标进行监测与评价,并对其污染现状以及未来的可能变化进行研究。

第二,加强对汉江中下游流域水源水及其自来水中有机物生物毒性的监测,研究此类有机物在不同水文期、不同江段(城市间)的生物毒作用性质与强度的变化规律,由此评价与预测其在汉江生态经济带区间可能所致的生态、环境与健康风险,为有关水利部门科学地进行汉江生态经济带管理、合理调度汉江水资源提供依据;同时,有关给水管理部门或生产企业应针对汉江水源水存在微量混合生物毒性污染物的问题,加强对去除水源水及其自来水中有害有机物的新技术与新工艺的研究,研究并制定相关的制水、改水预案,做到未雨绸缪。

第三,应进一步研究并争取国家对南水北调工程水资源输出地区的补偿政策,将补偿资金用于汉江中下游流域地区的环境保护以及城市给、排水设施的改扩建工作,以促进汉江生态经济带经济与社会的全面协调与可持续发展。

第四,合理调整水源地保护区内工业结构与布局,在水源保护区划定范围内禁办轻污染及重污染的工业项目;不得在水源保护区范围内设立垃圾堆放场、运转场及填埋场,对已存在的河道两边小型垃圾堆放场所应及时清除处理。对人口较多的重点乡镇建设生活污水收集与处理工程,防止污水流入水源地;在饮用水源保护区 500m 内禁止建设规模化畜禽养殖场,已经建成的要限期搬迁或关闭;加强对水源地上游地区的污染防治,在适宜地段修建前置库以及净化设施,以收集并处理上游污染物,保护水源地的水质。

第五,加强水源地所在地的村镇生态环境综合整治,每年组织环保、工商、交通等部门对二级保护区内的收废品杂船、加油船进行清理,同时,组织沿岸各镇开展河道清淤、生活垃圾消纳及控制渔业养殖等方面工作,削减外源性污染。加大汉江两岸植树绿化力度,按规划建设 30~50m 的绿化带,沿河种植美观吸尘的植物,充分发挥植被涵养水源的作用,同时创造良好的滨水景观。

2. 区域生态绿谷

生态绿谷是汉江生态经济带的首要区域生态功能。具有生态绿谷功能的汉江生态经济带制造生态资源、配送生态养分,宛如生生不息的生态动脉,通过枝状的生态网络,将绿色生态资源和养分输送到汉江两岸的城市和农村;正确处理经济建设、人口增长与资源利用、环境保护的关系,鼓励率先探索生态、经济、社会协调发展的新模式,以保障汉江生态经济带的生态健康和经济发展。主要通过以下措施建立。

一是加强生态功能区保护工作。强化生态保护与修复,大力实施林业生态工程,构建沿江绿色屏障。重点建设丹江口库区水源涵养与水质保护生态功能区、神农架生态多样性功能区、汉江中游水源涵养与水土保持生态功能区、江汉平原农田保护和用材林功能区,构筑绿色生态屏障。加强生物多样性保护,合理开展迁地保护,促进生物资源可持续开发利用。重点保护鱼类产卵场,划定鱼类产卵保护区,强化全流域湿地保护建设。合理设置开发建设环保门槛,加强对流域产业规划的环境影响评价,实施区域与流域污染物排放总量控制和排放许可证制度。

二是加强汉江生态经济带内的林、草业生态体系建设。形成密布城乡、点线面结合的绿色屏障,进一步增强生态系统功能。构建生态廊道,坚持宜林则林、宜草则草原则,积极建设沿湖、沿河、沿路生态保护带。在汉江沿岸积极开展绿化带建设,大力实施交通沿线绿色通道工程,推进实施农田林网工程,合理布局城镇和产业密集区周边的开敞式绿色生态空间。重点加强汉江干流和一级支流源头保护区的水源涵养林、水土保持林以及森林公园建设,积极实施造林绿化工程,加大造林补植、低效林改造、阔叶树补植力度。加快建设油茶林,因地制宜发展工业原料林、能源原料林、药用林等经济林。

三是加强森林防火和病虫害防治。在生态比较脆弱、水土流失比较严重的区域和森林公园等地区实行封山育林、禁伐天然阔叶林。巩固林业产权制度改革成果,落实退耕还林后期扶持政策。扩大生态公益林补偿范围,提高补偿标准。强化水土保持,以小流域为单元,综合治理水土流失。加大工程治理力度,加强坡耕地、崩岗、荒山、荒坡、残次林、沿湖沙山、沿河沙地及交通沿线侧坡等水土流失易发区的治理。大力推进水土保持生态修复工程,加大封育保护力度,促进水土流失轻微地区植被恢复,加强对开发建设项目的水土保持监督管理,做好城镇化过程中的水土保持工作。

3. 流域景观项链

生态景观带是汉江生态经济带具有显示度的标志性生态成果。未来的汉江两岸应该是层林尽染,田园如画,洲岛秀美,名胜荟萃,楼宇鳞次栉比,别墅绿树掩映,江水碧波荡漾,沿岸青色如黛,有如荆楚大地上的一条景观项链,是美丽中国一幅令人流连忘返的生态画卷。发挥保障长江中下游水生态安全的重要作用,大力加强生态建设和环境保护,切实维护生态功能和生物多样性,着力提高调洪蓄水能力,努力创造一流水质、一流空气、一流生态、一流人居环境。同时,具有"生态景观画廊"功能的汉江生态经济带可以从非物质实体层面完善襄阳城市群和武汉城市圈的发展要素,扩展新型城镇化的生态空间。

一是加强经济带内湿地生态系统保护工作,完善湿地保护管理体制。开展以退耕(养)还泽(滩)、恢复湿地植被、恢复动植物栖息地等为重点的湿地生态恢复和保护工作。以丹江口水库湿地自然保护区、堵河源自然保护区、南河湿地自然保护区和武汉沉湖湿地自然保护区为重点,加快推进湿地自然保护区建设,拯救湿地,维持湿地面积稳定。在沿汉江城区建立湿地公园,美化城市景观,宣传湿地保护知识。建立完善的湿地野生动植物支撑体系,保护湿地生物多样性。合理利用湿地生物资源,积极开展生物涵养工作,加强禁止开发区域生物资源保护。加强湖泊生态保护与修复,推广前置库、尾水湿地生态处理方法,进一步降低氮磷入湖总量。

二是实施全范围生态建设工程。强化"开发与保护并重"的理念,实现最严格的节能减排措施和区域环境影响评估制度,加强水系水体保护、森林植被保护、水土流失治理、城乡污染整治,推进整个汉江生态经济带的生态化,在确保"一库清水北送"的同时,实现"一江清水东流",把汉江生态经济带建成全国重要生态功能区。

三是构建沿汉江绿色屏障。以建设千里绿色汉江为重点,在高速公路、国道省道、江河等沿岸(四周),植树造林,打造绿色通道,建设"生态绿色长廊",逐步形成以汉江干流和一级支流沿线为支撑,以国道、乡镇绿色通道为补充,建成层次多样、结构合理、功能完备的绿色长廊。构建以林业建设为核心的综合防护体系,增强沿汉江及其主要支流沿岸林地截污和削减污染物的功能,构筑保护汉江及主要支流的绿色屏障。以沿江干流绿色林带建设为中心内容,林草结合,陆生生态系统与湿地生态系统统筹建设,构筑具备防洪、血防、水土保持、水源涵养、生态截污、净化水质、碳汇等多种功能的沿江综合植被防护体系。增加植被种类,优化植被结构,增强生态系统的稳定性。进一步加强汉江生态经济带水土流失严重地区水土保持林建设,重点是丹江口以上水土侵蚀严重地区。通过天然林保护、荒山造林、石漠化综合治理等重点项目,扩大林草覆盖面积,预防和减轻水土流失。禁止违法开采、无序开发、毁坏植被保护带。

到 2020 年,汉江干流、支流等水系水体保护、森林植被保护、水土流失治理、城乡污染治理取得明显成果,人与自然和谐共处,自然环境和经济发展高度融合,可持续发展能力明显增强,生态文明建设取得显著成效,森林覆盖率达到 38% 以上,单位工业增加值用水量、单位工业增加值主要水污染物排放强度分别比 2013 年降低 30% 和 10%,主要污染物排放量得到有效控制,生态环境质量总体改善。到 2025 年,基本建成现代生态环保带,森林覆盖率达到 40% 以上,打造"绿色"汉江生态经济带。

4. 生态制度典范

湖北汉江生态经济带江段分为库区段(丹江口库区)、少水段(丹江口大坝—兴隆水利枢纽)、补水段(兴隆水利枢纽—武汉市),科学探索并建立一套符合国情区情的跨区域流域行政管理体制、财税体制和政策体系,破解汉江生态经济带生态保护面临的突出问题。正确处理流域行政区划之间、流域上下游之间资源利用与环境保护的关系,构建优势互补、合作互惠的生态环境保护新格局,对汉江生态经济带跨省联保具有重要的示范作用。并实行生态保护和公共服务优先的绩效评价,突出水质、水土流失治理、森林覆盖率等生态建设和环境保护的评价。我们必须服从国家主体功能定位,主动肩负起"确保一江清水送北京"的政治责任,在建设汉江生态经济带中,自觉把生态环境保护和建设摆在更加突出的地位,坚持解放思想,创新发展理念,科学选择发展路径,优化产业结构,完善体制机制,努力在加快发展中保护好生态环境,在生态保护中实现又好又快发展。

一是完善空间和产业布局,集中打造城市带、产业带和开放带。完善地区、行业和企业合作,完善相关基础设施,构建城镇组群间循环共生网络,促进经济区内部和之间中心城市、城镇群和经济圈的良性互促互动,形成有机融合的交通圈、旅游圈、经济圈和生态圈。优化产业布局,提升承载能力,促进生产要素的合理流动与循环,形成紧密相连、功能互补、特色突出、产业配套的现代化城市集群、产业集群和开放地带。

二是打造汉江生态经济带开放开发示范区,充分发挥中心城市的辐射服务作用。加快沿汉江区域产业转型升级步伐,打造以都市农业、汽车、高端装备制造、家电、食品加工、现代物流、会展和商贸旅游服务业为重点的产业发展带,带动流域产业发展。拓展东西湖保税物流中心、武汉铁路集装箱中心站等开放平台功能,加快把武汉天河机场打造为中部门户机场,推进中法生态新城建设,提升区域对外开放水平。加快推进长江中游航运中心建设,促进汉江航道开发和沿线码头提档升级,大力发展汉江航运,规划建设汉江生态经济带物流枢纽。加强汉江及沿江湖泊、湿地的生态保护与综合整治,加快推进生态水网连通工程和汉江武汉段生态景观带建设,彰显武汉滨江滨湖生态特色。

三是探索建立绿色国民经济核算考评制度。研究绿色国民经济核算方法,开展环境污染、生态破坏成本以及水、湿地、森林等资源价值等方面的核算,探索将发展过程中的资源消耗、环境损失和生态效益纳入经济发展水平的评价体系,为环境税费、生态补偿、自然资源管理、产业结构调整、产业污染控制政策制定以及公众环境权益维护等提供科学依据。建立体现科学发展的政绩考评机制,将提升经济发展质量、保护生态环境作为领导干部考核的重要内容,切实落实环境保护责任,严格执行领导干部环境保护一票否决制,引导树立正确的政绩观,逐步实现从单纯追求经济增长向注重生态与经济协调发展的转变。

4.1.3　生态建设战略定位

1. 生态文明先行示范区

充分发挥汉江生态经济带生态优势和区位优势,坚持解放思想、先行先试,以体制机制创新为动力,以实现绿色循环低碳发展为途径,着力构建节约资源和保护环境的空间格局、产业结构、生产方式、生活方式,从创建生态村、生态镇、生态县(市)着手,逐渐延伸扩展到整个汉江生态经济带,实现生态县(市)全覆盖,建成国家级生态文明先行示范区。

2002 年国家环保局开始推动生态县、生态市、生态省建设,2003 年发布了生态县市省建设指标。近年来,国家又发布了《全国生态环境保护纲要》和《全国生态环境建设规划》。我国从保障生态安全和可持续发展的战略高度,将保护生态和环境列为一项基本国策。党的十七大报告中指出坚持把建设资源节约型、环境友好型社会作为加快转变经济发展方式的重要着力点,坚持把改革开放作为加快转变经济发展方式的强大动力,提高发展的全面性、协调性、可持续性,实现经济社会又好又快发展。2014 年湖北省也已开展生态省的创建,因此汉江生态经济带的生态特色在两型社会建设中具有独特优势,在范围内建设生态市、县(区)是必然的战略选择。

构建生态文明先行示范区使汉江生态经济带生态文化氛围浓厚,生态环保理念深入人心,资源节约型、环境友好型的生产和生活方式初步形成,社会就业更加充分,社会事业繁荣发展,社会保障制度日益健全,社会管理、社会服务、应急处理和公共安全保障能力明显提高,基本公共服务主要指标超过全国平均水平,城乡统筹发展取得积极进展,城乡基本公共服务均等化有所突破,城乡居民生活水平明显提高,创建生态城镇、绿色乡村取得明显成效,使汉江生态经济带的生态文明建设处于全国领先水平。

一是推进新型城镇化,增强生产要素聚集能力。按照"一主(襄阳城区)两副(枣阳、河谷组群)三支撑(宜城、南漳、保康)多支点(12个重点镇)"的城镇空间布局,打造中心城市、中等城市、特色小城镇、农村新型社区"四位一体"的大都市城镇体系,加快推进产城融合和功能提升,增强汉江生态经济带中心城市集聚辐射能力。

二是推进综合交通运输体系建设,重塑"七省通衢"枢纽地位。统筹铁路、公路、水路、航空等多种运输方式协调发展,搭建"三横三纵"的铁路网络骨架,强化汉江航运大通道,破解多式联运"最后一公里"瓶颈,建设交通运输服务体系,打造全国重要铁路货运枢纽、全国内河重要航运枢纽、全国物流节点城市,建成横跨中西部、联通南北方的汉江生态经济带立交桥。

三是推进生态环境建设,建设国家级生态文明示范区。坚持"开发与保护并重",实施最严格的节能减排措施和区域环境影响评估制度,加强水系水体与森林植被保护、水土流失治理、城乡污染整治,推进流域一体化生态建设,确保"一江清水永续",建成全国重要生态功能区。

四是规范水利工程建设。大力推进汉江中下游四项治理工程的兴隆水利枢纽工程、引江济汉工程、部分闸站改造工程的建设。通过引江济汉工程建设,从长江中游向汉江兴隆以下河段补水,补充因南水北调中线调水而减少的水量,改善河道的生态、灌溉、供水、航运等条件。依据水资源的综合利用原则,在建设引江济汉工程时同步建设相应航道通航配套设施,推进调水和航运两大功能协调并进。加快引江补汉工程的前期研究工作,科学合理论证,设计补充丹江口库区和汉江丹江口坝下至高石碑流域水资源的工程,保障南水北调中线调水安全和汉江中游地区水资源供应。到2016年,汉江中下游兴隆水利枢纽工程、引江济汉工程、部分闸站改造工程、局部航道整治工程全面完成,干流梯级开发工程建设不断推进,岸线资源得到科学合理开发,防洪减灾体系全面建成。到2020年,基本建成现代水利带。

2. 水源地保护示范区

针对南水北调工程特征,以污染预防和生态修复为主,统筹水环境、水生态、水资源三要素,以改善汉江生态经济带水质、维持汉江生态系统健康、遏制生态退化为主要目标,以污染源防治作为维持汉江环境效益的前置条件,采取产业结构布局优化调整与污染防治措施并重的策略,建立汉江水源地环境保护长效机制和新模式,实现"国家节水型城市"全覆盖,建成"国家水源地保护示范区"。

一是加强汉江生态经济带水资源保护工作。在汉江生态经济带的科学定位基础上,根据汉江纳污能力和水功能区水质目标要求,全面落实最严格的水源地管理制度,进一步规范经济带内各类水资源开发利用活动,加强对汉江干流、一级支流周边生产经营活动的监督管理,减少陆源污染物排放。

二是加强水源地建设与保护。统筹规划汉江生态经济带内新建水库和现有水库除险加固,保障武汉市、襄阳市、十堰市等饮用水水源地安全,充分发挥水库生态补水、城乡供水、水力发电、旅游景观等综合功能。加快推进小型病险水库和山塘培坡护坡、坝基防渗等除险加固工作,提高现有水源工程配套能力。关停并转部分供水能力不足、水质差的取水口,做好多水源供水系统和区域应急水源工程建设,制定并完善地下水水源井的应急供水方案。加强饮用水水源地保护工作,确保经济带内城镇集中式饮用水水源地达标率100%。加强汉江干流、支流源头以及部分水库库区的保护。严格落实饮用水水源保护区制度,加快推进饮用水水源保护区划分与调整,规范设立界碑和标志警示牌,全面排查饮用水源保护区内的各污染源,坚决取缔违法建设项目和可能污染水源水体的活动。重点解决一级保护区内违章建筑清拆和排污口关闭等直接影响水源安全的问题,加大二级保护区环境整治力度。

三是开展河道综合整治工作。全面排查汉江生态经济带内各级支流河道,对存在淤积、边坡塌陷、侵蚀污染等问题的河段,采取综合措施加以整治。加强河道两侧堤防改造和植物配置,提高水陆交换能力。在科学论证和试点的基础上,对底泥污染严重区域实施生态清淤。制定实施方案,推进流域河道垃圾清理和打捞工作。

四是推进节水工程建设。加强农业节水工作,提高灌溉用水利用系数。在灌区实施节水改造工程,对主要干渠进行加固和防渗衬砌处理,完善支、斗、农渠配套及管理设施建设。开展生态茶园、果园高效节水示范工程,在经济带内大力推广喷灌、滴灌、低压管灌等节水灌溉应用技术。严格限制高耗水工业,对传统行业进行节水技术改造。通过多种节水措施,力争积极开展节水型社会建设,提高水资源利用效率。加强城镇供水管网改造,提高供水输配效率。

3. 环境管理创新区

在汉江生态经济带内加强水生态保护管理体制创新,严格实行排污总量的控制,制定沿江地区污染物排放总量控制指标,开展排污权交易;建立水生态保护联合督查机制,将汉江水质分段考核情况作为政绩考核的重要内容;推进功能区域管理体制创新,成立汉江生态经济带生态建设与环境保护委员会,探索与构建跨区域流域的环境管理新体制与新机制,成为环境管理创新区。

一是建立健全市际环境交接标准。建立健全跨界污染联合治理机制和污染事故应急处理机制,严格执行重大环保事故责任追究制度,逐步建立城镇污水、垃圾处理市场化运营和监管机制,强化产业政策、环境影响评价制度、环境准入和污染物排放标准的约束作用。在总量控制前提下,以市级行政区为单元进行环境容量指标分配,据此确定市际交界地区的环境质量标准,作为跨行政区环境管理的重要依据。对未达到交接标准的地区应采取一定的惩罚措施促使其加大环境管理的力度。在汉江生态经济带目前的市场环境和经济条件下,完善跨行政区环境管理政策首要应完善汉江生态经济带的环境产权制度,明确环境资源的使用权和收益权归属,实行环境资源的有偿使用制度;还应加强对区际排污权交易和生态补偿制度的研究与实践,推动不同发展水平地区的环境合作,实现区域协调发展。

二是要深化现行政绩考核制度的改革。当前汉江生态经济带对于将环境状况纳入领导政绩考核体系已经达成共识,但对于跨界环境问题尚没有足够的认识。将跨行政区的环境问题纳入政绩考核体系,可以对地方领导形成有效的行政约束,避免污染转嫁和以邻为壑现象的发生。

三是坚持防治并举。统筹生产生活、兼顾城市乡村,实行最严格的污染防治政策,全面提高污染防治水平。完善防控监测体系,提高环境监管能力,加快防污治污工程建设,落实污染物排放总量控制制度,加强水功能区监督管理。COD、NH₃-N、TP、SO₂等主要污染物排放及削减量原则上优于国家要求,并加以分解落实。

四是加快建设城镇生活污水处理设施,完善管网收集系统。到 2020 年所有市县和重点镇建成污水处理厂,污水集中处理率达到 85% 以上。污水处理厂出水达到一级排放标准,对排放湖泊水库的执行更严格的标准。采取分散与集中相结合的方式,积极开展村镇生活污水处理设施建设,率先建成滨湖控制开发带乡镇污水处理设施。科学划定饮用水水源保护区,完善标识与警告设施,严禁设置排污口,严禁可能危害水源功能的开发建设及活动。同时加快建设城乡生活垃圾处理设施和收集系统。提高固体废弃物减量化、无害化和资源化水平,统筹城乡收运处理体系,因地制宜采取适宜技术和运行机制,推进农村生活垃圾处理,推行“村收集、乡转运、县处理”的城乡垃圾一体化处理模式,到 2015 年所有市县建成城镇生活垃圾处理设施,生活垃圾无害化处理率达到 80% 以上。推进县级医疗废弃物集中处置中心建设。

4. 生态城镇展示区

以培育生态文化为先导,以建设绿色乡村、生态城镇为抓手,以改善民生为重点,努力构建生态文明社会。加强自然生态系统保护和修复,深入实施造林绿化和城乡环境综合整治,增强生态产品生产能力,充分发挥生态经济带汉江美化两岸城乡、改善生态环境、适宜居住、发展生态旅游等职能,从而实现乡村映衬城市,城市增辉乡村的新型城镇化发展目标,展示湖北省生态城镇的建设成果。

1)建设绿色乡村

一是大力推进社会主义新农村建设,改善农村生产生活条件,提高公共服务水平,促进农村经济社会全面进步,建设富裕文明、安宁祥和的美好家园。优化村庄布局,加强规划引导,重点建设中心村和中心集镇,推进农村土地整治,加大空心村整治力度,逐步取消零星分散的农村居住点,加强乡村规划与城镇规划的衔接,形成布局合理、节约用地、城乡贯通的村镇建设格局。

二是保护具有历史文化价值的传统村镇,加大农村非物质文化遗产、文物古迹、名镇名村、古树名木保护力度,打造生态家园。

三是加强基础设施建设。全面硬化入村通道和村内道路,完善村内供水管网和排水沟渠,推广实施以电代燃项目。加快沼气、秸秆、太阳能等可再生能源利用,形成清洁、经济的农村能源体系,实施以奖促治,大力开展农村环境综合整治。

四是开展绿色生态家园创建活动,建成一批全国环境优美乡镇和生态村。以改善村容村貌为重点,实施农村清洁工程,加快实施改水、改厨、改厕、改圈,开展垃圾集中处理,因地制宜建设农村生活污水处理设施,加强村旁、路旁、宅旁、水旁绿化,不断改善农村卫生条件和人居环境,在有条件的地区大力推进农家乐等乡村休闲游。

五是树立文明乡风。广泛开展文明村镇、诚信集市、十星家庭、环保志愿服务等群众性精神文明创建活动,倡导农民崇尚科学、诚信守法、抵制迷信、移风易俗,形成男女平等、尊老爱幼、邻里和睦、勤劳致富的社会风尚。大力开展送戏下乡活动,实施农村电影放映工程,丰富农民闲余文化生活。加强农村党组织和基层政权建设,推进村务公开和民主管理,依法保障农民自治权利。

2)创建生态城镇

尊崇城镇自然风貌,突出历史文化传承,提升汉江生态经济带内城镇功能品位,打造富有特色魅力、宜居宜业宜游的生态城镇。

一是营造宜居环境。着力优化城镇空间结构,合理布局城市工业区、生活休闲区、商业服务区,注重历史文化遗迹保护。加强绿地建设,依托城镇公园、广场、社区、道路、湖泊、湿地,实施绿化净化美化工程,提高城镇绿化率,扩大城镇绿地空间。

二是实施交通畅通工程,大力发展公共交通,重点建设和改造连接主要功能分区的城市干道,建设武汉市、襄阳市、十堰市等大中城市快速环路,加快推进武汉市轨道交通工程建设,全面落实总量控制和定额管理相结合的用水管理制度,改造城镇供水设施,建设重点城市应急备用水源工程,加强城镇环保基础设施建设和市容市貌综合整治,塑造城镇文明形象。

三是完善社区功能。围绕构建和谐社区,进一步完善社区综合服务中心、就业服务中心、社会保障服务机构、社区卫生服务中心和健身娱乐文化等设施。加强社区基层组织建设,健全社区居民自治、民主管理等相关制度,强化规范化管理,提高服务水平。

同时将汉江生态经济带加快建设成中部崛起重要带动区。培育一批具有较强竞争力的核心企业和知名品牌,建成全国粮食安全战略核心区和生态高效农业示范区,建成区域性的先进制造业、商贸和物流中心,培育若干在全国有重要影响的重大产业集聚基地,建设国际知名的生态旅游区和休闲度假区,争当中部地区崛起的排头兵。到2020年,城乡基础设施建设进一步加强,城镇服务功能不断完善,城乡一体化发展格局基本形成,城镇化率快速提高,社会保障体系进一步健全,各项社会事业全面进步,城乡居民人均收入进一步提高,人民生活继续改善;农村居民人均纯收入和城镇居民人均可支配收入分别达到20 000元和40 000元以上,基本形成经济稳定发展、社会全面进步、人民安居乐业、人与自然和谐的新局面。

4.1.4 保护原则

1. 保护优先,防治结合

坚持水质保护优先,提高产业准入门槛,大力发展循环经济,高效利用水资源,从源头减少污染物排放。采取工程与管理措施相结合、生态修复与污染治理相结合、湖泊治理与河网治理相结合等措施,加大污染治理力度,加强流域生态建设,确保水环境质量稳定向好。

(1)完善环保基础设施建设。主要包括污水处理工程以及监测预警系统,改进和建设污水处理厂,降低工业和城市废水中有机和无机物浓度,并加强管道自来水的建设。通过采取适用的最佳治污技术,且不断改进和升级,使点污染源及农业和交通之类的扩散源得到治理。为重点控制农业污染源、保护居民饮用水安全,由各乡镇负责污水处理的任务,其中较大的乡镇都配有三级污水处理设施,由市、县政府提供一定的财政资助。此外汉江生态经济带还需建立较为完善的监测与预警系统,主要包括水质监测与预警系统、洪水监测与预警系统、水文监测系统等。

(2)流域面积保护与防洪治理。汉江流域防洪治理注重恢复汉江干流及其支流的河流水文和生态活力,充分利用河流湖泊的天然调蓄能力来提高防御能力,抵御洪水威胁。以动态管理理念为指导采用源头控制的方式加强农业区和城市的蓄水能力建设,以预防大的径流对中下游地区的威胁。通过源头控制降低产流系数、增加滞蓄作用,以达到有效降低洪峰的目的。为了防止人类活动挤占河流生态空间,需规定除非重要的社会需求,禁止河滩地内的所有建设项目。汉江生态经济带保护还采用各种途径如修建滞水圩田、旁侧河道以扩大汉江及其支流的空间。

(3)在已有的水法和水污染防治法的基础上,建立和健全以流域为单元的水资源和水环境统一管理的、具有较强可操作性的法规体系,并强化法制的实施。通过立法,加强流域机构在跨行政区饮用水源水资源和水环境保护领域中的地位与作用,明确其职责,充分利用现有的流域水资源保护机构,建立流域水资源和水环境管理的协调机制,协调流域内饮用水源水资源和水环境的统一规划与管理。对流域内的各行政区,在流域统一规划的前提下,建立各行政区饮用水源水环境保护的行政首长责任制,将区域特别是行政区界水体环境质量纳入行政首长的政绩考核指标体系中。

2. 河库统筹,水陆兼顾

坚持实施流域河、库、湖整体性保护,明确河库湖水质水量对应关系,统筹协调河库湖水资源利用、水环境保护措施,促进河库湖共治。基于流域水环境保护目标,严格控制陆源排放,改善湖库水生态平衡,确保清水入河、河库同清。

目前汉江干流及其支流流域内的大量城镇在建设过程中没有考虑到营造河流生态景观,反而侵占河流岸线,直接排放生活污水,造成生态岸线破坏严重;河岸人工生硬渠化;小型发电站引水渠的不合理建设;非城市建设区过度近岸耕种(自然植被破坏,水土流失严重);水库、闸坝等水利设施的不合理建设等都严重影响了河流生态景观。因此在汉江生态经济带内的城镇开发利用规划中必须制定河流、湖泊、水库保护规划,协调处理好城市建设与水质保护规划的关系,从源头防止对河流、水库、湖泊可能造成的污染和破坏。

一是在对河流、湖库开发前,应确定其保护区域,预留足够的湖岸坡及绿地面积,保持汉江及其支流周边天然的植物净化床。

二是合理控制汉江周边建筑密度和高度,防止临江、临湖及低于排污标高而建,控制周边建筑无序发展。

三是在经济带内城市基础设施规划中,强化周边排污截流工程、雨水收集管网及处理设施的规划建设,防止外源污染物进入水体。

四是建立稳定的河库保护资金投入机制。加大国家财政对河库保护资金的投入力度,形成稳定的资金投入机制,把河库治理和保护工作作为国家建设投资和财政支出的重点之一;并充分运用市场机制,引导社会力量进行参与,构建多元化资金筹措机制,探索产业化、市场化的运行机制,取得经济和生态双重效益。

五是建立水质生态控制指标体系。根据境内、境外河段的水质和生态现状,将来的发展规划要求,对水域功能进行重新定位,建立汉江生态经济带内河流、湖泊、水库水质、生态控制指标体系,关注河湖健康;重新核定各主要干支流的环境容量,提出限排意见;制定统一的水质标准和评价方法。

3. 绿色发展,改善民生

从汉江生态经济带全范围的角度统筹规划保护措施,根据经济带资源环境承载能力,合理开发利用自然资源,把绿色发展作为加快流域发展方式转变和促进民生改善的重要手段,统筹城乡发展,改善基础设施条件,在有效保护流域水资源和生态环境的同时,着力增强自我发展能力,逐步提高基本公共服务水平,努力实现区域生态功能和广大人民群众生活质量的同步提升。同时向民众全面介绍健康、绿色消费的有关知识,通过市场机制推进消费过程绿色化,引导民众选购使用环境友好产品,积极提倡并鼓励企业在生产和流通过程中简化包装;提倡无纸办公或尽量选购再生纸,购买节能的办公及生活用品,天然或低毒的清洁用品,不使用含磷洗涤剂和泡沫塑料制品;消费后的废旧物质及生活垃圾分类回收,建立各区镇的可循环资源交流中心。

一是推进产业转型升级,增强产业支撑能力。统筹资源禀赋、环境容量和市场半径,放手发展规模,努力提高质量,加快发展先进制造业、高新技术产业、现代服务业、现代农业,建设汉江经济带产业转移集聚区、鄂西北农副产品基地、汉江生态经济带物流中心、新能源汽车等先进制造业基地和文化生态型旅游目的地,成为承接产业转移和引领区域产业转型升级的高地。

二是积极推进中下游航道建设。对汉江航道进行梯级渠化和整治,加快引江济汉通航工程建设,通过引江济汉运河连通长江航道和汉江航道,形成围绕江汉平原的"长江—汉江运河—汉江"800km千吨级内河航运圈,并通过完善与洞庭湖、鄱阳湖、湘江、赣江水网体系连通,形成连通蒙西、陕西、晋西,覆盖湖北、湖南、江西的铁水联运网络,使汉江中下游达到三级航道标准。大力推进港口建设,合理布局汉江岸线港口,对现有港口进行升级改造,建成功能完善、专业化和高效率的港口体系。到2025年,基本形成干线畅通、干支直达的内河航运体系,振兴内河大航运。

三是推进重大民生工程建设,服务根本。系统建立产业发展、移民致富奔小康联动机制,推进秦巴山湖北片区扶贫开发,推进钟祥柴湖移民集中安置地振兴发展试验示范区建设,推进神农架林区大九湖生态移民工程建设。

四是加强现代产业体系建设。坚持技术先进、清洁安全、附加值高、吸纳就业能力强的原则,从现代农业、先进制造业、战略性新兴产业和现代服务业视角,按照主体功能区定位,推动现代产业体系建设。继续发展壮大江汉平原现代农业与农产品加工业、沿汉江汽车产业带等特色产业,积极培育壮大一些新兴产业。如依托襄阳、荆门、武汉,发展壮大通用航空制造业;依托国家"城市矿产"示范基地(谷城、格林美荆门基地)和武汉筹建报废汽车拆解基地,发展壮大废弃资源综合利用业。

4. 创新机制,互利共赢

以科学发展观为指导,坚持以人为本,按照全面建成小康社会、实现跨越式发展、率先基本实现现代化的目标,以科学发展为主题,以经济建设为中心,以加快转变经济发展方式和人与自然和谐为主线,以科技创新、体制创新和管理创新为动力,以保护和改善生态环境、实现资源的合理开发利用和经济社会协调发展为重点,以提高人民群众生活质量为根本出发点,运用生态学原理、系统工程方法和循环经济理论,实施可持续发展战略,坚持先行先试,创新流域上下游联动治水、融合发展的体制机制,提高流域水资源和生态环境保护综合管理能力。建立健全流域上、下游各地区的协商与协作机制,以制度建设为保障,实现全流域的共同保护、共同发展和共同富裕。紧紧围绕重点生态环境问题,统一规划、分类指导、分步实施,有组织、有计划、有步骤地开展生态经济建设、人居环境建设、生态环境保护和建设、生态文化建设,促进经济发展方式的根本转变和生态环境质量的有效改善,实现生态环境资源的永续利用与县域经济、社会、人口、资源和环境的协调发展。

一是科学探索并建立一套符合汉江生态经济带的法律法规、行政管理体制、财税体制和政策体系,破解流域保护与发展面临的突出问题。正确处理经济带内部各县市之间、汉江中下游之间经济建设、社会发展、资源利用与环境保护的关系,加强统筹协调,按照责任共担、成果分享原则,先行摸索经济带环境同治、产业共谋的共建互促发展模式,构建优势互补、合作互惠的区域发展和生态环境保护新格局。

二是发挥襄阳省域副中心城市的辐射带动作用,重点推进襄十随城市群建设。加大海关特殊监管区等对外开放平台的争取工作。大力发展汉江生态经济带内县域经济,加快推进有条件的城镇形成城镇组群。

三是加强汉江航道综合整治,提高汉江航道的通航能力。目前制约汉江中下游地区发展的最大瓶颈是物流通道,影响物流通道发挥作用的是航运。由于汉江航运一直没有实施全线整治,航道通行的标准非常低,汉江中下游地区企业的物流成本很高。如果能将汉江航道提升到三级,以襄阳为例,企业一年的物流成本可以节约 2.0×10^9 元以上。建议国家将汉江航道的整治、汉江的梯级开发纳入国家重点工程给予支持。如此,也能尽快启动郑渝高铁、西武高铁建设,加快形成铁海联运大通道。

四是创新体制机制,以争取生态项目建设为发展引擎。要借鉴北美五大湖区的做法,联合汉江中上游省市共同搞好生态建设。加强与汉中、安康、南阳等毗邻市的联系,以汉水为缘,跨流域、跨行政区划进行协作,建立协商对话机制和各方信息平台,共同比照三峡库区相关政策,抱团向上争取国家支持。注重省域间的相互扩大开放,建立交通相连、产业承接、旅游对流的共赢局面。加强和拓展湿地保护、自然保护区投入渠道,加强国际交流与合作,引进山水旅游、生态公园等大型山水一体化项目。同时,做到区域一盘棋,统筹考虑,优化布局,实现平台同建、水患同治、交通同网、生态同护、产业同调、能源同享、物流同兴。

4.1.5　主要目标

到 2025 年,汉江生态经济带生态环境保护主要指标保持或达到全国先进水平,形成"流域水质保持优良,生态环境全面提升,生态经济高效发展,人与自然和谐共处"的生态格局,建成"国家生态文明先行示范区"。

一是水环境质量保持稳定,污染物排放得到有效控制。丹江口水质稳定保持在Ⅱ类(TN 指标控制在 0.88mg/L 以下),营养状态指数不高于 33(近三年平均值);丹江口坝下汉江干流断面水质稳定保持在Ⅱ~Ⅲ类;支流和湖库水功能区水质达标率不低于 80%。

二是流域 COD 和 NH_3-N 排放总量完成上级政府下达的总量控制目标,TN 较 2013 年削减 20%,TP 控制在基准年排放量以内。

三是水资源得到有效保护。水土流失治理率丹江口库区达到 80%;森林覆盖率山区达到 70%、平原地区达到 30%;农业灌溉水有效利用系数总体不低于 0.55。

四是生态创建有效推进。生态经济区 43 个县市(含荆州区、大悟县、广水市)全部建成国家级生态县并获得授牌,全区整体建成国家生态文明先行示范区。

4.2　保护任务

4.2.1　确保一江清水绵延后世

1. 着力保护饮用水源

一是保障丹江口水库水质安全。严格按照《国务院关于丹江口库区及上游水污染防治和水土保持规划的批复》(国函〔2006〕10 号)的要求,落实项目、强化管理,确保丹江口库区水质长期稳定达到国家地表水环境质量标准Ⅱ类要求。加快丹江口库区及上游地区植被恢复,增强森林的水源涵养与土壤保持能力。加强丹江口库区环库生态隔离带建设,减少库周人口生产生活对库区水质的影响。制定水源地保护的监管政策与标准,加强饮用水源保护监督管理。加强中下游地区集中式饮用水源地保护区周边地区水土保持、污水治理、农业面源污染防治等工作,加快推进集中式饮用水源地排污口搬迁工作,严禁新增排污项目,争取在南水北调调水启动前建成完善的水源地保护体系,保障汉江中下游地区居民饮用水安全。在 2025 年之前:丹江口水库入库河流神定河、犟河、泗河、官山河、剑河等五条入库河流稳定达到Ⅲ类标准(GB 3838—2002);其他入库河流达到Ⅱ类标准(现状水质优于Ⅱ类水质的入库河流,以现状水质类别为目标不得降类);中下游(丹江口大坝以下)主要支流南河、唐白河、滚河、蛮河、汉北河、天门河达到Ⅲ类标准。

二是保障城镇饮用水源安全。根据《湖北省县级以上集中式饮用水水源保护区划分方案》(鄂政办发〔2011〕130号)和《湖北省城市饮用水水源地环境保护规划实施方案(2010—2020年)》(鄂环办〔2013〕2号)文件精神,对汉江生态经济带所有集中式饮用水源实施严格的保护,确保人民喝上干净的水。全面关停、搬迁饮用水源保护区内砂石码头、造船企业和水上加油站等设施,全面禁止一、二级保护区内的采砂活动,并加强沿线支流及农业面源污染整治。至2025年城乡集中式饮用水源地水质(Ⅲ类)达标率稳定保持在100%。

三是保障农村饮用水源安全。全面推进农村改水和饮用水源达标区创建工程。平原地区以城带乡,形成城乡一体化的供水方式,中心村镇推广"联村办厂,扩大规模"的供水方式,山区广大农村因地制宜采取集中供水与分散供水相结合的供水方式。至2025年农村自来水普及率达到100%,农村安全饮用水覆盖率达100%。

四是解决经济带内制约农业发展的灌溉供水问题。主要对引丹、熊河、大岗坡、三道河、石台寺、温峡口、石门、惠亭、高关、天门引汉、兴隆、泽口、洪湖隔北、监利隔北等14处大型灌区和100余处中型灌区进行续建配套与节水改造。根据各灌区的具体情况选择不同节水技术。大力推行高效节水灌溉,采取渠道防渗、低压管道、喷灌和微灌技术,提高水资源利用效率。积极推进荆门市汉东引水工程、襄阳市长山泵站工程、唐东水源工程以及新建一批水库等开源工程建设,解决干旱缺水地区的水源问题。统筹规划建设城镇和农村供水设施,提高城乡居民生活用水保障能力。根据城市水资源条件和发展水平,安排新的水源工程,同时大力推广节水技术,提高水资源重复利用率。坚持民生优先的原则,优化乡镇供水与农村生活用水配置,全面解决农村饮水不安全问题。

2. 大力削减生活污染

一是从源头减少城镇污水排放。大力推行生活节水措施,逐步对供水系统进行改造,试点两条线供水,生活日常用水由供水公司供给,厕所冲洗水和绿化用水由污水处理站供给。到2025年,中水回用率(污水处理站供水回用)达到50%。

二是完善城乡污水处理设施。一方面要对城镇排水系统进行全面的维护,封堵溢流口;另一方面,对排水体制进行优化,以逐步降低雨污合流比例。在城市新区建设中,地下污水收集管网设施要优先地上设施,要规划、优先建设,并对排水系统严格实行雨水和污水分流体制;对人口相对分散,经济实力或地理位置不适宜集中治理的城镇,可因地制宜采取适用经济的分散处理系统。至2025年城镇和农村生活污水处理率分别达到95%和60%以上。

三是健全城乡垃圾收集处理系统。逐步实施生活垃圾分类收集制度,提高垃圾资源化水平,以方便后续处置与综合利用。采用填埋、堆肥等成熟的垃圾处理方式进行处理,并建设一定数量的生活垃圾无害化处理场站。对不具备条件的城镇,建设生活垃圾简易卫生填埋场进行填埋处理。同时开展生活垃圾综合回收利用,回收可再生利用资源,提高废弃物综合利用率,减轻环境负荷。至2025年城区、城镇和农村垃圾无害化处理率分别达到90%、

85%和60%以上。

3. 全面控制工业污染

一是严格环保准入，优化产业结构。重点加强对氮、磷污染物排放的控制。达不到排放标准的企业，要停产治理或关闭，从严审批新建与扩建产生有毒有害污染物的建设项目，暂停审批超过污染物总量控制指标地区的新增污染物排放量的建设项目，排放氮磷污染物的建设项目一律停止审批。结合水环境保护，大力优化、提升产业结构，推广清洁生产模式，形成节约、环保、高效的产业体系。根据国家、省落后产能、工艺、产品淘汰目录，以节能环保为重点，推动造纸、印染、化工、制革、电力、冶金、建材等传统行业的改造提升，通过环境执法、减排考核、财政补助等综合手段，形成落后产能退出机制，促进产业结构调整，为清洁型、环境友好型产业项目发展腾出空间。

二是强化工业污染防治，推行深度治理。工业污染源要做到全面达标排放，严格依法淘汰落后生产能力。工业企业在稳定达标排放的基础上要进行深度治理，鼓励发展节水型工业，大幅提高工业用水重复利用率。进一步加强工业园区生态化改造遵循污染物"减量化、资源化、无害化"原则，有序推进工业园区的生态化改造，在规划期间内，汉江生态经济带内省级以上工业园区全部完成生态化改造任务，促进园区内企业的发展模式从先污染后治理型向实行清洁生产转变，增长方式从高消耗、高污染型向资源节约型和生态环保型转变。加强工业园区环境基础设施建设，加快污水处理厂建设进度。

三是加强污染源监管。继续加快推进重点行业、重点企业污染治理，重点整治流域内汽摩配、不锈钢等行业的酸洗、磷化废水，确保稳定达标排放，严格控制入库含磷污染总量。加强对汉江经济带内国控、省控、市控重点企业的污染控制和环境监管，进一步推进汉江主要水系沿岸重点企业在线监测、监控体系建设，提高行政主管部门对企业的排污及治污设施运转情况监控、监管，遏制部分企业偷排、漏排、超排或停运、闲置污染处理设施等违法违规行为。对重点监管企业实行跟踪督查，督促企业落实污染整治方案，全面建成和完善相应的治污设施和设备，建立规范的环境管理制度，限期实现治理目标。吸收借鉴成功经验，建立和完善污染治理设施运营的市场化、社会化和专业化运行机制，确保废水处理装置运转率和废水排放达标率，实现工业废水的长期稳定达标排放。

四是着力推进节能减排、生态治理和绿色创建。完善资源开发、利用和保护，探索"产业引领项目、项目配资源"实施办法，加快淘汰高耗能、高污染落后产能，协调煤电油等生产要素向低能耗、高产出企业倾斜，为优势产能企业的发展壮大腾换出资源环境空间和产品市场份额。倡导生态生产和绿色消费，发展资源再生产业，加大城市燃煤锅炉、机动车尾气、噪声污染，统筹城乡生活垃圾污染治理，全面治理农村面源污染，实施环境综合整治覆盖项目，促进城乡人居环境质量明显改善。

4. 积极防治面源污染

汉江生态经济带是湖北省经济发达地区，随着汉江沿岸城乡经济的发展、人口的增加，向汉江的排污量也在增加。从监测结果可看出，农业生产引起的面源污染在污染源中占有比例较大。这就要求我们在今后的农业生产中应严禁使用毒性大、用后不易降解的农药,积极推广使用无公害化肥;大力发展生态农业,调整产业结构,推行清洁生产,从而控制面源污染。

一是加快调整农产品种植结构。发展生态农业、有机农业,地方政府需加强政策引导,给予必要的技术支持。大力发展沼气工程和户用沼气项目,推广农村循环经济模式。大力推广测土配方施肥等科学技术,科学合理施用化肥农药。在 2025 年之前,全流域的化肥、农药施用量要逐年下降;提高化肥利用率,将这一地区的化肥利用率从 35% 提到 45%。建立农业面源污染源监测点,充分掌握农业面源污染的状况,为污染治理提供科学依据。

二是加大水土流失治理力度。坚持退耕还林还牧,对坡耕地要采取退耕、封育、禁牧等措施,促进生态自然修复,恢复植被覆盖,加快水土流失治理进程。推广节灌技术,节灌的目的就是把有限的水资源最经济、最有效地用于农业生产,节灌就是把利用人工集存的有形水用于土壤水分严重亏缺时段或作物需水关键期定量补偿灌溉农田。

三是全面治理畜禽养殖污染。鼓励养殖方式由散养向规模化养殖转化。对养殖区的污染治理,各级政府应组织中小规模养殖场、户对污染物集中处理,结合新农村建设统一设计、建设污染物处理系统,防止形成面源污染。粪便通过输送管道或直接干燥固化成有机肥归还农田,污水经处理后用于浇灌,保持粪便产生量与土地的消化能力相适应。

四是推进农药污染及其控制与防治。在汉江生态经济带流域各村镇普及病虫草害防治知识,提高广大使用者的病虫害防治知识水平,让广大农民能真正科学、安全、高效地用药,并认识到农药污染带来的严重后果,提高其环保意识。推广先进的农药施用技术和器械,提高农药在靶标上的沉积率,较少农药飘失对环境的影响,提高农药有效利用率。

五是加强水土保持。水土保持是控制面源污染的综合治理措施,由于汉江生态经济带内部分地区以浅山、丘陵地为主,地形复杂,可采取以小流域为单元,以生态环境保护和建设为切入点,根据各小流域的生态、经济特点和利用方式,建立水土资源环境保护体系与土壤耕作保护体系相结合的治理开发体系。从宏观上做到集中连片规模开发、治理;在微观上做到因地制宜,突出重点,发挥优势,依托资源发展特色经济,培育支柱产业,走农业可持续发展的路子,形成一套系统的水土流失综合治理体系。在水土流失较重区域,以工程措施、生物措施为主,封山育林,退耕还林还草,人工造林,搞好小流域治理,因地制宜地采取护坡、绿化、整地等措施,修建塘坝、小型水库搞好拦洪截流,调整作物布局,科学耕作,减少水土流失,进行经济林开发,遏制人为因素造成的水土流失。要加强对水土流失情况的监测研究,完善监测网络,针对不同的地形地貌、土壤及植被情况,采取对策,搞好水土流失的治理规划。

5. 着力整治城乡河道

坚持"五水共导",按照"水清、流畅、岸绿、景美、宜居、繁荣"的目标,加大疏浚、截污、引水、生态治理力度,开展河流生态修复工程和沿河景观建设工程,构建市域湿地生态网络体系。重点加强对武汉市、襄阳市、十堰市等大中城市的河道整治建设,对城市初期雨水利用下沉式绿化带和滨水湿地进行拦截和处理,对城市"断头河"进行系统疏导和沟通。重点开展汉江干流、一级支流的滩涂湿地保护、山塘水库修缮、平原河网生态修复、河渠生态化改造和滞洪区综合整治等工程。

一是对于已经被人工破坏了的河道,要遵循自然原则,从河道的平面形态、河床材料、河床形态、护岸材料和做法以及河道绿地宽度、植被恢复等方面对其进行改善和修复,尽可能恢复河道的自然形态和水文的自然状态,促进生态系统恢复。

二是在对河道的利用过程中,对自然河道的改变控制在最小限度内,尽可能利用现有有利地形,最大限度地保留河道自然形态,使用生态化的护岸措施,停止非生态的水利工程,减少对河道的干扰和破坏。

三是要控制污染负荷。避免资源代谢在时间、空间尺度上的生态滞留或耗竭;避免或减少人类活动和社会行为对水生态修复的干扰;修复水生生态系统,以避免氮、磷等污染物质经水生植物、水生动物等迁移、转化后输出量小于输入量,超过其生态系统的自净能力,造成氮、磷等营养物质在水体中过剩,在时间、空间尺度上的生态阻滞。

四是加快推进汉江中下游防洪工程建设。依托整个汉江生态经济带治理,提高汉江中下游防洪标准,综合防洪能力达到防御 1935 年洪水标准,加大重点区域治理力度,提高汉江全流域防洪水平。以丹江口水库为支撑,以汉江中下游堤防为基础,对汉江中下游干流堤防进行除险加固和达标建设,对沿线穿堤建筑物进行加固整治,推进杜家台分蓄洪区合理利用,加强重点分蓄洪民垸建设,完成流域内病险水库的除险加固建设,对流域内重点支流(包括堵河、丹江、唐白河、南河、蛮河、汉北河等)和中小河流(包括夹河、天河、曲远河、官山河、浪河、滔河、仙河、滚河、清凉河等)进行堤防达标和河道疏浚等综合治理,实现重点中小河流重要堤段达到防御标准内洪水的要求。建立暴雨洪水预警预报、防汛指挥调度等系统和运用洪水风险管理策略,最大限度地降低流域洪涝水灾害损失,实现人与洪水的协调共处。

6. 深化水污染物排放总量控制

以汉江生态经济带、县、市交界断面水环境功能区达标为基础,进一步拓展和深化以COD、NH₃-N、TN、TP 等为主要控制指标的水污染物排放总量制体系,实现流域水质改善目标。由于现阶段汉江生态经济带仍存在一些生产工艺比较落后,资源和能源利用率偏低,所实施水污染物总量控制的区域,所以应从改革生产工艺入手,减少投入和污染物的产出,推广清洁生产工艺,以此提高行业总量控制的水平。

一是通过控制生产过程中的资源和能源的投入以及控制污染物的产生,使排放的污染物总量限制在管理目标所规定的限额之内,再将其分配到污染源,并加以定量化控制。

二是把污染控制与生产工艺的改革及资源、能源的利用紧密联系起来,通过行业总量控制逐步将污染物限制在生产过程之中,并将允许排放的污染物总量分配到污染源。

三是确定科学的总量分配方案。由于区域容纳的排污总量有限,因此分配允许排放量实质上是确定各排污者利用环境资源的权利,确定各排污者削减污染物的义务,即利益的分配和矛盾的协调。在市场经济条件下,允许排放总量的分配关系到各污染源的切身利益,然后在公平的基础上以交易或补偿等手段来追求效率,使之既体现总体费用最少,达到保护区域水环境,促进经济发展的目的,又尽量避免了各污染源之间允许排污量或削减量费用不均导致的不公平。

4.2.2 营造两岸景观福泽百姓

1. 加强流域防护林建设

大力开展汉江生态经济带内江河湖库源头水源涵养林、生态公益林和河道、湖滨、农田防护林等生态隔离带建设,增强森林固土护坡,涵养水源、调节径流的功能。实施汉江防护林体系建设,进一步提升汉江生态经济带生态成效和防护功能。实行生态公益林分级管理,实施生态公益林示范提升工程,提高汉江生态经济带生态公益林建设质量。

一是提高对汉江生态经济带防护林建设与管理认识。国家对造林绿化的系列政策出台与完善,引起各级政府与部门对造林绿化重视,许多优惠政策鼓励与支持造林绿化,全国大江大河环境保护措施与汉江防护林、血防林、水土保持林密切相关。经济带内防护林建设与管理是汉江堤防工程管理重要内容,同时其经济效益巨大。

二是建立汉江生态经济带防护林目标责任制。汉江防护林建设已成为水利工程管理目标考核重要的建设内容,设立汉江防护林领导工作组织,从计划制订,到造林设计、苗木种植、病虫害防治、合理修枝、林木防火等各个环节从严要求,同时要层层落实管理责任,把任务落实分解,通过严格考核,奖优罚劣,使压力变为动力,使长江堤岸防护林得到良性发展。

三是加强森林生态系统定位研究。全球气候变暖可能诱发森林生态系统及其与环境的关系发生变化,不当的树种选择也可能引发森林生态系统的健康问题。因此需要定位监测汉江生态经济带内典型植物群落生长,生物多样性及其与环境的关系,评价森林生态系统的生长、健康和稳定状态。研究防护林建设中可能引发的环境问题,如根层土壤养分和水分减少为特征的土壤退化问题。对已发生环境退化的森林植物群落,应研究土地资源承载森林植被的能力,并研究制定相应对策;另外,研究森林植物群落与其他林种的功能换算系数,探讨在满足防护效益前提下,科学利用防护林体系的理论依据。

四是加强汉江防护林体系生态效益研究。在完善野外定位观测台站基础设施的基础上,统一认识和完善生态效益评价方法,加强森林生态效益研究,科学地评价汉江中下游防护林体系生态效益,这不仅可以增强和提高全社会和各级政府领导对森林作用的认识,而且为森林生态效益补偿制度建立提供依据,加速专项基金的筹措,从根本上解决长江防护林工程建设中存在的资金问题。更加重要的是,在长江防护林的经营管理方面要以生态效益研究结果为依据,结合当地实际情况,制定长江中上游防护林建设的质量标准并加强执法检查,杜绝防护林建设中林分质量参差不齐,鱼目混珠现象;确定防护林建设中不同森林植被类型的优化配置模式;确定防护林建设的目标函数——水土保持林有效覆被率、水源涵养林有效覆被率和农田防护林有效覆被率。

2. 推进湿地保护和恢复

要高度重视良好的生态系统对提高水体自净能力的重要作用。建立健全汉江干流、支流湿地保护管理机制,有效遏制湿地面积萎缩和功能退化趋势。对生态功能遭到不同程度破坏的滨水带,要实施湿地恢复与重建、河湖岸线治理和科学的植物配置等措施,提高生物水陆交换能力,改善生态功能。

一是加强湿地生物多样性保护和管理。全面评估汉江生态经济带湿地生物多样性资源现状及其保护、管理状况,加强对湿地生物多样性的保护管理。实施湿地生物多样性重点保护工程,加强对国家和省级重点保护野生动植物物种及其栖息地保护,对濒危野生动植物物种实施拯救工程,建立一批救护繁育基地,通过救护、繁育、野化等措施,扩大野生种群。

二是推进湿地自然保护区建设和管理。确定汉江生态经济带湿地自然保护区的分布格局和发展方向,编制汉江生态经济带湿地自然保护区建设总体规划。建立不同级别、不同规模的湿地自然保护区、保护小区、保护点,形成完善的湿地自然保护区网络。加强对已建自然保护区的基础设施和能力建设,提高保护区的保护和管理水平。制定湿地类型自然保护区管理办法,建立自然保护区管理的评价制度,实现保护区的规范化和科学化管理。只有建立自然保护区,在人工保护下,使汉江流域湿地得到恢复和发展,其涵养水源、调节水量、净化水质、改善气候、丰富生物多样性、优化美化城市生态环境等功能逐步发挥,对于稳定汉江生态经济带的城市生态系统也具有特别重要的意义。

三是加强湿地污染控制。充分利用林业、农业、水利、环保、建设等部门的监测机构,人员和设备等资源,建立汉江生态经济带湿地生态环境监测和评价体系,及时监测、预测预报湿地污染和生态环境变化动态,重点加强对汉江干流、一级支流、丹江口水库等河库污染监测和预报。

四是以流域为单元,对资源开发和生态环境保护进行统一规划。流域综合管理具有明显的整体性和综合性。流域通过河流为主线连在一起,形成一个结构和功能上不可分割的整体。整体性就是把流域内自然条件、生态环境、自然资源与社会经济,以及上游、中游、下游作为统一整体,形成互为影响、互为制约的关系。综合性就是要强调流域内资源利用和生态环境的综合效益。沼泽具有蓄水、净水、补水等功能,对防洪防旱具有巨大调节作用。

4.2.3 守住三条红线呵护自然

1. 生态红线

通过生态红线区域保护规划的实施,使汉江生态经济带受保护地区面积占地域面积的比例达到20%以上,形成满足生产、生活和生态空间基本需求,符合流域实际的生态红线区域空间分布格局,确保具有重要生态功能的区域、重要生态系统以及主要物种得到有效保护,提高生态产品供给能力,为生态经济带生态保护与建设、自然资源有序开发和产业合理布局提供重要支撑。按照"保护优先、合理布局、控管结合、分级保护、相对稳定"的原则,将汉江生态经济带13类地域(自然保护区、风景名胜区、森林公园、地质遗迹保护区、湿地公园、饮用水水源保护区、洪水调蓄区、重要水源涵养区、重要渔业水域、重要湿地、清水通道维护区、生态公益林、特殊物种保护区)全部列入生态红线区域,予以严格保护。

一是牢固树立红线意识和底线思维,运用法律手段和其他有力措施,顶住各种压力,千方百计守住维护国家生态安全、保障人民基本生态需求的底线;通过实施重大生态修复工程,不断恢复森林、湿地,有效补充生态用地数量,确保全国生态用地资源适度增长;加强林业改革创新,把改革红利、创新活力、发展潜力叠加起来,全面增强生态林业与民生林业的发展动力。

二是生态红线的管理应坚持自然优先。生态红线的生态功能极重要、生态环境极敏感,是汉江生态经济带生态保护的关键区域,也是我国需要首先坚持自然优先发展战略的区域。对于生态系统状况良好的区域,要严格保护,继续维持区域的自然状况,防止人为活动对自然本底的干扰;对于红线区域内存在的破坏生态系统的人为活动,应采取措施严格清理,消除生态风险。在绩效考核、产业发展和生态补偿政策中应充分反映自然优先的原则。

三是坚持生态保护与生态建设并重。生态红线应遵循自然规律,充分发挥生态系统自然恢复能力。对于生态系统状况良好的区域,应继续加强保护措施,防止人为干扰产生新的破坏;对于自然条件好、生态系统恢复力强的区域,应采取严格的封禁保护措施,以自然恢复为主;对于生态系统遭到严重破坏的区域,应采取人工辅助自然恢复的方式,依据生态系统演替规律,逐步恢复自然状况。

四是坚持部门协调和公众参与。生态红线涉及农林水土等生态系统管理部门、经济社会发展部门等多个部门的职责,要逐步健全生态红线的部门协作和区域协调的管理机制,以维护生态系统完整性和保护生态系统服务功能为主导,打破生态系统部门分割式管理、分块式管理的方式,形成不同部门、不同行政区共同开展生态红线管理的良好局面。同时,通过机制体制创新,引导社会公众主动参与生态红线的保护和管理。

2. 水环境红线

根据水功能区管理目标确定河流和主要水域纳污能力。建立监测体系,对主要排污口设置计量装置,动态监测和评价重要水功能区水质状况,建立突发水污染事故快速监测和评估方法,明确责任,并制订应急处置方案,建立专业处置队伍。对于水功能区不达标地区,制定严格的减排制度,包括法律、市场准入、排污权交易和公众参与等,鼓励企业和单位减污减排。

3. 耕地红线

实行最严格的耕地保护制度。各市、县(区)严格落实目标责任管理,确保耕地总量动态平衡,严格基本农田审批制度,稳定基本农田面积,保障国家粮食安全。加大基本农田保护力度,进行农村土地整治,大规模地推进高标准基本农田建设。积极稳妥推进城乡建设用地增减挂钩工作。严格控制城镇用地规模,实行用地规模服从土地利用总体规划、城镇建设项目服从城镇总体规划的"双重"管理。加强建设用地全程监管,推行工业用地统一布局,实行用地限额并强化监督检查。合理利用低丘缓坡地、提高工矿废弃地开发利用率,开拓用地空间。鼓励建立体厂房,支持对地下空间进行开发,加强土地批后监管,加大对低效和闲置土地的处置力度。开展滩涂地开发利用试点示范,推动滩涂地开发利用。

4.2.4 发展四大产业优化经济

1. 零次产业

从社会历史发展情况来看,水、林木、山体、土地等自然资源已经由普通的资源向资产过渡,生产这种资源的经济活动被称之为零次产业,通常也被称之为资源产业。汉江生态经济带的零次产业主要体现在保护资源和再生资源方面,具体的工作为水土保持、林木种植、退田还湖以及退耕还林等。零次产业发展战略是政府根据对制约资源产业发展的各种主客观因素和条件的评估,从全局出发制定的一个较长时期内资源产业发展所要达到的目标,以及实现这一目标的途径、方法和政策措施。制定正确、合理的零次产业发展战略要充分考虑影响零次产业发展的资源国情、资源产业发展趋势、资源市场机制和可持续发展等因素。

一是规范零次产业环境资源产权制度。现阶段为继续完善零次产业环评、达标制度外,还要逐步推进实施排污权交易制度,为彻底解决环境污染外部性问题,需要研究环境资源产权制度,只有环境资源产权明晰,确立环境资源价格,才能使环境资源价格向相对价格回归,根本解决环境问题。

二是促进零次产业可持续发展。零次产业作为整个国民经济发展的重要组成部分,会造成有些资源产业因需求旺盛而可能出现超常规发展或过度发展,从而导致资源过快消耗而损害其可持续发展的基础。如果发挥政府的调控作用,有效弥补市场失灵,制定供给符合国情的、符合环境保护的制度,就可以有效解决开发利用过程中的环境污染外部性问题。

三是确保资源的综合利用。可再生资源和不可再生资源都是重要的、有价值的生产要素,也是自然环境的组成部分。各类自然资源是作为有机联系的整体而共存于自然界的,其中任何一种资源的变化,都可能影响到其他资源的变化,甚至牵动一定范围或整个自然生态系统的运转,即自然资源使用具有很强的外部性。因此资源保护立法改革,必须注重资源整体效益的发挥,既要注意各类自然资源之间的相互依赖、相互影响的关系,改变以往对同一种资源在不同区域各自为政、分区而治的模式,尤其是关系到国计民生的重要资源,如土地、水体、森林等,更要统筹规划、综合利用,同时还要注意使用资源时的污染防治和环境保护问题。

2. 生态农业

汉江生态经济带是湖北省重要的经济发展轴区,近年来区域经济保持良好发展势头。随着"两圈一带"战略的深入实施,区域发展新格局逐步凸现,为汉江生态经济带中下游地区的农业综合开发在更大范围实现资源共享、优势互补、互利共赢、联动发展提供了强大的政策、资金、项目支撑;同时给汉江生态经济带农业综合开发带来了良好机遇。一是"两圈一带"战略机遇。在深入推进"两圈一带"战略的同时,实施汉江生态经济带中下游农业综合开发,将使湖北区域发展战略逐步完善为"多点支撑、协调发展"。汉江生态经济带农业综合开发侧重于流域开发、"带状"开发,通过充分发掘农业潜在优势,建设现代农业和现代水利示范带,构建高效特色农业示范带和优质、特色农产品加工企业集聚带,探索流域国土开发新模式。二是中部崛起战略机遇。国家《促进中部地区崛起规划》提出中部地区建设"两横两纵"经济带,其中包括"沿长江经济带"。汉江作为长江的第一大支流,纵贯湖北南北,必将成为"两横两纵"经济带开发的重要内容。三是国家粮食安全战略机遇。党的十七届三中全会做出重大部署:抓紧实施粮食战略工程,推进国家粮食核心产区和后备产区建设,加快落实全国新增千亿斤粮食生产能力建设规划。汉江生态经济带是湖北省乃至全国重要的粮食主产区和商品粮基地,抓紧实施汉江生态经济带农业综合开发,对于落实全国新增千亿斤粮食生产能力建设规划、保障国家粮食安全,具有十分重要的意义。

1)完善农业区域布局

一是建立鄂西北山区特色生态农业区。包括神农架林区。积极探索高山、中山、低山、库区高效特色生态农业模式,提高农业商品化率,大力推广农业生态循环示范项目,通过发展生态农业,在生态保护基础上充分挖掘山区特色和优质林副土特产品资源优势。

二是建立鄂中北岗地丘陵生态农业区。包括随州市、襄阳市所辖县(市、区)。积极探索适宜本区域的种养业与第二、三产业相结合的循环农业模式,通过建立循环农业示范区或示范基地,逐步推广循环农业,把本区域建设成为国家级旱作商品生态农业区。

三是建立江汉平原湿地现代生态农业区。包括荆州市、荆门市。积极探索适宜本区域的以种植、养殖、渔业等为核心的循环农业模式,通过建立循环农业示范区或示范基地,逐步推广循环农业,形成具有区域特色的生态农业发展模式和推广体系,把该区域建设成国家级大宗优质农产品供应基地。

2)加快农业产业化建设

一是大力发展优质特色农业。按照《湖北省优势农产品和特色农产品区域布局规划》,着力加大板块基地联结力度,建设一批规模较大、集中连片、市场相对稳定的产业带和基地,逐步发展成为各具特色的"板块经济"。着力调整生产结构。粮食生产重点抓主产县市,其他县市在稳定提高粮食自给水平、保证自给的基础上,放手发展多种经营。畜牧业生产突破性发展生猪和水禽,积极发展草食畜牧业。水产生产稳定放养面积,主攻单产,提高效益。特色果蔬业要发挥区域特色,形成比较优势。如重点建设武汉市周边蔬菜种植区,包括东西湖区、云梦县、汉川市、天门市等,种植面积达 $933×10^4hm^2$,主要以精细菜、加工菜及反季节菜为主。鄂北特色菜种植区,包括襄州区、谷城县、老河口市、丹江口市、神农架林区等,面积为 $15×10^4hm^2$,襄州区发展大头菜,老河口市发展蔬菜种子,丹江口市及神农架林区发展有机蔬菜。高山菜及山野菜种植区,包括保康县、房县、丹江口市,面积为 $66.7×10^4hm^2$。

二是培育壮大龙头企业。以培植壮大龙头企业为重点,加速推进农业产业化经营,提高现代农业的经营水平。以国家确定的襄州区、南漳县、老河口市、枣阳市、宜城市、应城市、安陆市、沙洋县、京山市、钟祥市、随县、仙桃市、天门市等 13 个产粮大县(市、区)为重点,整合资源,加快优势农产品板块基地建设力度,建立农业产业化优质原材料生产基地。

三是大力发展无公害农产品和绿色、有机食品。在板块基地、农产品加工企业,全面推行农产品安全标准和生产加工技术规程。加强对农业投入品的监管;对农产品交易中心、超市和集贸市场,逐步推行市场准入、产地标识、质量跟踪、责任追溯制度。做好无公害农产品、绿色、有机食品产地认定和产品认证工作,加快湖北省绿色食品产业和品牌农业的发展。同时整合品牌,打造名牌。借鉴推广湖北省五峰采花毛尖品牌整合的经验,进一步做大做强京山桥米、孝感神丹、襄阳孔明菜、丹江口翘嘴鲌等大品牌,力争有更多的精品名牌叫响全国,走出国门。

3)着力发展一批农产品物流批发市场

扶持农副产品储藏保鲜、产地批发市场等流通设施项目建设,提高农产品储藏保鲜能力,进一步完善农产品市场体系、提升农产品流通水平。一是农产品基地建设与销售终端有机结合,加快农产品物流配送中心建设。物流公司要建立农产品生产加工、交易为主体的种植养殖基地,以农产品加工基地、订单农业形式为基础,按照要求进行集冷冻、冷藏、保鲜、交易功能于一体的大型农产品冷链建设。二是实施"万村千乡"工程,鼓励有实力的连锁企业到流域内乡村开设连锁超市。以农产品物流配送中心为龙头,以公司连锁超市营运管理流程为指导,开设以批零经营及综合性服务为主导的综合型超市。三是以后处理生产加工中心为保证,确保农产品物流加工配送中心低成本运营。

4)加大汉江生态经济带粮食生产基地建设的扶持力度

汉江生态经济带多年来风调雨顺,是实现粮食持续丰收增产的重要生产基地(襄阳是百亿斤粮食大市),要把支持汉江生态经济带的粮食增产目标纳入全国农业整体工作布局中考虑,从项目、资金、技术、流通等方面提高支持的力度、强度、密度,进一步支持引丹灌区续建配套和节水改造、鄂北岗地东西高干渠、唐东补水、长山泵站等粮食生产水利设施建设,全面恢复粮食主产区各灌区的灌溉能力;重视江汉流域土地整理、沙滩治理和复垦工作,加强生产性指导,调整种植结构,发展避灾农业,促进汉江生态经济带粮食生产大面积平衡增产,确保江汉平原成为全国吨粮(亩产)基地和优质粮仓,为全国实现新起点上的粮食增产计划做贡献。大力支持各个层面积极探索城乡一体化建设、农村土地流转等新模式、新办法、新路径,为全省改革创新积累实践经验。

5)建设生态环境优良的村镇

按照"统筹城乡发展"和"农村经济可持续发展"要求,改善生态环境,建设人居适宜乡村。实施以沼气为主的"一建三改"项目,加快生态家园建设。

一是建设环境优良的生态型乡镇。到2015年,乡镇供水普及率达到95%,绿化覆盖率达到35%,污水处理率达到60%以上,垃圾处理率达到80%以上。到2025年,乡镇供水普及率达到98%,绿化覆盖率达到40%,污水处理率达到80%以上,垃圾处理率达到90%以上。

二是建设环境优良的生态型村庄。对国家级历史文化名村、旅游村,环境整治全部达到《湖北省村庄整治评价标准》。对示范村,环境整治全部达到《湖北省村庄整治评价标准》;自来水普及率达到98%;农户建沼气池、改厕、改圈、改灶率达到90%以上。对一般行政村,环境整治力争达到《湖北省村庄整治评价标准》。

3. 生态旅游业

汉江生态经济带的生态旅游业需要依托经济带内生态旅游资源(包括自然资源和人文资源),建立基础设施,为生态旅游者的生态旅游活动提供需要商品和服务并创造便利条件的综合性产业。挖掘和汇聚汉水文化,促进汉江生态经济带的文化交流与合作。发挥文化认同对区域经济合作的重要作用,大力发扬汉水文化,增进文化共识,以文化引领带动汉江生态经济带生态旅游业的开放开发。构筑汉水生态山水休闲和历史文化旅游发展带,发挥生态经济带名山、秀水、人文、古城的优势,确立"山水休闲,历史文化"的形象定位,按照"轴—点""轴—线""轴—面"三类组合方式,形成"一线三核六区"的空间格局;以汉江干流为轴线,碧水串珠,打造汉江风光带;以武汉、襄阳、十堰、南阳、汉中、安康为核心,构筑汉江生态经济带旅游核心板块;形成神农架—大荆山生态文化旅游区、武当山—丹江口文化生态旅游区、汉中—襄阳—荆门历史文化旅游区、秦巴生态旅游区、汉江下游平原文化旅游区、武汉都市文化旅游区。借得一江春水,赢得千里风光,外揽山水之秀,内得人文之胜,着力把汉江生态经济带建设成为集文化展示、生态观光、休闲度假和养生健身等多功能为一体的线型综合性旅游目的地。把旅游产业打造成汉江生态经济带的重要"引擎",建立完善配套的政策支持体系,统筹协调推进汉江生态旅游经济带建设。

一是立足大山水禀赋。看汉江南北,武当耸立、群山相拥、碧波荡漾、湖光山色、一望无际、风光迷人。放眼全国,很难看到像汉江生态经济带的碧水、蓝天、白云。如丹江库区东西居中、南北兼宜、四季分明、气候宜人,集大山大水于一体。要立足山水资源禀赋,坚持旅游需求差异性原则,对整个汉江生态经济带的旅游产业发展进行科学定位、科学规划,确保高起点、高水平、高标准发展。要以打造国际知名生态旅游区为目标,以十堰城区为集散地,以世界文化遗产、5A 级景区武当山为龙头,以 3A 级以上景区(景点)为支撑,以环丹江库区精品旅游线路为骨架,努力把汉江生态经济带建设成为中国乃至世界重要旅游目的地。

二是构建旅游交通体系。旅游要跨越,交通须先行。纵观汉江经济带,福银高速自东南向西北贯穿全境,郧十高速纵贯南北,北有沪陕高速,南有十天高速,加上规划中的西武高铁(与福银高速基本平行)、运十铁路(与郧十高速基本平行)、郑渝铁路、十宜铁路和武当山机场,依托汉江生态经济带现有的高速公路网络,加快安康至十堰、安康至陕川界、安康至陕渝界以及麻竹、郧十、十房、保宜等高速公路建设,完善汉江生态经济带高速公路体系,使高速公路能够连通经济带内所有县级以上城市。加快建设和完善流域内各县市与高速公路网络的对接道路建设,以及公路站场、航运港口、火车站、航空港、物流中心之间的连接通道,实现多种交通方式无缝对接。同时,提升现有国省道质量,加快流域内干线公路升级改造和路网结构优化。

三是赋予大人文内涵。文化是旅游的灵魂,旅游是文化的生动载体。旅游的本质就是文化的探寻、消费和享受。文化与旅游联姻,已成为当前旅游业发展的一个鲜明特征。三千里汉江,曾经是神州大地上的第一大江,其形成要比长江和黄河早 7 亿年。悠久绵长的历史,孕育出灿烂的文化和文明、神话和历史、文艺和诗歌、精神和传统。仅从汉水文化的类型看,就包括了语言文化(如楚音、川声、秦腔、豫调等)、民间文化(如牛郎织女神话传说、郧阳凤凰灯舞、郧西三弦等)、民俗文化(如节庆、祭祀、婚嫁、农耕等)、宗教文化(如武当道教)、移民文化、商旅文化、红色文化等。深厚的文化底蕴、丰富的文化门类,必将使汉水流域旅游业的发展充满无限的生机。

四是把农村当景区来建设。与过去相比,社会对农业的需求已大不相同,农业的内涵和外延不断丰富,农业的多种功能日渐显现。人们过去对农业的要求主要是保障农副产品的供应,现在拓展到还要为人们提供良好的生态环境、休闲场所,以及对文化的传承。"生态游""乡村游""农家乐""休闲农业""观光农业""体验农业"等产业形态蓬勃兴起,有效地扩大了农业产业领域,增加了农村就业岗位,拓宽了农民增收渠道。要把丰富的农特产品开发与旅游业发展有机结合起来,充分发挥马头山羊、土杂鸡、山野菜等地产资源优势,在餐饮服务中把地方特产融汇其中,在旅游产品开发中注意品牌打造,真正形成"一锅汤带活一个大产业""一份纪念品留下永恒记忆"的发展态势。要把旅游发展与新农村建设相结合,统一城镇建设风格,大力开展宜居城镇、园林城镇、文明城镇、卫生城镇建设。要把旅游发展与生态保护相结合,大力建设沿江生态走廊、沿路生态景观、沿山生态屏障,永葆青山、碧水、白云、蓝天美好环境。

五是控制旅游容量,实施"责任旅游"。旅游容量,又称为旅游承载力或旅游饱和度,指一定地域范围内的旅游活动容纳能力。故游客容量实际上是一种旅游环境容量,在保证游客最低的方便通达、舒适安全基础上,应以不损害生态环境和旅游资源的持续使用,严格控制旅游容量。同时应以可持续发展为目标,体现人与自然和谐相处,即对旅游者负责和对旅游目的地负责的完美统一。在汉江生态经济带生态旅游开发过程中,应对游客适时进行环保教育引导,培养其生态意识、生态理念,树立生态道德观念,应尽量保护湿地景观的原貌,避免破坏生态环境景观的原真性,实现"责任旅游"。

六是实施生态旅游环境监测模式。环境监测系统首先是由生态环境资源本身的"保护性"和"科研性"所要求的,是生态旅游开发建设管理所必备的条件。应建立旅游环境监测系统,切实做好旅游生态环境的保护工作。在专业机构的组织下,确定监测区域和项目,充分调动各相关单位及社区居民等团体力量,把开发中提出的环保问题在全面经营管理中落实,共同对环境系统进行监测。同时运用"3S"等技术建立旅游环境及生物原始数据库,并对数据处理整合,实时监测,使脆弱、敏感的保护区在有效保护的前提下,适度、科学、合理、有序开发其旅游资源,从而实现环境自然资源的永续利用。因任何形式的旅游开发活动都要对汉江生态经济带生态环境带来不同程度的影响,在生态旅游资源开发过程中,应根据环境监测反映出来的问题,不断优化规划设计,使生态旅游资源开发利用更加合理,保护更加完善。

4. 静脉产业

静脉产业是废弃物回收、再资源化产业,就如同人体血液循环中的静脉一样。作为解决废弃物快速增长的一个良好途径,将生产和消费过程中产生的废物转化为可重新利用的资源和产品,实现各类废物的再利用和资源化的产业,包括废物转化为再生资源及将再生资源加工为产品两个过程。废弃物产生于第一、二、三产业,但不依属于任何产业,资源的最优化配置和废弃物的循环利用是静脉产业的核心。在目前汉江生态经济带的废弃物资源化开发利用中,由于缺乏资金和科学的规划,开发的项目通常规模不大,层次较低,产品附加值不高,经济效益普遍不高。因此废弃物的资源化再利用既要强调生态效益及社会效益,也要考虑经济效益。将静脉产业理念和合理废弃物资源化再利用产业结合起来,既提高了能源和资源的利用率,又提高了经济效益。

一是制定行业标准,形成规模化生产。加强调研、协调、督查和指导,出台相应的行业标准,将废弃物的收集、处理、加工、再利用等环节串联起来,使之成为一条资源化利用的产业链。创新处理技术,加强科技攻关,加强废弃物资源再利用基质化研究,推进产业化发展,逐步形成经济效益、环境效益、社会效益的一体化。

二是加强农业废弃物资源化产业发展。汉江生态经济带内农村的秸秆等生物废弃物的利用大多以直接燃烧为主,不仅热效率低(低于10%),而且大量烟尘和余灰的排放使人们的居住和生活环境日益恶化,损害了农民的身体健康。采用生物质能转化技术可使热效率提高35%~40%,节约资源,改善农民的居住环境,提高生活水平。有效利用农林废弃物和乡镇生活废弃物,发展农村沼气等能源工程和生态农业模式,可有效地促进生态良性循环,减轻对森林资源的破坏,减少土壤侵蚀和水土流失,保护生物多样性。用现代的生物技术和现代工程技术加以提升,提高循环与转化效率,发展高效的农业废弃物循环利用技术和模式。

三是制定促进工业废弃物资源化产业发展政策。产业政策是政府为实现资源配置,实现经济发展目标,以企业为对象实施的以生产集中和产业发展为核心内容的一系列政策的总和,其本质是政府干预资源在产业之间的分配。汉江生态经济带工业废弃物处理产业尚处于起步阶段,产业规模、产业结构、产业组织、产业技术、投资规模、投资主体等方面都还存在很大差距。由于工业废弃物处理产业化在客观上有利于保护环境、维护生态平衡,因而具有社会公益性质,也是实现经济带可持续发展和建立循环经济的重要途径。因此,政府应该制定鼓励工业废弃物处理产业化发展的产业扶持政策和产业调整政策,出台相关配套政策,从而形成有利于工业废弃物处理产业化发展的产业政策环境,推进静脉产业发展进程。

四是构筑循环经济产业。着眼建立汉江生态经济带产业共生体系、资源共享体系、生态共荣体系,编制流域循环经济发展规划和试点实施方案。汉江中下游地区以新型工业化发展为目标,运用高新技术和先进适用技术加快对传统产业进行技术改造和提档升级,进一步做好产业节能降耗工作。同时,支持加快推进低碳型产业结构调整,大力扶持新一代信息技术、高端装备制造、新能源新材料、生物、节能环保、新能源汽车、航空航天等低能耗、低污染、高附加值的新兴产业发展壮大,逐步降低区域发展的能源需求,促进汉江中下游地区"低碳、循环、可持续"发展,逐步使汉江中下游地区成为高新技术产业发展的聚集地,经济发展方式转变的领头雁。

五是增加科技投入,引进先进技术,大力加强工业、农业废弃物资源化的方法。技术和设备的研究、创新与推广应用科学技术是工业废弃物资源化产业发展的重要支撑,也是最难突破的制约其发展的瓶颈。各级政府应建立和完善鼓励工业废弃物资源化产业发展的技术改革和科技创新体系,增加科技投入,引进国外先进技术,通过联合科研、联合设计、联合开发产品等多种方式,推动经济带内工业废弃物处理方法、技术和设备的研究、创新与推广应用。当前,特别要大力发展高新技术,积极开发提高工业废弃物综合利用率的关键设备和核心技术。

4.2.5 构建五大体系支撑环保

1. 环境监管体系

汉江生态经济带环境监管的法律法规体系是由环境法律法规、环境政策、环境标准、环境管理制度、国际公约等方面构成的体系。经过 30 年的持续改革,汉江生态经济带形成了中央统一管理和地方分级管理、部门分工管理相结合的环境管理体制。目前,环保部门主要负责工业污染防治工作,功能包括环境管理、监察、宣教和监测等,农业、生活和交通的污染由农业、城建、公安交通等 9 个部门或机构负责管理,水利、卫生、地质矿产、市政等协同环保部门实施水污染的监管。

一是改变监管体制,提升政府职能。改变以往横向为主的监管体制,转变为纵向监管,即环保部门独立成一执法体系,不受政府部门的直接领导,独立地行使各种权利,严格执法,明确划分中央和地方环境职责,不受地方保护主义的影响;加强上下级环保部门的联系,下级环保部门直接受上级环保部门的领导。此外,政府在环境监管方面的职能,不但不能削弱,反而要加强,在抓经济效益的同时,要把环保做好。

二是利用信息化,提高环境监察执法能力。信息化的环境监管可以克服执法手段落后,执法尺度不一,执法规范性差,执法信息不及时等缺点。环境监管信息化包括污染源自动监控系统、环境举报信息系统、排污收费管理和财务管理系统、环境执法检查、环境举报和来信来访系统等。将占汉江生态经济带污染负荷 85% 以上的污水、废气重点源纳入远程连续监控体系,通过信息化系统的施用,实现监控的连续化、自动化、信息化,为环境监管工作提供基础数据,为制定各种监管方案提供依据,提高了执法水平和执法效率,提升环境监管能力,使监管工作发挥有效地作用。

三是完善环境监测系统,建立第三方监测机构。现代管理学认为,信息不对称是政府决策正确性、科学性的主要障碍。环境监管第三方的介入:①为监管者与被监管者之间信息的沟通起到了一种有效的桥梁作用,政府在环境决策的过程中将会综合考虑监管主体与被监管者之间的利益关系,使得法律法规和环境政策更容易得到执行;②使得环境监管更具有效率性、公正性;③降低了环境监管的成本。我们建议建立一套第三方监测系统,对汉江生态经济带的环境质量进行公证、客观的监测。保持现有国家和地方的监测站不变,在民间成立环境监测公司,企业委托公司进行环境监测。监测公司在经营环境监测业务前必须具备一定的仪器和设备并取得国家的注册登记证,每年举行国家环境监测师资格考试,合格者颁发国家注册环境监测师资格证。这些规定一方面可以保证从业人员的素质和公司从事该项事业的基本条件,因而也就保证了数据的可靠性、权威性,也为科学地进行行政管理提供了数据。另一方面,这种社会性的监测形式,可以省去各个企业在培训人员、支付员工工资、购买仪器设备、建房、管理等方面的多项开支,也避免了人员、设备吃不饱的浪费,减轻了企业的负担。

四是增强地方政府监管动力,建立有效的激励和约束机制。①完善现有环境法律法规体系,明确地方政府的职责。我国现行环境法律法规体系对地方政府的角色定位和权利职责规定不清,这造成地方政府环保工作的"缺位""越位"行为。应完善法律规定,对环境问题不尽责的地方政府要有一套适当的并且足够严厉的处罚措施。②改革现行官员政绩考核体系,改变"GDP 挂帅"的现状。建议政绩考核不再考核 GDP,主要考核官员所在辖区的环境质量、人均收入等与民生有关的指标。③加大中央政府的财政支持力度,增强地方政府行政执行力。国家应对地方政府环境保护工作拨付充足的资金,以使其满足正常环保工作的需要。此外,还应增加中央财政对汉江生态经济带的财政转移支付,建立生态环境补偿机制,减少地方政府对环境影响较大的企业的财政依赖。

2. 环境交易体系

生态环境具有二重性:一是具有生态环境的特有属性,即具有自然生态功能,遵循自然生态规律,表现为生态环境的使用价值;二是具有资本的共同属性,即以保值增值为目的,遵循市场供求与竞争规律,表现为生态环境的价值。但是,生态环境不同于物质资本、金融资本和人力资本,生态环境具备其他资本所不具有的特征:①资本的目标是价值最大化或盈利最大化,由于生态环境受到生态系统整体性的制约,保持生态系统内各因子的平衡协调,是实现生态系统整体价值最大化或盈利最大化的前提;②通过合理利用生态环境,其使用价值与价值将不会永久丧失。并且,可再生资源还能依靠其自身的累积性,使生态环境自动增值,带来长期的经济效益与生态效益;③生态系统各因子是在相互制约与相互促进中得到发展的,遵循共生、相生相克等自然生态竞争规律。同时,生态环境又与物质资源、金融资本和人力资源存在着市场竞争,遵循市场竞争规律。

生态环境产权交易是以对生态环境效用的供给和需求为特征,生态环境效用包括环境权和污染权。生态环境产权交易市场的形成是以政府的许可与安排为条件的,是将生态环境的公共产权转变为交易产权、外部效应内部化的一个必然结果。生态环境产权交易将在一个较为复杂的结构中进行,即在政府与经济行为主体之间进行,也在相关经济行为主体之间进行。生态环境产权交易市场可以分为两个层次:第一是生态环境初始分配层次,这是生态环境所有者的代表政府与生态环境效用使用者经济行为主体之间进行的生态环境效用交易;第二是生态环境市场交易层次,这是经济行为主体之间进行的生态环境效用交易。

一是加快排污权交易立法。排污权交易立法要坚持循序渐进的原则,先完善地方立法,在地方立法积累了充分经验的基础上,再出台国家层面的专门立法,从而建立起完善的排污权交易法律体系,指导汉江生态经济带排污权交易实践,使环境交易所的运作有法可依。为了保证立法的质量,节省立法成本,具体可以参考以下的立法模式:在基本法上,可以在《环境保护法》中新修订一个章节,将排污权的性质、主体、客体等内容加以明确,摆脱无法可依的状态;在单行法上,在立法条件还不成熟的情况下,可以先由国务院或国务院部委制定临时的行政法规,如可以在现行的《清洁发展机制项目运行管理办法》中,对排污权交易的具体流程以及排污权交易平台的运作加以详细规定,条件成熟后,可以将行政法规用立法的形式加以确认;在地方立法上,在不违背基本法和单行法基本原则的基础上,结合本地实际,对排污权交易和环境交易加以规定。

二是强化行政机关监管作用。在限额与交易制度下,市场中的环境交易行为既包括买卖双方的交易行为,也应该包含政府的行政监督行为。鉴于我国排污权交易还处于起步阶段,政府的有效监管和必要的行政干预是必需的。我国现行的总量控制制度和排污许可证制度是排污权交易的先决条件。在地区污染物总量控制制度下,环保部门将地区的环境容量资源以有偿或无偿的方式分配给各个排放单位,各个单位根据自身节能减排的技术条件决定出卖或购买排污权指标。总量控制制度使得环境容量使用权成为排污权交易的客体,排污许可证制度是排污单位从环保部门手中获得初始分配量的载体。因此排污权的交易以政府的行政监管为起点。排污权交易的过程中离不开行政主体的监管。行政主体的监管主要包括排放指标的分配和许可、交易过程的监督和管理,这是政府气候环境权力的体现,展现了排污权交易不同于传统买卖关系的公法性质。

三是加强政府的管理手段。政府对排污权指标的初始分配、权利交易等行为进行监督,既能克服市场失灵的状况,又是政府行使环境管理权的一种手段。政府主管部门在对排污权指标进行监督的过程中,如果环境交易所自身以及交易主体存在私下交易或超标排放等情况,其就要承担相应的行政法律责任,触犯刑法的要承担相应的刑事责任。因此,要发挥行政机关的外部监督作用就必须先解决立法空缺的问题并不断完善,在立法层面确认排污权的性质,明确交易的各要素,建立完善的市场环境,保证主体可以将富余的环境交易指标出卖获得补偿性收益,制定具体的交易规则和监管制度。在环境交易的立法上,要进一步完善地方立法,待条件成熟之后,再出台国家层面的立法。

3. 科技支撑体系

环境科技支撑体系的可持续发展是指在环境科学技术支持下的生态环境保护既能满足当代人生态环境的需要;同时,又不危及后代人满足其对生态环境的需求;并且这种科学技术在有效地促进和改善生态环境的同时,更能有效地推动全社会以人为本的经济、社会、文化的可持续发展。它包括两个层面的内容:一方面是环境科技促进和保障生态环境,尤其是全社会的可持续发展,另一方面是环境科技本身的可持续发展。

一是要建立健全环境技术体系。要抓紧制定发布重点行业污染防治技术政策、污染控制技术要求和工程技术规范,公布环境技术发展白皮书,筛选污染控制最佳可行技术,发布相关技术指南,发布国家鼓励和限制发展的环境技术、装备目录,为污染治理提供切实可行的技术支持。大力加强环保设施运营资质审核、注册环保工程师管理工作,实行动态跟踪考核,为建立健全环境技术体系提供保障。

二是要加大环保科技推广示范力度。要有针对性地遴选先进成熟的环境科技成果和实用技术,在环境治理工程中推广示范,加快科技成果转化,努力提高工程科技水平和建设质量。加强环保科技成果推广和环保科普工作,鼓励环保科研院所、企业、各类高校和环境科学学会、环保产业协会等,参与科技推广和成果转化,广泛开展环境科技成果推广活动。要通过各种途径建设一批国家和地方环保科普基地,推广环境科技,提高公民环保素质。

三是要提高不同群体对生态环境科技的认知水平。一方面,树立科学发展观是提高和协同不同群体生态环境认知水平的价值基础。以人为本要求科学共同体的科技创新应体现人本价值。政府应将服务于民生作为第一要务,加大对生态环境科技的投入,实现科学发展是企业认知的重大变革,需要通过政产学研用一体化,加大企业对生态环境科技的研发与转化;另一方面,丰富生态环境科技传播形式是提高不同群体认知水平的知识基础。通过网络、板报、图书和新闻报道等多种形式,使不同群体对生态环境的认知从生产环节扩展到流通、分配、消费和对外贸易等环节,有不同群体认知水平达到协同发展,才有可能实现生态环境科技的不断创新。

四是提高生态环境科技融合度。具体可从以下几个方面开展:①以产业生态学原理为基础,促进高科技产业生态化发展。要解决高科技与环境的关系,必须将高科技与环境看作一个完整体系,只有这样才有助于实现高科技与生态环境的和谐发展;②充分发挥生态环境科技相关学会及民间组织在环境规划、技术决策和学术交流推广中的优势,实现生态环境科技不同学科之间的协同发展。

4. 区域协调体系

汉江生态经济带环境治理区域协调机制建设应坚持科学发展观和构建和谐社会的指导思想,加强汉江生态经济带管理机构与流域各地区及其环境保护行政主管部门的沟通协作,贯彻落实流域管理与行政区域管理相结合的环境管理体制,促进流域水环境改善,实现水环境和社会、经济的协调发展。

一是建立汉江生态经济带环境管理信息系统共享机制。汉江生态经济带内各县市的水环境管理信息系统是建立流域水环境管理信息交流机制的基础,流域内各县市应结合本地区水环境管理现状,建立适合本地区的环境协调管理信息系统,各环境管理信息系统的内容应至少包括以下几个方面:污染物排放管理系统、水环境管理定期报告系统、水环境预测与评价系统以及水环境管理地理信息系统等。

二是建立各行政区域水行政主管部门的沟通协商机制。环境协调管理信息是一个复杂且庞大的系统,在不同的时空序列上,水环境管理信息总存在着一定的差异,这就导致了不同主体利用不同时空点上的环境管理信息得到的结果也迥然不同,结论也不具有可比性。因此,若想汉江生态经济带环境治理与效果分析的结果更准确、更可信、更具可比性,必须建立共同的环境协调信息系统。在汉江生态经济带生态环境管理信息系统建设过程中,各行政区域水行政主管部门的沟通协商尤为关键,基于此,湖北省政府应积极组织协调汉江生态经济带内各环保行政主管部门共同研究讨论建立共同的环境管理协调信息系统,从而为进一步开展经济带生态环境治理研究打造一个共同的平台,各地区行政主管部门应定期或不定期地召开环境管理协作联席会议等形式,联合研究和协调监控汉江生态经济带生态环境,推动各县市之间的进一步合作。

三是建立生态环境治理重大事项的协商与合作机制。汉江生态经济带各县市在跨界河流新建、改建、扩建各类工程项目时,相关环境行政主管部门应当与其他有关县市环境行政主管部门进行充分协商,在积极协调并达成一致建议的前提下,依照法定程序报批,并及时向汉江生态经济带环境管理委员会备案。各县市利用资金促进地区经济发展的方式应从传统的"招商引资"逐渐过渡到更加环保的"招商选资",同时应及时上报上级环境管理委员会,由其负责对这些新进企业的环评工作,最终结果由汉江生态经济带各县市共同协商决定,同时该机制也适用于水环境纠纷事件的解决。

5. 生态补偿体系

生态补偿是一种为保护生态环境和维护、改善或恢复生态系统服务功能,调整相关利益者因保护或破坏生态环境活动产生的环境利益及其经济利益分配关系,内化相关活动产生的外部成本,具有经济激励作用的制度安排。按照党的十八大报告提出"建立反映市场供求和资源稀缺程度、体现生态价值和代际补偿的资源有偿使用制度和生态补偿制度"的要求,建立生态补偿机制,是实现汉江生态经济带生态环境有效保护、生态文明跨越发展的重大举措。汉江是国内最早实施最严格水资源管理制度的流域,可借鉴江苏省经验,实行双向生态补偿机制。即对水质未达标的市县予以处罚,对水质受上游影响的市县予以补偿,对水质达标的市县予以奖补。进一步加大对汉江生态经济带,特别是限制开发和禁止开发区域的转移支付力度,重点支持包括生态保护在内的公共服务和民生事业发展。争取将汉江中下游生态环境保护重点工程纳入国家南水北调工程补偿范围,加大财政对生态环境保护重点工程的支持力度。结合国家和省主体功能区规划,建立健全汉江上、中、下游之间生态环境保护的协调和补偿机制,探索政府补偿与市场机制相结合的补偿机制,采取转移支付、专项补贴、生态移民、异地开发、水权交易等多样化生态补偿方式,逐步构建汉江流域长效生态补偿机制。针对该范围自然资源、水环境及经济社会实际状况,从五个方面提出进一步健全生态补偿机制的任务。

一是建立汉江生态经济带生态补充的长效机制。建议国家以汉江生态经济带作为最严格的水资源管理制度的试点,提升水资源的监控能力。建立汉江中下游生态补充的长效机制,将南水北调工程供水区纳入生态补偿的范围,建议中央加大财政转移支付力度,在北方用水的家庭当中增加水资源费和环境费,对因调水后影响的税源损失和治理生态环境所增加的财政支出,由受益区通过横向财政转移支付的方式,每年给予受影响区补偿。同时进一步丰富补偿内涵,可将技术和智力支持作为补偿的项目,构建输血和造血结合的生态补偿机制。将汉江中下游地区纳入南水北调中线工程的补偿范围。2014年李克强总理所做的政府工作报告提出,要加强饮水源的保护,加强三江源生态环境的保护。南水北调中线工程建成调水之后,将对汉江中下游地区的水资源分布产生重大影响。由于上游来水减少,地下水位下降和水质降低,发生水华现象的概率增加,这给汉江中下游水污染的防治、生态环境的保护带来很大压力。建议国家将汉江中下游纳入南水北调中线工程的补偿范围,建立生态补偿长效机制;建立受水区、水源区和受影响区对口支援机制、产业合作机制。

二是省里加大对汉江中上游南水北调水源区的生态补偿力度。汉江生态经济带为保证"一库清水送北京"做出了巨大贡献,尤其是位于汉江中上游核心水源区的丹江口、郧阳等地为支持国家建设做出了巨大牺牲,需要得到相应的生态补偿,才能使生态保护具有可持续性,增强生态经济发展后劲。省委、省政府应加大对汉江中上游南水北调水源区的生态补偿力度,可在借鉴国内外经验的基础上,向国家申请,以政府补偿起步,国家补偿为主,省级补偿为辅,在全国率先启动汉江生态经济带生态补偿机制,将水利设施的运行费用纳入补偿内容,将生态补偿的额度和水环境保护的效果挂钩,并通过一定渠道建立汉江生态经济带生态补偿基金,专项用于汉江水。加大中央政府财政转移支付力度,在财政转移支付中增加生态环境影响因子权重,增加对生态脆弱和生态保护重点地区的支持力度,按照平等的公共服务原则,增加对汉江生态经济带的财政转移支付,对重要的生态区域(如自然保护区)或生态要素(国家生态公益林)实施国家购买等,建立生态建设重点地区经济发展、农牧民生活水平提高和区域社会经济可持续发展的长效投入机制。

三是拓宽生态补偿资金筹措渠道。大力创新生态补偿融资方式,实行融资市场化。建立生态环保创业投资基金,对未上市公司直接提供资本支持,并从事资本经营与监督的集合投资制度,它是一个与证券投资基金相对等的概念,属直接投资的范畴。它集中社会闲散资金用于具有较大发展潜力的新兴企业进行股权投资,并对受资企业提供一系列增值服务,通过股权交易获得较高的投资收益。创业投资基金的介入,既可以实现环保产业与资本市场的结合,为生态企业注入资金,解决生态建设资金不足的问题,又可以辅助未上市企业,为证券市场输送优质上市公司。

四是增强公众的生态补偿意识。生态补偿必须得到全社会的关心和支持。建议进一步加强生态补偿的科普教育和大众宣传,增强群众的生态补偿意识,明确生态补偿的政策,使公众积极主动参与到生态补偿中去。社区是生态补偿机制落实的最终对象,社区公众的知识、认知和意愿直接影响生态补偿的效果。在制定生态补偿机制和规划时要充分鼓励社区公众的参与,采取"边学边做"的方法,通过项目实施提高其能力。尤其是在人、财两缺的贫困地区,应当通过相关国际国内项目,加强政府部门和社区组织的能力建设,包括决策者、规划者、管理人员、企业管理者等等。

五是推行市场化的生态补偿机制。实施污染者付费原则,以缴纳环境保护税作为控制手段,通过排污企业与政府共同持股的方式,建立大量污水处理厂,制定垃圾和工业废水排放法规,严格限制未经处理或未达标的水直接向河道排放。经济上实施转型,大力发展轻工业、适度控制重工业发展,并采取植树造林等净水工程,有效控制点源污染,使汉江生态经济带内各河流、水库、湖泊水质逐渐得到改善与恢复。同时重点控制农业污染源、保护居民的饮用水安全,在各县、乡镇都配备污水三级处理设施,由各乡镇负责污水处理的任务。

4.2.6 创建六大国家生态品牌

1. 国家级生态县市

国家级生态县、生态市的创建是充分体现以人为本的理念与和谐发展的思想,是我国社会经济特别是县域社会经济与环境可持续发展的主要途径,是落实科学发展观、建设社会主义和谐社会、建设资源节约型环境友好型两型社会、建设社会主义新农村、实施农村小康环保行动计划的重要举措,是促进县域经济又好又快发展的重要载体,是贯彻落实科学发展观的具体体现,也是反映一个县实现保护与发展双赢的金字招牌。目前汉江生态经济带,乃至湖北省都还没有国家级生态县、生态市,经济带内京山市、神农架林区、保康县、东西湖区等为湖北省生态县(区)。因此在汉江生态经济带开展国家级生态县、生态市创建是一件十分紧迫和必要的工作,生态县、生态市建设对于国家生态安全、环境安全,乃至经济、政治安全是至关重要的,有利于从根本上改善汉江生态经济带的环境状况,促进人与自然的和谐;有利于集约和节约利用资源,促进经济增长方式转变;有利于加快建设资源节约型和环境友好型社会,走出一条生产发展、生活富裕、生态良好的文明发展道路。可以通过以下措施在规划期内开展。

(1)在组织管理上,一是要成立生态县、生态市建设规划与建设领导小组,负责全县、全市生态规划编制、生态建设工程项目落实和生态管理制度的制定;二是要把生态县、生态市建设规划纳入各级政府国民经济和社会发展规划;三是各级政府、各个部门责任分工,层层落实目标责任,把生态县、生态市建设工作成效与官员业绩、职务升迁挂钩。

(2)在制度管理上,严格执行建设项目环境管理制度,制定并颁布生态保护规定、各种自然资源保护办法,国家及地方性法规与管理制度,建设规划的法规化与权威性。

(3)在资金管理上,广开渠道,以项目带资金争取国家、省市生态建设资金实行生态补偿政策,保证生态建设与管理的日常资金,扩大对内、对外交流,争取国内、外基金。

(4)在社会管理上,一是公众参与,强化公众监督机制,二是加强人口控制,提高人口素质,加强生态环境宣教,提高生态环境意识。

(5)从技术管理上,一是与科研机构、高等院校合作,转化科技成果以及示范推广,二是开展生态县建设技术攻关,突破生态技术瓶颈,依靠科技搞好生态工程建设,三是开展生态县、生态市动态监测与评估。

(6)在步骤管理上,一是加快神农架林区、京山市、保康县等省级生态县创建国家级生态县的工作,以此优先发展带动汉江生态经济带内其他县、区的国家级生态县的建设;二是推动武汉市、襄阳市、十堰市等地区的国家级生态市的创建进度,争取在2025年前将汉江生态经济带内所有县、市创建为国家级生态县、生态市。

2. 国家级环保模范城市

在获得"国家环境保护模范城市"荣誉称号的城市中,无论是沈阳、大连、大庆、长春这样的重工业、石化老工业基地,还是南京、杭州、青岛、苏州这样一类轻纺业、电子业、制造业的城市,或是珠海、深圳、厦门、海口特区城市以及中山、昆山、常熟、江阴、惠州这类迅速发展的中小城市,都在"创模"过程中大力调整和优化经济结构,降低城市经济发展对各种资源的依赖程度,提高资源能源利用率。市区内绝大多数能耗高、污染重、效益差的工业企业通过搬迁改造盘活土地,利用级差地租,获得生存发展的资金和机遇,采用清洁生产工艺提升了企业整体水平和效益。在山东省出现了威海模范城市群、环保模范城市在此集聚起到良好的辐射带动力,该地区城市环境基础设施建设和经济发展速度相对领先,同时也是较适宜人类居住的生态旅游城市。因此,在汉江生态经济带内创建国家环境保护模范城市后带来的优良环境优势不仅提高了经济带的知名度,而且成为经济带的"绿色名片""招商广告"和"无形资产",是社会昌盛的体现,同时增加了城市的综合实力。

长期以来,汉江生态经济带在环境保护模范城市建设方面做了一定的工作,但也同样存在比较明显的现实压力与差距;与国内其他发展较好的城市相比,经济规模不大,社会发展水平相对较低,城市化水平偏低,经济加快发展的要求与有限的环境容量的矛盾突出,这些都有待于我们在今后的工作中加以化解和克服。

因此,汉江生态经济带在创建过程当中,一是要对照创建环保模范城市标准,根据城市经济社会和环境基础条件状况,确定创建环保模范城市的层次和创建目标,抓紧制定具体工作方案,全面开展创建工作。二是要根据环保模范城市的要求,加强城市环境综合治理,狠抓污染减排工作,确保饮用水源安全,突出工业污染防治,强化流域水污染防治,全面开展城市大气污染整治,严格控制城市噪声污染,加快城市环保基础设施建设,统筹城乡环境保护,优化城市功能和产业布局,加快新型工业化步伐,大力发展生态经济,改善城市环境质量,提高城市发展水平。三是通过国家环保模范城市的创建,在汉江生态经济带树立了一批社会文明昌盛、经济持续发展、环境质量良好、资源合理利用、生态良性循环、城市优美洁净、基础设施健全、生活舒适便捷的模范城市和城区,以取得良好的经济、社会和环境效益,对汉江生态经济带环境状况的提高和改善具有重要意义。四是促进政府解决影响群众健康的突出环境问题。"创模"使许多地方政府提高了对环境保护的认识和重视,树立起了环境优先的发展理念,建立起了以环境优化经济发展的综合决策机制,使经济社会发展和环境保护进入了良性循环的轨道,促进解决了一批影响群众健康的突出环境问题。

3. 国家级节水型城市

节水型城市是指一个城市通过对用水和节水的科学预测和规划,调整用水结构,加强用水管理,合理配置、开发、利用水资源,形成科学的用水体系,使其社会、经济活动所需用的水量控制在本地区自然界提供的或者当代科学技术水平能达到或可得到的水资源的量的范围内,并使水资源得到有效地保护的城市。充沛优质的水资源和良好的水环境是一个城市生存发展、兴业繁荣的基础性和战略性的要素,在经济社会发展中起着决定性的作用。水资源一旦紧缺将严重制约经济社会的发展,在这个大背景下,汉江生态经济带创建国家级节水型城市逐渐迫切,目前汉江生态经济带内只有武汉市一个为国家级节水型城市,创建任务极重。在汉江生态经济带内以武汉市为标准,加快襄阳市、十堰市、天门市等城市建设国家级节水型城市的工作,逐渐提高城市计划用水、节约用水的管理水平,强化水资源、水环境的宏观管理,实现水资源的合理配置,维持地区水资源供需平衡;促进节水技术进步,引导企业通过科学管理和技术改造提高水的重复利用率,节水降耗,增收节支调整经济发展方式,推动经济转型升级;建立起更为科学、合理的用水体系,提高水的综合利用效率,减少浪费、减少污水处理和水污染的压力,使有限的水资源更好地满足汉江生态经济带经济发展和人民生活的需要,可以通过下列措施来创建。

一是提高公民节水意识。汉江生态经济带内城市用水,特别是居民生活、酒店、办公场所、学校等公共用水浪费严重,人为原因造成的水龙头跑冒滴漏现象十分普遍,这与公民的节水意识差有很大的关系。从小培养公民的节水习惯,加强节水宣传,提高公民的节水意识,树立"水资源有限性,不可替代性,水资源有价、有偿使用"的可持续价值观,改变"取之不尽、用之不竭"的传统用水观念,是搞好城市节水工作的基础,是其他节水措施的先决条件。通过网络、报纸、电视、宣传手册等手段宣传节水,努力营造"节约水光荣,浪费水可耻"的良好氛围。同时,还应在中小学教材中增加保护水资源和节水的内容,从小培养节水意识和习惯。通过宣传教育使人们形成正确的节水观念,树立正确的水资源消费模式,建立节水型的生活服务体系。

二是降低供水管网漏失率。城市供水管网漏失是每个城市供水管网都会遇到的问题,它主要表现为系统总供水量与总售水量不符,一种是输水管道、配水管道、用户管道以及管道附件等漏失导致的水量损失;另一种是供水单位的测量误差、用水水表误差等造成的供售水量不符现象。前者会造成实际的水量损失,造成自来水浪费,通常所说的管道漏失也是指前者。引起水管损失的原因很多,管道质量差、使用期限长造成的破损;管道接头不密实、基础不平整引起的损坏;使用不当,如阀门关闭过快产生水锤引起的管道破坏。做好城市供水管网的规划和改造工作,优化管网的布局和运行管理,采取工程、技术和行政及管理等各种措施和手段,可使城市供水管网漏损率降到国家标准规定的范围之内。

三是提高用水效率。提高用水效率是促进节约用水的重要措施,提高用水效率包括工业用水、生活用水及其他用水效率的提高。提高工业用水效率的途径有:①提高重复利用率,工业用水重复利用率是反映工业用水效率的重要指标,是当前工业节水的主要途径,也是最简单有效的节水措施。②大力发展节水冷却技术,工业冷却用水量占工业用水量的80%,占新取水量的30%~40%。发展高效节水冷却技术,提高冷却水利用效率。发展高效热交换技术和设备,发展高效冷却设施、循环冷却处理技术和汽化技术。③发展节水工艺,发展工业节水技术的根本途径是大力发展节水工艺、淘汰非节水工艺。节水工艺包括改变生产原料、改变生产工艺和设备或用水方式,采用污水生产等三个方面的内容。

建设国家级节水型城市是实现汉江生态经济带经济社会可持续发展的重要保障,是构建资源节约型和环境友好型社会的客观需求,更是关系到全社会和全体公民切身利益的大事。因此在水资源利用的各个环节,都要始终贯穿节约用水和保护水资源的意识,以科学系统的管理制度、运行机制为保障,以高科技技术装备和设施为支撑,以高效均衡的经济结构为基础,政府主导、部门联动、综合治理、全民参与,举全社会和全民之力,推进节水型城市建设工作取得新进展。

4. 国家级卫生城市

国家卫生城市是由全国爱卫会对有关城市进行命名的、关于城市卫生的最高级别的荣誉称号。在经济带内创建国家级卫生城市的意义在于,充分发挥当地政府在公共卫生健康方面的作用,鼓励地方政府履行从大众健康出发的政策;通过提高居民的参与意识,动员居民参加各种与健康有关的活动,并充分利用各种资源来改善环境和卫生条件,帮助他们获得更加有效的环境和卫生服务;通过部门间更密切的协作和公众参与,提高国家改善城市卫生状况的能力,从而避免走以环境换发展的路子,实现汉江生态经济带城市和谐发展。《国家卫生城市标准》对环境保护的要求十分明确,汉江生态经济带生态环境还没有受到明显破坏,创卫基础好,创卫可以使生态环境始终维持在较好的水平,这就有效避免了所有发达的工业化城市走过的"先污染再治理、先破坏后修复"的弯路,使汉江生态经济带的发展更加趋于和谐。因此,需按照科学发展观的要求,紧紧抓住健康教育、环境整治和预防控制疾病等关键,以解决主要健康和卫生问题,进一步提高城乡居民整体健康素质为总目标,创新工作思路,完善运行机制,努力开创爱国卫生工作的新局面。

一是坚持长效管理,卫生创建见新成效。按照《国家卫生城市考核命名和监督管理办法》,全国爱卫办每年都要组织力量,对命名满三年的国家卫生城市进行复审。各地根据复审要求和省里的部署,召开专题会议,做出专门部署,严格对照标准,科学制定工作方案,从组织机构、运行机制、保障措施等方面,开展全方位的检查指导工作,认真排查薄弱环节,并针对存在的问题,逐级下达整改通知,切实加大整改力度,强化综合整治,进一步加强城镇卫生基础设施的建设和管理工作。

二是坚持科学治理,城乡环境整治和除四害工作有新成果。结合爱国卫生月、卫生城镇创建、优美小城镇建设等活动,从人民群众反映最强烈的问题入手,组织机关、驻地部队、企事业单位、学校、社区居民开展了大规模的环境清理和城乡除"四害"活动,并对城郊接合部、河道、农贸市场、水果批发市场等重点场所进行了专项整治,对窗口单位、"五小"行业加大管理力度,完善污水、垃圾无害化处理设施,有效控制四害滋生繁殖场,加强企事业单位内部生产区、生活区卫生管理工作,提高群众性除害防病工作能力,改观城乡环境面貌,提升卫生质量。

三是坚持以人为本,城乡健康教育与健康促进工作上新台阶。结合精神文明建设、农民健康工程、卫生镇村创建等活动,培养和组织心理健康专家在重点人群中开展心理疏导、咨询等服务,构筑心理健康教育与健康促进阵地。

四是要创新工作机制,建立城市创卫联动机制。创建卫生城市要着重抓细节、抓细胞,卫生镇村、卫生先进单位的创建尤其是有益的补充,是改善城乡接合部基础设施条件和环境卫生条件,提高城镇化建设水平有力着手,只有把城乡接合部和城中村纳入创建卫生城市的范畴,以城带镇,以镇促村,城乡联动,加快城中村改造,加大城乡接合部建设,才能真正提高创卫工作总体水平,促进经济社会快速协调发展。

5. 国家级园林城市

在汉江生态经济带围绕"宜业、宜居、宜游特色鲜明大城市建设"的战略目标和"青山、碧水、靓城、明珠"山水型生态园林城市的城市发展定位,坚持"政府组织、群众参与、社会支持、部门共建、因地制宜、突出特色、以人为本、讲求实效"的原则,充分利用汉江生态经济带的自然山水资源,强化以城市园林绿化为重点的生态环境建设,提高城市基础设施发展水平,在区域内建设国家园林城市。目前汉江生态经济带内武汉市、襄阳市、荆门市、荆州市、随州市、仙桃市、房县等城市(县城)已成功成为国家园林城市(县城),将孝感市、神农架林区、天门市、潜江市等建设成为国家园林城市,以提升汉江生态经济带城市品位,优化人居环境,打造江畔绿城、山水名城、文化名城。

1) 创建的必要性

一是创建国家园林城市,对提高城市绿化水平,改善城市生态环境,提升城市形象、品位、档次具有重要意义。二是创建国家园林城市,是一项庞大的系统工程,涉及城市规划、园林设施、绿化美化、环境卫生、社会文明程度等方方面面,各项标准要求都是一流的,具有示范性和带动性。三是创建国家园林城市是坚持可持续发展战略的重要举措,是改善城市生态、美化城市环境,是功在当代,利在千秋的事业。四是创建园林城市是建设一流文明城市,优秀旅游城市的重要基础。规划建设文化内涵丰富的公园,风格各异的游园,别具一格的园林绿化小品,寓意深刻的城市雕塑等城市景观,大规模、高品位的城市园林绿化,环境清新、清洁卫生的城市环境能唤起人们热爱家乡、建设家乡的热情。大力倡导爱护园林设施,爱护花草树木,保护生态环境,对吸引游人,提高市民素质将起到积极的作用。五是创建国家园林城市,是建设经济强市的需要。未来的城市的竞争,既不是摩天大楼的竞争,也不是高架桥的竞争,而是生态环境的竞争。谁的生态环境水平高,谁就能赢得发展的主动权,谁就能立于不败之地。

2) 创建措施

一是扩大园林和绿地建设,注重生态建设和市政设施发展。城市园林绿地是园林城市建设的基础,是满足园林城市指标要求的根本条件,所以重视绿化建设是园林城市创建的重点所在。汉江生态经济带在园林城市创建工作中立足点和主要方向都是绿地建设和园林建设。除了关注城市中心区域的绿地建设以外,还十分注重防护绿地的建设,建成了大规模的防护绿地,并使之起到很好的实际效果。

二是加强环境综合治理。经验表明,要想实现国家级园林城市的目标,经济建设、城乡建设与环境建设必须同步。我们在城市总体规划中,强调要加强自然环境综合治理,对水污染、大气污染整治工程、市容市貌建设工程以及住宅建设工程的建设进一步深化,力求把孝感市、神农架林区等建设成为城乡环境清洁优美,人与自然和谐,具有高质量的人文环境和生态环境的现代城市。

三是完善绿色环网,形成生态林荫系统道路是城市的骨架。依据道路性质和功能,要跟进道路脉络,实施道路绿带建设,着力构筑"网中有环、环由网生"的环网绿带特色。在道路绿化建设中,充分考虑行道树种的选择、植物造景的应用和综合生态功能的体现,合理配置常绿树与落叶树、速生树与慢生树、乔木与灌木、地被的比例,形成一批街道绿地精品,提升道路绿化品位。

四是保护古迹,重视文化传承。特色鲜明的城市文化是一个城市的灵魂,历史久远的古迹名木是一个城市无价的财富。汉江生态经济带具有中原水乡风格的城市,水是城市特色最为鲜明的元素,也是这城市精神的依托。在园林城市建设过程中,汉江生态经济带要做足水的文章,甚至在有些区域,以水为脉络,以水为基础进行规划、设计和建设,同时也重视对水的保护及治理,让这一城市灵魂保持活力。

6. 国家级可持续发展示范(实验)区

国家级可持续发展示范(实验)区的工作主要围绕人口、资源、生态环境、城镇建设、教育文化、卫生体育、劳动就业、生活方式、社会服务、社会保障、社会安全等领域展开。其目标是依靠科技进步进行改革实验,坚持以经济建设为中心,探索建立经济与社会协调发展、相互促进的新机制。不断改善人与自然的关系,不断提高全体社会成员的素质,满足人民群众对美好生活的需要,促使整个社会沿着文明、公正、稳定与和谐的方向健康发展。目前汉江生态经济带内襄阳市、钟祥市、仙桃市、武汉市汉阳区、神农架林区、谷城县、宜城市等已成为国家级可持续发展实验区,经过十多年的探索,汉江生态经济带创建国家可持续发展实验区条件逐渐成熟起来,在推进地方可持续发展事业,在依靠科技进步,促进地区经济、社会、生态协调发展,解决人口、资源、环境等重大问题方面进行了积极研究与探索,积累了宝贵的经验,争取将武汉市、十堰市、武汉市东西湖区、蔡甸区等市、县(区)建设成为国家级可持续发展示实验区,可以通过以下模式进行创建。

(1)树立起一种全新的可持续发展观。并把这种发展理念通过规划目标和任务落实到各项工作中去,实现由传统的经济发展观向现代可持续发展观的转变。在经济建设中,摆脱依靠上级给政策、资金、优惠的老套路,实验区的建设与发展不再通过外在力量推动,而要依靠自己内在的需求,通过自身的资金、资本积累,着力解决人口、资源、环境等领域的关键问题,带动社会事业的全面进步。

(2)注重机制创新,建立行之有效的领导和组织保障体系。一是摒弃部门分割的局面,国家层面形成了以科技部、原国家计委等部委和社会团体多部门综合协调的联合推动机制。二是充分发挥地方党委、政府的领导作用,把可持续发展和地方所要解决的问题相衔接,实现了政府、企业、社会资源的优势整合。三是省、市、区科委承上启下,指导和协调实验区办公室工作。四是建立专家全程参与的有效机制。

(3)制定科学、完整的可持续发展规划。通过规划任务和项目的实施引导建设,是实验区规范化管理和有效运行的前提条件。确立实验区的关键是严格审定可持续发展总体规划,力求规划的完整性和系统性;同时,实验区实行开放式管理,加强实验区间的学习、交流,推广先进经验,扩大实施效果。

(4)充分发挥科学技术是第一生产力的作用。依靠科技引导、构筑科技支撑平台,促进实验区建设。一是实验区充分发挥科技的引导作用,在地方经济建设和社会发展中,积极支持和培育高新技术产业,通过技术的示范、集成、整合,支撑实验区建设。二是注重加强可持续发展理论研究,不断提高科学决策水平,以理论指导可持续发展实验区工作,实现规范化、科学化管理。三是创造良好的引进人才的政策环境,为实验区建设与发展提供技术硬件和软件支撑。

(5)突出特色,分类指导,推动形成各具特色的实验区建设模式。中国可持续发展试验区类型多,经济、科技和社会发展水平不一,所面临的非持续因素各异,资源各具特色。结合当地特色,重点建设对同类型区有示范和辐射带动作用的内容,对于不同模式进行分类指导,如吸引社会资本和外资参与城市基础设施建设,建立市场化运作的制度与机制,解决城市建设投入不足的问题;同时拿出财政资金用于补贴农业,并在全区各部门实施扶贫帮困包村结对子活动,帮助解决实际问题,促进农村经济发展。

4.3 保障措施

4.3.1 组织保障

1. 加强领导,成立生态环保领导小组

在省级层面上建立"汉江生态经济带生态建设和环境保护领导小组",全面加强对汉江生态经带生态建设和环境保护工作的统一领导与协调。生态经济带各级政府要把生态建设和环境保护任务分解到各个部门,科学编制市、县(市)生态建设和环境保护规划及工作计划。省直有关部门要按照职责分工,加强沟通,切实加强对规划实施的指导,制定本部门支持规划实施的具体措施,在政策实施、项目安排、体制创新等方面给予积极支持。湖北省发改委要加强综合协调,组织有关部门做好规划实施,加强监督检查和跟踪分析,定期组织开展规划实施情况评估。

2. 加强协调,建立生态环保委员会

建立"汉江生态经济带环境保护与生态建设委员会",协调解决生态经济带区域、流域之间生态建设与环境保护的重大问题。委员会成员由武汉市、十堰市、襄阳市、荆门市、随州市、孝感市、潜江市、天门市、仙桃市、神农架林区分管环保的市领导组成,委员会主席由武汉市、十堰市、襄阳市、荆门市、孝感市轮流担任。委员会的最高决策机构为全体会议,每年召开一次,决定重大问题,各市分工实施;委员会统一生态建设和环境保护规划与环境功能区划、统一生态经济带区域环境基础设施建设、统一区域环境准入标准,防止将降低环保要求作为招商引资的优惠政策;武汉地处汉江最下游,受水污染危害最大,委员会秘书长由武汉市永久担任。

3. 加强监督,设立环境保护督查中心

设立汉江生态经济带环境保护督查中心,挂靠省环保厅,监督指导地方政府落实对辖区环境质量负责的法律责任;引导生态经济带各级政府打破行政管理上的分割局面,采取生态系统方式,对自然资源实施综合管理;负责督促检查生态经济带内跨区域、跨市域污染纠纷和突出的环境违法问题;负责按照《湖北省水污染防治条例(草案)》(2014 年),督促落实水污染防治实行政府行政首长负责制和水环境损害责任终身制;负责编制和发布绿色发展水平动态评估报告。

4. 加强考核,建立绿色发展考核制度

建立生态建设和环境保护目标责任制和管理绩效考核机制,把生态建设和环境保护纳入经济社会发展评价体系和党政干部政绩综合评价体系。以县域为单位,对汉江生态经济带 43 个县市区进行绿色发展水平动态评估。考核指标由三部分构成:一是资源消耗指数,包括单位 GDP 能源消耗、单位 GDP 占用建设用地面积、单位 GDP 水资源消耗;二是环境损害指数,包括单位 GDP 污染虚拟治理成本、单位地域面积污染虚拟治理成本;三是生态效益指数,包括国控与省控断面地表水好于Ⅲ类水质比例、空气质量达到二级标准以上天数比例、生态红线区管控水平、林木覆盖率、城市建成区绿地率、人均生态产品供给水平。考核由汉江生态经济带环境保护督查中心组织专家进行,每年发布,进行区内绿色发展水平排名。

4.3.2　机制保障

1. 建立并完善反映资源环境价格的市场机制

开展资源性产品(包括能源)和环境产品的价值体系研究,逐步建立具有体现资源稀缺程度和污染治理成本的价格体制。资源价格以从资源开发到回收利用的全生命周期的成本为依据,包括资源生产成本、资源补偿成本和环境成本三部分。统一制定汉江生态经济带污水处理和固体废弃物处理收费标准,并根据经济发展水平适时调整。实行有利于资源综合利用的上网电价政策,在高耗能行业试行能耗超限额加价办法,加大实行差别电价力度。实行阶梯式水价、超定额用水加价制度,合理确定再生水价格,鼓励中水回用。鼓励使用低排放、小排量机动车,减免低排放、小排量机动车的购置税。制定固体废物综合利用优惠政策,努力形成固体废物综合利用循环体系。

2. 建立并完善生态补偿长效机制

按照党的十八大报告提出"建立反映市场供求和资源稀缺程度、体现生态价值和代际补偿的资源有偿使用制度和生态补偿制度"的要求,建立生态补偿机制。

一是继续加大体现生态补偿的政府财政一般性转移支付力度,以促进区域经济社会可持续发展和民生改善,满足上游地区开展环境保护和生态建设工作需要。在实施中央财政转移支付的同时,湖北省也应对省辖流域地区实施财政转移支付,地方财政在现有转移支付的基础上,加大对省内汉江干流及支流区域的生态补偿力度。

二是继续开展汉江生态经济带上下游区域间的水环境补偿试点,在试点工作基础上不断完善补偿办法,不断总结经验,研究提出补偿依据更加科学、补偿内涵更加丰富、补偿标准更能体现生态服务价值的综合补偿试点方案。按照汉江生态经济带内各县市开展水资源和生态环境保护效果及享受生态服务价值,明确各级责任与权利;不断完善补偿标准和测算方法,充分体现流域中、下游的合理诉求,在此基础上,研究增加水量、生态等方面的定量化指标。

三是探索建立基于市场化的生态补偿机制,按照"谁污染、谁治理,谁受益、谁补偿"的原则,引导鼓励生态环境受益者和保护者通过自愿协商、互惠互利的方式开展生态补偿相关工作。充分发挥市场作用,科学评估汉江生态经济带生态服务功能和价值,合理测算保护方因生态保护和绿色发展而损失的发展机会以及增加的机会成本,研究明确补偿对象、内容、方式等,在流域上、下游之间探索建立生态服务功能有偿使用的生态补偿机制。

3. 建立并完善主要污染物排污权交易制度

建立环境资源有偿使用制度,建立并实施污染物排放总量初始权有偿分配、排污许可、排污权交易等制度。建设区域污染物排放权交易市场,按照"先初始有偿分配使用,后推行排污权交易"的原则,制定排污权交易管理规则、主要污染物排放指标有偿使用收费办法,有偿使用费作为非税收入,纳入财政预算。在生态经济带率先开展二氧化硫、COD主要污染物排污权有偿取得和交易,并向环境保护部申请列入国家试点。

4. 建立环境污染责任保险制度

在汉江生态经济带开展环境污染责任保险试点,率先在石油化工等重点行业和近五年内发生重大环境污染和生态破坏事故的企业开展环境污染责任保险的试点示范,初步建立重点行业基于环境风险程度的投保企业或设施目录,制定污染损害赔偿标准,基本健全环境风险评估、损失评估、责任认定、事故处理、资金赔付等各项机制,发挥环境污染责任保险的社会管理和经济补偿的功能。

5. 改革危险废物管理制度

加快探索危险废物管理体制改革创新,率先制定生态经济带危险废物集中收集、处置的行业准入标准,建立危险废物集中回收网络,实行集中定点处置,有效防止危险废物对环境的污染。近期重点开展废弃电池回收利用,建立危险废物综合回收利用工业园。

6. 建立并完善绿色采购制度

运用消费政策引导社会的绿色消费倾向,开展政府绿色采购,在生态经济带强制推进政府绿色采购,制定地方政府绿色采购法规,出台政府绿色产品采购目录,规范采购限额标准及政府采购预算的编制,全面落实绿色产品采购政策,促进绿色产品采购向标准化、规范化、法制化发展。

7. 建立并完善环境信息披露制度

强制公开超标、超总量排污企业环境信息,鼓励企业自愿进行环境信息公开和环境绩效评估。建立企业环境信用制度,及时发布污染事故信息。实施上市企业环境绩效信息披露制度。实行生态环境质量公告制度,定期发布城市空气质量、城市噪声、固体废物处置、饮用水水源水质、流域水质和生态状况评价等环境信息。

4.3.3　资金保障

1. 加大政府投入

调整财政支出结构和投入方式,根据"环境事权和环境财权对应"原则,开展环境公共财政收支改革,明确环境公共财政支出范围、对象、规模,提高公共财政在生态建设和环境保护投入中的比例,开展环境公共财政投入绩效评估。充分发挥公共财政在生态建设和环境保护方面的引导作用,采取建立政府引导资金、政府投资的股权收益适度让利、财政贴息、投资补助和安排前期经费等手段,使社会资本对生态建设和环境保护的投入能取得合理回报,推动生态建设和环保项目的社会化运作。生态经济带各级政府必须将环境保护投入纳入本级财政预算,并保证其增长幅度高于同期经济增长幅度。必须将生态建设和环境保护建设重点项目优先纳入国民经济和社会发展计划,并逐年加大政府投入。

2. 设立生态经济带生态环境保护基金

成立汉江生态经济带生态环境保护基金会,广泛接受圈内外各类资金、物资、实物资产及知识产权的捐赠,对生态经济带生态建设和环境保护等公益事业提供资金及技术资助。

3. 建立多元化投融资体制

鼓励多方投资,建立有效的生态建设和环境保护投融资体制。积极争取世行、亚行等国内外银行贷款和国债、国家环境治理资金。利用银行信贷、债券、信托投资基金和多方委托银行贷款等商业融资手段,多方筹集生态建设和环境保护资金。加快信用担保体系和融资平台建设,试行环保项目收费权质押贷款制度;推行城市开发综合贷款制度,将污水和垃圾处理等环保项目纳入城市基础设施建设总体规划,发挥银行信贷的组合优势;将更多的生态建设和环境保护项目纳入国家开发银行的城市综合开发贷款项目;发挥财政投入对银行信贷的引导作用,运用贴息和资本金补助等方式,将一部分财政投入与银行信贷捆绑使用。

4.3.4　科技保障

1. 实施环境科技创新

围绕汉江生态经济带生态环境保护的重点领域,加快人才培养,建成一批具有国内先进水平的环保基础学科研究基地。开展生态环境保护和建设的战略研究,开发先进适用科技成果。围绕资源和环境承载力、环境容量、清洁生产、循环经济、产业链接关键技术、水资源利用、生态环境保护、废物资源化、生态安全、小城镇建设和农村环境保护,开展专项研究,组织科技示范,强化相关技术推广。

2. 推进生态环境保护科研成果产业化

加强生态环境保护关键技术的研发,建立新技术的研发、孵化和推广应用基地,形成对外的生态建设和环境保护科技辐射能力,带动环保产业的发展。大力鼓励企业自主创新与引进国外先进技术、装备相结合,加速生态建设和环境保护技术装备国产化进程。筹建汉江生态经济带环保产业开发工业园,建设生态建设和环境保护技术、产品交易市场。

3. 加强生态环境保护合作与交流

多渠道全方位开展双边、多边合作与交流,学习国内外先进区域的生态环境保护成功经验和做法,加强引进、消化、吸收国外先进技术和管理模式,吸引外资投资到高新技术、污染防治、节约能源、原材料和资源综合利用的项目上来。加强环保科技人才的培养、引进,实现生态经济带环保科技人才共享,加快生态经济带生态建设和环境保护的步伐。

4.3.5 全民参与保障

1. 加强生态环境保护宣传教育

将科学发展观、生态文明建设的科学知识和法律常识纳入宣传教育计划,充分利用各种媒体广泛开展多层次、多形式的舆论宣传和科普教育,进行多种形式的生态环境教育,弘扬生态文明;调动公众参与的积极性与创造性,形成建设生态文明的社会风俗习惯和道德习惯;要通过宣传教育,使节约、环保成为每个公民一种健康科学的生活态度和生活方式,使每一位公民知道如何节约资源、保护环境。

2. 建立健全公众参与机制

扩大公民对生态环境保护和建设的知情权、参与权和监督权,促进生态建设和环境保护决策的科学化、民主化。对生态建设和环境保护中做出突出贡献的单位和个人给予精神鼓励和物质奖励。深化社区环境问题居民听证,支持民间组织开展环保公益活动。认真执行政务公开制度,依法定期向社会公布流域水资源管理、水环境保护和生态建设等有关工作信息。加快推进企业环境信息披露,逐步公开重点污染企业的监测数据,强化社会监管,切实维护公众对水资源与生态环境保护的知情权、参与权和监督权。完善公众参与和监督机制,鼓励公众自觉参与环保行动和环保监督,引导社会组织有序参与水资源与生态环境保护工作。加强生态文明宣传教育,增强全民节约意识、环保意识、生态意识,形成合理消费的社会风尚,营造爱护生态环境的良好风气。

4.3.6 监管能力保障

1. 建成完善的决策管理信息系统

以汉江生态经济带现有环境信息网络为基础,构建一个中心级环境监测管理信息系统,建立环境保护局数据交换与集成共享平台,完善环境基础业务数据采集工作,特别是环境监测数据的采集和管理,为建立重点污染源,及主要监测断面的在线监测监控系统和中心数据库的饮用水保护管理系统做好数据基础。全面收集分析汉江生态经济带生态建设和环境保护的信息及国内外发展动态,并与有关部门实现信息接口兼容,实现政府各部门信息资源共享,为各级政府和管理部门决策提供科学依据。

2. 建立完善生态环境监测监控网络

整合环保、农业、土地、林业、水利等行业的监测网络,应用遥感、地理信息系统、卫星定位系统等技术,建立生态环境监测系统;建设污染源自动监控系统,将占生态经济带污染负荷85%以上的废水、废气重点源纳入远程连续监控体系,及时掌握重点企业排污变化情况。强化农村环境监管体系建设。建立和完善农村环境监测体系,定期公布生态经济带的农村环境状况。

3. 建立覆盖全区域的生态环境安全预警体系

在生态环境监测系统信息资源共享平台建设的基础上,建立覆盖生态经济带的生态环境安全预警网络,尽快建成县及县级以上城市空气质量自动监测网络,建成汉江水质自动监测网络;初步建成生态环境监测网络、核与辐射环境安全监测网络;建立健全突发性环境事故快速反应体系。建设生态经济带环境事故应急监测体系,配备环境突发事件应急监测车、应急监测仪器和应急防护装备。强化环境事故、地质灾害、灾害性天气等的预警预报,强化灾害性天气以及生物安全、水华、农林畜牧渔业病虫害、环境质量的预报,加强工程防险除险、地质灾害、地震等预报预警系统建设,增加预警和防范准备时间。建立协同联动的快速反应机制,避免和减少各类环境灾害造成的损失。

第五章

水生态补偿

5.1 汉江流域生态补偿的目标

汉江流域生态补偿的目标可概括为在汉江全流域内恢复和保持良好的生态环境,实现全流域水资源的可持续利用和合理配置,从而为全省跨地域、跨流域、跨行业的流域经济和社会的整体协调、可持续健康发展提供生态保证。需要集全省之人力、财力和物力,统筹安排和部署,明确利益各方的责任和义务,按照"谁污染,谁治理,谁破坏,谁恢复,谁受益,谁补偿"的原则,建立和完善汉江流域生态补偿机制,最大限度地平衡各方利益,调动汉江全流域各级政府和民众的积极性,促进全省汉江流域的生态建设和环境保护。

5.1.1 发展汉江水权交易模式

流域生态补偿的目的主要是要解决流域内水质的保护与受益不相匹配的问题,目前最普遍的补偿方式是采取上、下游的一对一的对口支援及合作互助。随着水资源的日益紧缺和水污染的日益加剧,水权交易的市场化运作模式已成为流域生态补偿的重要方式。通过水权交易可以大大提高水资源的优化配置和合理利用,有效提高资源的利用率,更重要的是有利于提升流域生态环境保护的经济价值和人文价值。

基于水量分配方式的多样化,水权交易最常见的交易方式有:跨流域交易、跨行业交易和流域内交易等。流域内水权交易通常采用水量分配制度,即上游地区将节余的优质水资源有偿提供给下游地区,实现水资源优化配置;或者采用取水许可制度,即通过管道或其他通道将上游地区的优质水引入到下游地区,上游地区按标准得到下游地区的经济补偿,使上游的优质水资源体现保护它的保护价值;或者采用奖励保护水资源行为的制度,即根据上游地区对流域生态环境的保护所付出的努力——通过水源地的质量和数量给予验证,或通过下游地区能否用上优质水资源得到佐证,来给予一定的奖励。无论是何种交易方式,目的都是使水资源充分发挥其效益,特别是使下游地区使用到优质的水资源。因此,下游地区可以对上游地区进行奖励和补偿,实现流域上、下游双赢。

在汉江流域治理初期,全流域范围内可以通过国家及省级政府的征收生态修复费建立汉江流域治理基金,由政府财政转移支付体系进行补偿;在汉江流域生态基本恢复后,可由下游的城市出资建立汉江中、上游流域公共支付生态补偿基金。

在汉江流域生态完全修复后,在下游城市内部可以试行开展市场为主导的"武汉城市圈""襄阳-十堰城市群"等两市间的水权交易。总之,应以水质和水量控制为核心,流域内区域间的利益相关者通过协商建立流域环境保护协议,明确流域不同河段的水质和水量要求,实施全流域范围的财政转移支付、上、下游之间共同支付等多种支付方式。这在其他省、市早就有先例。如浙江省金华江流域"东阳-义乌"水权交易等。

5.1.2 充分发挥武汉城市群两型社会带动作用

武汉城市圈已获国家批准建设"资源节约型、环境友好型"的"两型"社会。刚刚出台的《汉江生态经济带总体规划》也提出将生态环境保护与经济发展紧密结合起来,打造环境友好、资源节约的经济开发带。在汉江中下游地区要充分发挥江、河、湖、泊、山等自然地域优势,将这些地域优势塑造成立体网状的生态走廊。到2025年,全面建成"五个汉江",使湖北汉江生态经济带真正成为长江经济带绿色增长极。

全面建成"安澜汉江"。汉江干流梯级开发工程全部建成,岸线资源得到合理利用;主要支流得到有效开发;水土流失得到基本治理;防洪减灾体系全面建成,形成全国意义的现代水利示范带。

全面建成"畅通汉江"。建成水运通道、高速公路、快速铁路、航空等四位一体的综合交通体系,港口辐射和吞吐能力明显提升,现代仓储、物流配送和航运能力大幅增强,形成现代水利航运带和现代综合交通枢纽。

全面建成"富强汉江"。经济实力显著增强,地区生产总值年均增长10%。区域分工和产业布局趋于合理,三次产业协调发展,产业结构调整为7:47:46。粮食等主要农产品保障能力进一步增强,战略性新兴产业竞争能力进一步提升,文化旅游等现代服务业加快发展,建成现代农业带、先进制造业带、山水休闲和历史文化旅游带。

全面建成"绿色汉江"。工业污染、生活污染和农业面源污染防治取得明显成效,丹江口水库和汉江干流水质稳定达到国家地表水Ⅱ类标准,主要支流水功能达标率100%,森林覆盖率达到44.4%,建成现代生态环保带。

全面建成"幸福汉江"。新型城镇化水平显著提升,社会公共服务进一步提高,更加均衡化。城乡饮水安全、移民后期扶持、血吸虫病防治等任务全面完成。农村居民人均纯收入和城镇居民人均可支配收入分别达到30 000元和58 000元以上。

"五个汉江"与武汉城市圈两型社会之间要建立一种良性互动的关系,而汉江是沟通这种关系的血脉。

5.2 汉江流域生态补偿存在的问题

与汉江上游生态补偿不同,汉江中下游流域生态补偿问题的提出时间并不长,且提出的主要目的是为了争取国家补偿,中下游各城市之间并没有形成良好的互动机制。总体来看,汉江流域下游区域,主要是武汉城市圈,享受了更多的生态服务,这些地区,特别是其地方政府应当是提供补偿的主体,而中游区域的地区,比如说十堰和襄阳,水源涵养区的地方政府、企业法人与社区居民等应是接受补偿的主体。

5.2.1 补偿方式的不足

湖北汉江流域水源涵养区主要集中在丹江口大坝以上,如十堰、神农架等上游区域,相对而言经济发展相对落后、农业发展严重不平衡。在这些地区,经济发展应该是主要任务,南水北调中线工程实施后,国家层面上已经有了部分生态补偿。由于汉江上游的调水,对中下游产生了明显的次生生态损失,这一部分没有明确的生态补偿机制。在中下游内部,下游是主要的受益区域,而且工农业和服务业等多种经济形势发展迅速,具有人、财、物等资源积累的优势,当前中下游之间还没有内部补偿机制。

汉江中下游生态补偿首先面临着资金不足的问题。其一,对补偿所需的资金没有提前预测。由于许多政策制定时忽略了生态保护的重要性,常常将生态环境保护放在特别次要的位置,对于生态补偿的费用在资金分配上所占比例有限,甚至有的政府部门以管理费用紧张为由给予层层截留,经常出现资金被有意无意地挪作他用,补偿资金到达经营者手中所剩无几,结果只能是在资源开发中加剧生态破坏,与生态资源的保护背道而驰。比如,由于水电开发成本低、见效快,部分部门为了追求政绩,将资金投入到水电站的开发上,甚至在"以水发电、以电兴工"的口号声中迷失了方向,大力发展高能耗的产业,而这些工业企业只会成为汉江流域新的污染源。

其二,补偿所需的资金缺乏保障。生态环境是一种公共的资源,对于很多人来说具有消费的非排他性,所以在没有门槛的条件下,很多人(或组织)都存在着一定的浪费性使用的现象,或者在使用的过程中很少去考虑其他人(或组织)。流域生态环境的破坏大多源于此。对于一些地区来说,在考虑生态环境的时候索取得多,保护得少;过度利用得多,充分保护得少;自己利用得多,他人利用得少,加之流域资源,特别是水资源具有单向流动性的特点,对于那些跨越了本行政区的生态补偿,很多地方政府就不会太当回事了,也更不会安排资金来补偿。

其三,补偿资金的标准普遍偏低。在制定生态环境保护的补偿标准和收费标准时,当地人民、企业团体和各级地方政府的诉求和希望得不到充分肯定。比如,襄阳市、十堰市为了根治污染,下大决心投入巨资,建起了大量的污水处理厂。但由于乡镇污水处理运行成本过高、运行经费严重不足使部分污水处理厂生产举步维艰。如果这种情况屡屡出现,其结果必然会大大损伤参与生态保护和建设的人民的积极性和自主性,生态补偿机制就难以发挥其应有的效应。

5.2.2 补偿政策的不足

政策的目的是为了规范行为、引导发展。通过流域生态补偿政策能够在一定程度上规范全流域范围内出现的生态补偿行为,积极引导各主体按照契约来行动,从而促进对生态环境的保护。但是,当前汉江流域生态补偿的政策体系还没有建立,有较多的缺位。

其一,补偿政策的制定目的存在偏差。生态补偿的真正目的是为了全流域生态与社会的有序发展、和谐共存。因此,如果把生态补偿看作是一种机制,那么它必然要从动力的角度来对此目标予以促进。但是,当前的生态补偿政策大都是为了补偿而制定。从政策学的角度来看,都是一种弥补性政策,而非预见性政策。这样的政策只能是头痛医头,脚痛医脚的应付性对策,即使有一定的作用,那也只是短时的,对整个流域的良性发展来说没有太多的实质性意义,也是不可能具有持续性。比如,汉江流域生态补偿在当前只看到下游的污染和上游的落后,而没有看到生态补偿所涉及的众多地区、众多组织和数量庞大的公民个体,如果只考虑补偿标准,那么即使做得再规范的政策也只能是满足于某个有限范围的人群需求,而不具有推广性。如果把生态补偿与环境保护、生态农业、绿色旅游、资源节约以及"四化两型"建设等目标和战略措施结合起来,在每一个地区有特色有目标地推行,那么补偿政策才是合理的,才能符合于其真正的目标。

其二,补偿政策缺乏长效性。所谓长效性是指政策能够较长时间地发挥作用,通过实施补偿政策不仅能够在较长时期内规范补偿行为,而且能够约束对生态产生破坏的行为,起到保护生态环境的作用。但是,现阶段的补偿政策多是以短期的工程或者项目的形式展开的。这些工程或者项目都有一定的明确期限。就工程或项目本身来说,如果超过这个规定的期限则被视为失败;而就生态保护来说,如果只在一定时期内有所要求,而不考虑未来的持久收益性,则是失败。这两者之间就存在着一种不可调和的矛盾。比如,汉江中下游先后修建了兴隆、崔家营等电水枢纽工程,尽管在环境影响评价报告中明确了环保的责任,但是真正实施该项目后其生态保护的作用就会被逐渐忽视。更有甚者,如果一个补偿工程或项目在实施的过程中出现资金问题,那么就会有少数组织或个人为了自身利益或逃避责任而做出损害政策初衷的事情,带来更加严重的政策问题。

其三,补偿政策的制定与实施缺乏广泛参与。生态补偿政策一旦做出将会影响到全流域范围内的所有组织和个人,因此,从利益相关者的角度来看,生态补偿政策的制定与实施都需要有广泛的参与。从现阶段汉江流域的生态补偿政策来看,其参与程度是低下的,主要体现在两个方面:一方面是政策制定过程中缺少专业人员的参与,即没有吸收或邀请相关的生态、环保、政策、农业、水利等多方面的专业化程度高的人员参加进来,而是长官意志决策,所以出台的政策往往缺少科学性;另一方面是政策制定与执行过程中缺少对利益相关者的关注,没有合理的渠道来沟通决策者、执行者与利益相关者之间的想法与意见。这样做出来的政策就会缺乏现实性和操作性,其实际的执行效果就会大打折扣。例如,流域或者流域的不同地段,其自然资源、生存环境、生活习惯、产业结构以及人文环境都可能不一样,具有一定的差异性,如果不能充分考虑这种差异性带来的种种影响,有的放矢、因地制宜地制定补偿政策,那么就会出现上有政策、下有对策等不太好的现象。总之,正是因为缺乏这种群策群力的参与机制,导致现行政策不能充分调动人们广泛参与生态环境保护的积极性。

5.2.3 补偿监管的不足

加强监管是确保制度得到实施的重要手段。为了保障流域生态补偿制度的顺利实施,同样要对流域生态服务系统全方位实施监管。监管不只是对上游企业和居民,而应该是对整个流域上、下游的居民和企业团体的行为实行监管。只是监管侧重点不同,但最终目的是保证生态补偿制度在全流域上、下游落实到位。对上游政府进行监管,一是要确保补偿金能及时、足额地发放到流域生态环境保护者手中,以激励居民和企业团体能持续提供优质的流域生态服务;二是要督促上游政府对上游居民和企业团体在流域生态保护中的行为和作为进行有效的管理。这一监管任务可由中央政府、上一级政府及当地流域管理部门及下游政府相互协调共同完成。对下游政府进行监管,一是为了保证下游政府及时、足额向上游地区交纳或支付补偿款;二是要督促下游政府对下游的居民和企业团体是否及时、足额付费进行监管,保证用于流域生态服务系统的补偿资金能顺利筹集到位。这项监管任务同样可以由中央政府、上一级政府及当地流域管理部门及上游政府来具体落实。

政府职能部门要严格监督生态补偿资金的使用,承担生态保护活动中协调和仲裁的责任,积极采用科学的、合理的、适用的、综合的生态管理的方法和方式,开展生态环境保护和生态建设活动。但是,这并不是说监管就只能是政府的事了。从政策过程来看,一项政策从其制定出来到最终的落实需要经过非常长的时间,每一个环节都有可能出现问题。比如,在政策的制定环节,可能出现不民主、不科学、不依法办事的情况;在政策执行环节,可能出现不依政策办事、上有政策下有对策、阳奉阴违的情况。因此需要对政策的各个环节进行严格的监管。从现有的生态补偿过程来看,监管还非常不到位,主要表现在如下几个方面。

其一是监管主体主要是政府及其部门,缺少社会组织、企业组织和公民等利益相关者。监管虽然看起来是带有极强行政色彩的词,但是,从治理理论的角度来看,必须引入多元合作协商的模式才能对公共事务进行良好的治理。从流域治理的角度来看,企业组织、社会组织和公民都是重要的不可或缺的治理主体,特别是社会组织,在国外流域治理的良好案例当中都明确指出社会组织具有监督权。当前,汉江流域生态补偿的政策框架和具体要求当中并没有提到企业组织、社会组织和公民分别有何职能。也就是说,只规定了政府,特别是环保厅和财政厅两个部门分别有何职能。这样,一方面不能建立起科学的监管体系结构,另一方面政府部门之间不能有一个良性的协商机制,甚至出现部门决策、首长决定代替了协商决策和依法决策。

其二是主要通过行政指令而非市场机制来监管。从公共经济学的角度看,生态补偿的外部性可以由上下游不同主体通过内在化的方式来解决。比如,上游地区没有保护好水环境,则可以要求其支付一定数额的货币给下游地区;反之,如果上游地区完全保护好了水环境,则可以要求下游地区支付一定数额货币给上游地区。这种协商是上下游地区之间的内部沟通协商,可以不用行政指令的方式。但是,现在汉江流域的生态补偿的支付数额与比例都是由省政府相关部门,如环保厅,以行政指令的方式下达的。而且,决定是否要补偿的标准,谁补偿、谁接受都是由省级政府来规定的。这样的结果就是流域生态补偿的行政化,不能体现出更多的灵活性。另外,行政指令太多也会导致地方自主权的丧失,降低地方参与流域治理时的创造力和主动性。

其三是监管的具体内容缺少理性的设计和研究。比如,生态补偿建立起来之后,现当前是由省财政厅、省环保厅来计算建立生态补偿的具体数额。但是,有些问题实际上这些厅级机构并没有权力来处理,比如补偿的资金从哪里来? 地方肯定是不能挪用其他项目的经费,那么钱从哪里呢? 这里面是缺少人(或组织)去监管的;另外,因为其他地方补偿而获得的资金该怎样处理? 怎样保证这些资金用于生态环境的保护和改善? 总之,这些问题在汉江流域生态补偿过程中都会出现,这里面的问题主要是不同地方、不同组织、不同个人的责、权、利该如何合理分配,如何通过制度设计来引导组织和个人的行为。

5.3　汉江流域生态补偿问题成因

5.3.1　缺少统一规范的流域生态补偿法规

流域生态补偿法规是生态补偿活动的总规范。从前文的论述中可以看出,当前流域生态补偿之所以没有规范合理地开展,绩效不高的主要原因就是缺少统一的流域生态补偿法规。结合汉江流域而言,这种缺乏在国家立法层面和地方立法层面都有所反映。

一是国家层面法律法规的缺少。从国家立法层面来看,还没有生态补偿法出台,国务院和相关部委也没有专门的生态补偿规定。目前有关生态补偿的条款只是在《中华人民共和国环境保护法》《中华人民共和国水法》等法规中有所提及,但都是从环境保护或经济政策法规角度的原则性描述。在《中华人民共和国水污染防治法》《建设项目环境保护管理条例》等法规中虽然可以找到流域生态环境保护的法律依据,但在流域生态环境保护实际操作层面上,现有的经济政策很难得到相应支撑,无法有效执行与落实。

我国有较多的法律涉及自然资源,比如《中华人民共和国矿产资源法》《中华人民共和国土地管理法》《中华人民共和国渔业法》《中华人民共和国水法》等,但是这些法律的立法初衷都有些偏重于经济利益,对环境保护本身并没有提出太多的要求,更别说有对生态补偿的规定了。即使在某些法律条文中出现了“保护和改善生态环境”“维持生态平衡”的要求,也没有在立法当中贯彻“生态平衡”和“环境保护”等基本目的。在资源开发利用和可持续发展中未能充分体现生态效益补偿的经济价值,也在很大程度上削弱了生态补偿在生态环境保护中的作用。哪怕是《中华人民共和国环境保护法》这样一部针对环境资源利用的基本法律,也更多的是侧重于防污、治污,在水域环境保护方面主要偏重于流域的水污染治理,偏重于对破坏流域自然生态的行为及后果进行处罚,偏重于对排污和造成水污染的行为所产生的负外部性进行收费,并没有从制度上、从根本上明确规定保护自然资源的基本法则、基本制度和监督管理机制等,更没有考虑对于生态环境保护行为所产生的正外部性进行补偿。

事实上,《中华人民共和国矿产资源法》中明确规定了"矿产资源开发必须按国家有关规定缴纳资源税和资源生态费"。因为保护生态环境、减少环境破坏是矿产资源开发的首要条件和头等大事,即使是废弃的矿区也要明确规定及时行复垦和生态恢复。矿产资源法要求将矿区的复垦及生态恢复的补偿列入矿产资源费的开支中,帮助当地人民改善和提高生产生活水平。法律的规定是比较合理和完备的,但是具体到《矿产资源补偿费使用管理办法》,这些内容却没有落实到位。还有,水资源的有偿使用制度和水资源费征收制度在《中华人民共和国水法》中有明确的规定,各地政府部门也制定了相应的水资源费管理条例及措施,但是在实际操作中大多数都忽略了将水资源的保护补偿、水土的保持纳入水资源费的使用项目中。如果要追根溯源的话,在国家立法层面上没有在刑法当中严格规定破坏生态环境受处罚是一个原因。如,刑法规定盗窃罪最高刑罚为死刑,而盗伐林木罪最高处罚为 7 年以上有期徒刑。这与生态资源的效益在人类社会发展中举足轻重的地位是不匹配的。生态资源的破坏可能一日之间就发生了,但这种破坏给人们生产生活带来的损害和损失是不可估量的,且生态资源的恢复是需要一代人,甚至几代人的付出才可能见效。特别是在环境问题日益成为全球关注的今天,其重要性尤其不容置疑。

二是地方层面法律法规的体系性较差。从地方立法层面来看,尽管在有些省市,比如浙江、福建、北京、广东等,已经在尝试探索有关生态补偿规章,也有一些相应的实践经验,但是都没有成体系的、规范的制度规章出现。尽管湖北省从流域治理、环境保护的角度出台了一系列的法律法规文件,但是针对汉江流域生态补偿还没有一套完整的办法和机制,在汉江流域生态补偿实践中缺少足够的政策支撑,还有很多地方需要完善。

三是环境资源产权制度没有建立起来。从经济学的角度来说,流域生态补偿主要是上下游之间因为水资源的流动性而存在的外部效应。如果没有清晰而明确地界定生态资源的产权,则无法有效界定各相关主体的权益和责任。这种没有界定清晰的产权导致不同利益主体为了自身的利益在不能排他的生态资源利用的情况下尽量攫取更多的利益,从而导致对其他主体的利益有所侵犯或者造成恶劣影响。比如,一味地砍伐森林,对排出的污水不进行净化和处理,大量地掠夺性地使用水资源。在没有严格的法律法规对这些具有极强负外部性的行为进行约束和惩罚的情况下,这些行为将更加猖狂。

国内还没有一部完整的、明确的、专门针对生态补偿的政策法规,各个地方的规章制度也未能明确地规定生态环境资源的产权,即使有一些相关的规定也都是很原则、很抽象地提及而缺乏操作性,完全不能够对环境资源产权界定和生态补偿实际工作进行指导。这样,就使得各相关利益主体没有办法按照政策法规的要求去行为,从而出现"公地悲剧""搭便车""囚徒困境"等有碍公共资源合理利用的局面。

产权不明晰在地方政府本身也有体现,其环境资源的管理权和经营权也没有明确区分。地方政府集经营权和管理权于一身,在流域管理当中通常采用地方保护主义的做法,导致"流域管理、部门管理和行政区域管理三结合"的多头管理体制在实际运作的过程中经常出现相互争权、相互扯皮、相互推诿和各自为政等现象。尽管有的地区有相关的资源管理部门,但真正履行职能的只有抗旱防洪、水土保持和水利建设管理等部门,其他与环境资源有关的机构都发挥不了很大作用。甚至有一些明确的流域管理机构,也因为在法律上没有明确其权力、地位、作用和权限等,而无权过问流域流经地区的水资源经营、开发及环境保护问题。更不用说形成一个统一、完备的生态服务市场了。

5.3.2 生态补偿过度依赖于行政体制

当前,我国的流域生态补偿主要是由政府部门主导来完成,而且主要是通过资金的形式来进行补偿。补偿资金一般只能用于当地的生态环境建设和保护,还有部门资金以专项的形式用于上级政府所特批的以生态环境治理为主的重点项目。这种体制导致生态补偿的方式与绩效上出现了太多的问题。

一是生态补偿过于依赖国家财政转移支付。财政转移支付是指国家将各地的财政收入部分地上收至国家,然后再通过一定的方式进行再分配的过程。财政转移支付是实现社会公平,促进落后地区发展的重要手段。从生态补偿角度而言,国家财政转移支付是指将国家财政的一部分,通过一定的比例转移至生态环境受损的地区,在政策规定的许可范围内,按规定发放给相关的组织和个人。就目前而言,国家财政的转移支付是国内外最主要使用的生态补偿方式。在20世纪90年代后期,生态补偿在一定程度上更多的是指对生态环境保护和建设者的财政转移补偿制度。这是由于生态问题的外部性以及滞后性,生态环境资源的"公共物品"属性,以及各类社会矛盾的错综复杂和社会关系重叠等因素,导致许多领域及项目难以实现受益主体直接支付生态补偿金。转移支付可采用专项拨款、税收返还、项目补贴、设置各类奖励基金及捐赠等多种形式来实现生态补偿。

通过这种行政体制的具体运作来实现生态补偿具有市场机制所不具备的集中性和统一性,能够在一定程度上减少市场行为当中的交易成本。但是,如果规定的审批流程过长、手续烦琐,则会导致补偿效率和效果不能如意。从我国现行实施的生态补偿实际运行效果来看,采用单一政府部门主导的补偿方式,使各方博弈时减少了交易成本,但由于各地区自然环境及经济状况的差异,以及被补偿对象承担的责任、权力和利益的不同,在补偿方式方面不应该千篇一律,统一的补偿标准和补偿方式导致了很多问题的出现。也就是说,因人而异、因地制宜地采取不同的补偿方式,更能调动人们保护生态环境的积极性和创造性。因而,如何在节约交易成本和提高工作效率之间进行平衡,成为了选择补偿方式的关键所在。

二是生态补偿过程中市场调节制度的滞后。目前,有些地方在生态补偿过程中实行以市场调节为主的可交易的许可证制度,主要应用于水权交易和排污权交易。它是指在政策设定的允许范围内,以许可证的形式建立合法排放污染物或合理使用水资源的权利,然后将这种权利以一种"商品"的形式来进行市场买卖。也就是说,出让方通过出售剩余的水权或排污权而获取的报酬,补偿其正外部性行为,从而起到鼓励和激励作用。早在20世纪90年代初期国内学者和专家开始了排污权交易制度的设想。不久在全国进行了排污权交易的试点工作,特别在COD、SO_2排污权交易方面有所突破。

全国水污染物排放许可证制度已普遍实行,但排污权交易仍处在探索和实验阶段,缺少相关的法律法规作为支撑,还没有形成正式的法律制度进行规范和运作。同样,水权交易也刚刚起步。例如,浙江义乌-东阳水权交易、绍兴汤浦水库与慈溪自来水公司水权交易以及黄河流域宁夏-内蒙古水权交易是国内不可多得的几个典型案例,对于推动我国水权交易市场的形成具有非常重要的现实意义。但是,这种有一定合理性的制度总体来说还是在探索阶段,并没有在生态补偿领域大范围地推行,各地还是以行政体制的推动为主。

对比来看,行政体制的推动与市场规范的推动在持久性方面是完全不同的。一般情况下,在项目工程实施后,通过行政体制制定的良好的生态补偿制度能够在短时间内显现出非常明显的效益。但如果不能适时地形成一套长效的补偿机制,随着时间的推移,原有政策的效果就会随之减弱甚至丧失,更为严重的是还有可能产生其他一些负面的效果和影响。以三峡移民工程为例,在政府行为和各种补偿政策的驱使下,政府以强制力推动安置搬迁,发放了相应的补偿金,促使移民工程顺利地展开。即使有这样那样的保障,也还有不少移民因为新环境不适、习俗不同、发展空间受限等多种因素而迁回原居住地。因此,单纯依靠行政体制来推动,培训、就业、教育、医疗等政策没有跟上来,那么移民的生活质量的改善,整个工程绩效的提高还是存在着问题的。

三是缺少多方共同参与协商机制。行政体制的主导性太强也使得其他能够或者有必要参与的组织或个人在生态补偿过程中的作用难以有效发挥出来。现有的生态补偿机制当中,协商评估机制并没有建立起来,其主要表现就是行政主导性过强,缺乏对协商评估的良好规定。协商机制是民主制度的主要内容,在处理涉及多方共同事务的时候会经常性地被运用,生态补偿涉及全流域的共同利益,应该也必须通过协商机制来解决。

从根本上来说,所谓协商机制是指不同的利益主体通过多种形式开展讨论或者博弈,在规则制定、标准制定、程序规定以及其他议题上达成共识的过程。协商机制必然包含了不同利益主体的持续的经常的合作或者竞争,在行政体制主导过强的情况下,现有的生态补偿规范一般都没有经过多方利益主体的协商,从而缺少民主性与科学性。其实,流域生态补偿是完全可以通过协商的方式来实现的。比如,浙江省金华市金东区傅村镇与源东乡签订的一份为期2年的协议,协议中源东乡承诺保护和治理生态环境、保护下游用水安全,而傅镇村则向位于自己两条溪水上游的源东乡每年提供5万元的生态补偿费用。协商机制是一种准市场机制。如果流域内的上下游地区之间试图通过协商机制来进行补偿的话,那么可以采取类似的市场机制来进行:一种方式是下游地区(或发达地区)直接向上游地区(或贫困地区)进行投资以帮助其发展旅游业、服务业等生态环保型产业。与此同时,为保证替代产业的顺利发展,投资者应无偿提供技术指导和咨询,配合输送各类专业技术人才和管理人才,从而提高受补偿者的专业技能和管理能力。另一种方式是生态重点保护区的企业或团体可到定向合作地区进行开发。这种异地开发所取得的收益可全部和直接返回原地区,作为支持原地区生态环境保护和建设事业的专项资金。根据"谁开发谁保护,谁破坏谁恢复,谁受益谁补偿,谁污染谁付费"的生态补偿原则,处理好利益相关者之间的责任问题。

5.3.3 没有科学合理的流域生态补偿评估机制

流域生态补偿涉及的是谁支付、谁受益、支付多少、怎么支付等问题。这些问题的关键是"评估"。评估是指对流域生态补偿的起因、过程与结果的全面评价,具体而言是指确定支付主体与受益对象,确定支付标准与支付方式,评价补偿行动的绩效,引导生态补偿行为的理性发展。但是,当前汉江流域生态补偿的制度体系根本没有很好地建立起来,因此缺乏科学合理的补偿评估机制。主要表现在以下两个方面。

一是补偿评估机构的缺乏。汉江流域治理是在最近几年才提上议事日程,2015 年出台的《汉江生态经济带生态环保规划(2014—2015)》提出,在省人民政府设立汉江保护协调委员会,并由武汉市担任秘书长单位,统筹协调汉江保护中的重大事项。在涉及流域生态补偿方面,没有涉及有关生态补偿的评估事项,当然也就更无所谓评估的机构了。从根本上而言,因为流域环境服务系统具有的外部性、信息传递不及时或不充分、各地方对水资源采取自然垄断等,实际上严重制约和影响着水资源合理配置的效率和作用,所以由政府,特别是上一级政府出面对水资源实行管制,是我国在生态环境保护时的一种必然选择,也是解决水市场失控的最佳途径。但是,如果评估机构也是由政府一家独揽,那么就会导致评估过程的不民主和不科学。当然,当务之急是要成立流域生态补偿的机构,并在其中尽可能大范围地选择相关利益主体参与,甚至是第三方机构来实施评估工作。没有专门的机构,也就没有专门的评估队伍,这样就只能是由政府来继续主导和控制了。

二是补偿评估标准的缺乏。补偿评估标准的缺乏导致补偿当中出现因人而异等不公平的现象,无法体现出持续性和科学性。但是,首先还是要看到补偿评估标准的缺乏是因为补偿评估机构和人员的缺乏。

5.3.4 建立和完善汉江流域生态补偿的方略

1. 健全生态补偿的财政金融制度

一是财政收支政策既要体现经济功能和社会功能,也要注重生态功能。要不断增加财政收支政策的生态功能,并结合当前我国正在稳步推进的生态文明建设的大好时机不断完善。长期以来,我国在财政收入上(除收取企事业单位一定的排污费外)缺乏直接以生态保护等项目为目的税制,而生态保护和生态建设的支出又主要依靠财政支付。由于财政转移支付制度存在的缺陷和局限性,致使生态保护和生态建设资金经常被截留。财政收支政策的上述弊端,严重损伤了我国流域生态环境保护者的积极性,阻碍和影响着建立科学的流域生态补偿机制。

首先,在财政收入上,要以征收税费的形式建立流域生态补偿机制,顺理成章地对生态获利地区按标准收取流域生态补偿资金。这种政策和机制的建立既能体现出良好的财政收支和资金聚集效果,又能够通过内部行政管理行为纠正或减少生态资源的破坏性,促进生态环境保护和生态建设,更能够提高人们的环保意识和节约意识。在财政的支出上,对于流域的上游地区或生态环境受损地区或生态环境保护贡献地区,同样应当根据生态环境地理单元的生态贡献和生态损失,按标准在财政支出中给予适当补偿。在计算补贴的标准和确定补贴对象时,要尽可能地遵循补偿对象具体化的原则,同时根据补贴对象承担的责、权、利和贡献大小进行补偿,以促进和调动人们在生态建设和生态保护中的积极性。

其次,中央财政权与地方财政权的合理配置是建立流域生态补偿机制根本保证。在中央与地方财政划分上,应当依据中央和地方事权来进行划分,从而确立中央财政和地方财政的收支范围。中央财政负责的流域主要是"国家确定的重要江河湖泊",而对这些江河湖泊的补偿资金,应由中央财政资金、生态获利地区的财政资金及征收的环境资源税费三部分构成;至于其他跨省的流域生态补偿资金则主要是由生态获利省的财政和生态专项基金解决;对于省区内小流域的生态补偿,应由省财政、省内生态获利区财政及生态补偿的专项基金组成。经过以上的层层分解,我国中央及地方财政的流域生态补偿资金的负担就得到了合理的减轻及再分配。

虽然进行资金补偿并不能作为生态补偿的唯一途径,但是生态补偿资金的严重不足却是一个严重的问题。因此,从国家和地方两个层面都要进一步拓宽资金来源渠道,增加生态补偿资金。当前,生态补偿资金主要来源于国家和地方的财政转移支付,在不断完善财政转移支付制度的情况下,要建立多种渠道的融资体制,尽可能地发挥个人业主、民间团体和专业融资机构等非行政部门和人员的作用。地方政府要根据当地的实际情况充分发挥组织协调和政策导向的作用,借助专业金融机构的融资优势,开展多种形式的资金筹集活动,比如发行"生态环境补偿基金彩票";要利用商业银行贷款及社会捐款,建立环境保护优惠信贷和捐款机制等多渠道的融资方法。

二是完善生态补偿的税收政策。生态补偿要建立在生态税费制度的基础上。可以对现有相关税费进行统一的整合。比如,资源税和城镇土地使用税等可以纳入生态补偿税的范畴。现有的税费虽然能够直观地反映资源使用者与资源所有者之间的利益分配关系,但对资源生态属性和生态环境价值的补偿并没有涉及。因而它们只能单一地解决资源经济补偿问题——单种资源的耗费对资源的所有人或经营人给予的补偿,而缺少对自然资源固有的生态环境价值的关注。生态税是对一个地区的生态系统的协调控制的合理补偿,是当地生态和经济可持续发展的基础。例如,上游通过植树造林、保护植被和保持水土不流失,改善和保护了下游居民的流域生态环境,下游地区是获利者应该对上游生态的保护者和建设者给予及时的、合理的补偿。当前,由于生态补偿的对象难以确定,补偿的金额难以量化到每一个社会主体身上。如果通过税收的方法,则能平衡和协调这种利益关系:一方面可以控制和平衡人们过度利用生态资源,提倡实行绿色低碳生产和生活;另一方面,可以鼓励生态建设者及保护者做出更大的贡献。

据此,可以探索下游受益地区按政策标准及时向上游缴纳生态税的机制。上游地区及团体为生态环境保护所做出的贡献和努力应当被政府及受益者承认并给予适当补偿。因为上游地区对生态的保护往往阻碍了其发展,甚至以贫困为代价做出了巨大的牺牲,而作为受益者的下游就应该对上游贡献者给予充分的肯定补偿。可以采取下游受益地区按收益的一定比例向政府相关部门缴纳相应税费的方式进行返还。在此，各区域、流域间必须突出资源环境功能在经济发展与生态环境保护建设中的互补作用，必须把自然资源和生态环境的保护纳入经济核算和政绩考核体系，必须着眼于构建长效的生态保护和生态补偿机制。

三是构建与完善流域环境权交易制度。在我国部分地区已经开始了环境权交易的尝试。当前还需要要进一步推动和完善流域环境权交易制度，主要包括上游与下游之间的排污权交易、上游与下游之间的环境资源利用权交易。

我国在《中华人民共和国大气污染防治法》中明确规定了大气污染物总量的控制和大气污染排放的许可制度，为我国建立排污权交易制度奠定了理论基础和政策依据。通过运用排污权的市场交易机制来实现污染控制是排污权交易的本质所在，也是将一种环境经济手段灵活地运用于环境保护和环境建设中的具体表现。同样，也可以将这种环境经济手段如法炮制地运用于水污染的防治领域。例如，汉江流域的水污染防治。当然，汉江流域排污权交易制度的构建是一个系统性的生态工程，需要做的工作很多。比如，它需要对汉江流域内的污染排放总量进行评定和初步测算；在这个污染排放总量的控制指标之内，由流域管理机构进行排污权的初始分配；只有在污染物排放分配的指标之内，排污权的使用者以契约的形式获得排污权，才能进行排污权交易，最终达到汉江全流域的水环境调控和水资源安全使用和配置的目的。

环境资源利用权交易是我国流域环境产权又一重要交易的形式，它主要由地方政府通过自由签订契约的形式来实现。这一自主交易的形式在我国法律层面还有待规范。因此，环境资源利用权交易缺乏交易的理论基础和政策依据，难以客观地确定交易价格，而且对交易双方权利和义务履行的监管也困难重重等，严重制约了这一市场交易的有效运行和健康发展。但环境资源利用权交易这一自主交易的形式又确确实实能平衡和解决环境资源利用中的一些难题，有它存在的必要。所以，政府应该顺应民心，以立法的形式给予保护，从而促进这一交易发生。首要解决的问题就是明确地方政府的环境资源权利，否则流域水权的交易就没有存在和发生的基础。另外，政府应当对水权交易的价格进行原则性规定，并且对交易双方的权利和义务做出示范性规定，从而为流域环境资源权交易市场提供全局性的规则体系。

2. 构建多方共同参与的生态补偿体制

流域生态补偿体制要更好地发挥作用，就要改变当前过度依靠政府单一的行政体制的局面，为各利益主体提供能够有效参与的机会，并在参与方式和补偿方式上尽量地与市场接轨。

一是建立统一的管理机构。流域生态补偿是流域治理的一个部分，对流域的治理绩效有非常重要的意义。因此，流域生态补偿管理机构是流域治理体制当中的一个重要组成部分。建立统一的流域生态补偿管理机构，专门对补偿事务进行管理不仅能够规范生态补偿活动本身，而且能够规范流域的生态环境保护与建设。当前，在汉江流域已经有一个直属省政府管理的汉江保护委员会,还需要建立一个专门的流域生态补偿委员会以对汉江保护委员会负责,专施生态补偿管理的职能。此外,还需要在汉江流域范围内建立一个联系各部门的水污染防治联席会议,及时协调解决汉江流域污染治理问题。其职能主要是对水环境进行监测,考核各地区和各类组织、个人在水污染与防治方面的实际情况,落实各方的责任,并予以严格的监督。

二是建立多方合作的管理机制。在汉江流域还可以结合两型社会建设的大潮流建立流域区际合作机制。流域可被看作是一个特殊的行政区域,在美国等国家都有专门的流域管理委员会等地方性政府。基于流域建立一套系统的生态管理机制对保持全流域的经济社会发展和保护生态环境具有非常重要的意义。流域区际合作机制主要包括:第一,制定统一的流域发展规划。流域范围内的各个地区都可基于自身利益的考虑来提出规划设想,通过理性、规范的协商机制来形成最终对全流域有约束力的整体规划。这样,既各具特点又能相得益彰,并尽可能避免各行政区域之间由于环境资源分配不均、基础设施建设重叠以及产业结构重复等造成资源的浪费和无序的竞争,从而实现流域上下游地区人与人、人与自然、人与社会的人文和谐和经济的可持续发展。第二,引导中上游地区发展绿色产业。引导和扶持中上游地区植树造林,发展果木业、水产业、旅游业、生态餐饮业等生态环境保护与建设产业和项目。帮助中上游地区引进和培育适合本地发展的新型的绿色产业,优化当地的产业结构和寻找新的经济增长点,逐步优化和平衡上下游地区的经济结构体系。第三,鼓励发展循环经济。循环型经济体系是以产品的清洁生产、资源的循环利用及废物高效的回收为特征的生态经济体系。循环经济最大的优点主要有两点:①通过一系列的措施将破坏环境的程度降到最低的同时,还能够最大限度地利用好所处的环境及各方面资源;②在很大程度上节约和减少了因经济发展而发生的各类成本和费用,促进生态与经济两大系统的协调和良性循环发展,最终实现生态、经济及社会多赢的局面。

流域区际合作机制还需要有社会的监督才能有效发挥作用。因为流域治理机制是一个集法律法规、经济、政策为一体的综合性系统工程,特别是区际的联合治理更需要制定相应的法律法规、工作程序、实施细则、补偿方式等合作机制。

只有通过不断强化地方政府的责任、权利和义务,将生态环境保护和生态环境建设作为考核干部的必要条件;不断强化跨界水污染的处置力度,明确责任主体,使流域区际的联合经济合作和生态补偿活动有条不紊地开展,才能真正实现共同治理、共享发展成果。在这个过程中,要充分发挥社会的监督作用:一是在政府的各种合作行动当中要充分吸纳社会组织和公众参与进来,让他们能够在其中表达意见。这样也能够使他们充分了解政策规范的精神实质,以及具体的政策要求;二是要赋予社会组织和公众一定的监督权,特别是社会组织要发挥其专业性和公益性的特点以提供更有效的监督;三是要有一定的机制保障社会监督的落实,比如信息公开制度、责任追究制度、举报奖励制度等等。

3. 充分发挥市场机制的作用

市场机制在生态补偿当中应该发挥更重要的作用。首先,可以选择以市场的方式来推进补偿资金的市场运营,将补偿资金的筹集、转移支付和使用推向市场。当前,我国的补偿资金主要由政府主导的政策补偿,以文件规定从地方的财政收入中支出,筹资渠道相对狭窄和单一。流域生态补偿资金的运营机制就是要系统地解决补偿资金筹集、支付、使用的问题。例如,各地可依据当地居住人口、GDP 总值以及财政收入等多方面因素,通过协商的方式得到一个较为合情合理的补偿金的拨付数额,并确保补偿金能够按比例持续、稳定地收缴,以此来约束流域上下游地区的生态建设和补偿责任。可以建立各种各样的生态环境基金投融资体系,积极拓展资金的来源渠道。还可以由地方政府以招标的方式,将生态基金以参股或控股等其他方式交给有实力和能力的公司进行产业化或市场化运作,以期实现生态保护基金的保值与增值。

其次,可以积极推行环境污染责任险。当前,环保部正着手进行绿色保险试点工作,即为环境污染责任保险。它主要是针对污染企业与受害人之间、污染企业和国家、社会之间因赔偿事件的矛盾而设置的一种险种,是化解环境风险监管和损害赔偿等矛盾的有效工具。环境污染责任保险的最直接优势可以使受害人能得到及时、充分的救济和补偿。被害人可以从加害人(保险人)处通过保险公司迅速获得合理的足额赔偿,规避了加害人事后因财力不足而无力对加害人进行赔偿的情况发生。假若企业投保了环境污染责任保险,企业在环境突发事件发生时,将可避免因沉重的赔偿负担而影响生产,甚至破产的困境。环境污染责任保险,既能避免责任企业因承担的赔偿责任过重而陷入经营困难甚至破产,又能避免企业陷入处理受害人索赔事务的烦琐和不可调和的矛盾之中,是一种能达到双赢的方法。

再次,还可建立环境损害赔偿基金。生态补偿仅仅依靠环境污染责任保险是远远不够的,环境侵权损害赔偿体系也需要完善。一套完整的环境侵权赔偿体系应当包括污染者自身、环境污染责任保险、环境损害赔偿基金和国家为主导的补偿资金等多种方式,具体地补偿资金归纳为由各种基金、各类保险、国家财政支出等三大类组成。例如,遇上特别重大的环境污染事故,环境保险不足以支付全部损失(企业有能力自行支付除外)时,可以考虑行业基金进行赔偿;至于行业基金也不足以支付的,可以寻求综合性区域基金或全国性基金理赔等手段。尽可能在最短的时间内,将因环境污染造成的经济损失和社会影响减到最小。

最后,还可以实行生态补偿保证金制度。保证金制度是一项针对企业主和团体在经济活动或项目建设中,有可能对环境造成破坏及其需要进行恢复的费用,由相关管理部门进行货币评估并收取保证金后,才能获得经营许可的制度。当这项经济活动或建设项目完工后,环境状况经评定能达到预期目标时,可原数退还;但如果环境状况变得恶劣或遭到破坏又未及时进行恢复时,保证金就会根据破坏程度部分或全部被扣留,用于第三方对环境进行恢复性建设的补偿基金。

4. 积极改善汉江流域生态环境

加强汉江的保护、治理和管理是一个持续的系统工程,当前首要的任务是进行生态治理,国家治理战略框架当中,湖南省政府与环保部等都在积极地、共同地为治理汉江投入了大量的资源。实际上,科学合理地治理汉江流域的污染,积极改善汉江流域生态环境是流域生态补偿的根本之策。

一是用经济杠杆促进绿色消费。根据《汉江生态经济带总体规划（2014—2025）》，汉江流域治理中可以更多地推行节约优先、保护优先、自然恢复为主的消费理念，着力推进绿色发展、循环发展、低碳发展，形成资源节约型和环境友好型的"两型"社会的格局。用经济杠杆促进绿色消费和低碳生活，可以促进民众的环保意识和行为规范。比如，在全社会倡导垃圾分类，对可回收、可利用、可再生的资源进行循环利用；提倡生态出行、绿色消费，尽量乘坐公共交通工具，对用破坏生态环境换来的食物或生活方式进行坚决的抵制。另外，还可以规定，对环境危害程度较大的产品，如塑料袋、一次性餐具、镍镉电池等难以降解的垃圾，引导消费者尽量不购买难以降解的塑料产品，从而推动了绿色消费和低碳生活的生活模式。

总之，要从产业结构、生产和生活方式上提倡绿色发展和绿色消费，从源头上扼制和扭转生态环境的恶化，尽量使汉江流域的污染情况得以好转，为公众创造良好的生产生活环境。

二是积极促进沿岸企业的清洁生产。居民生活垃圾对汉江流域的污染只是汉江流域环境恶化的次要原因，最主要的还是企业生产。对于污染企业，不能够仅仅通过处罚、行政强制的措施，甚至也不能仅仅用市场上"谁污染、谁买单"的方式来治理，更应该鼓励企业推行清洁生产，将清洁生产理念贯穿于企业生产的每一个环节，这样就会尽量减少对汉江的污染，也就会减少生态补偿问题的出现。

5.4 汉江中下游流域生态补偿框架

5.4.1 适用范围

本办法适用于"汉江生态经济带"范围内丹江口大坝以下、入长江口以上（汉江中下游）县（市）级行政单元，涉及汉江生态经济带9市（林区）的31个县（市、区），具体包括：神农架林区；襄阳市襄城区、樊城区、襄州区、南漳县、谷城县、保康县、老河口市、枣阳市、宜城市；荆门市东宝区、掇刀区、沙洋县、京山市、钟祥市；随州市曾都区、随县；孝感市孝南区、云梦县、汉川市、安陆市、应城市；潜江市；天门市；仙桃市；武汉市江汉区、硚口区、汉阳区、东西湖区、蔡甸区、汉南区。汉江上游段和汉江生态经济带影响区不受本办法管理。

5.4.2 基本原则

（1）加强统筹，多方筹资。把流域生态补偿与加快科学发展跨越发展、生态省建设、汉江生态经济带开放开发、重点生态功能区保护以及扶贫开发政策的实施结合起来，采取向国家争取一块、省里支持一块、市县集中一块的办法加大流域生态补偿金筹措力度，促进汉江中下游流域水环境质量的改善，确保区域水环境安全和水资源可持续利用。

（2）责任共担，区别对待。流域范围内所有市、县既是流域水生态的保护者，也是受益者,对加大流域水环境治理和生态保护投入承担共同责任。同时,综合考虑不同地区受益程度、保护责任、经济发展等因素,在资金筹措和分配上向中游地区,向欠发达地区倾斜。

(3)水质优先,合理补偿。将水质指标作为补偿资金分配的主要因素,同时考虑森林生态保护和用水总量控制因素,对水质状况较好、水环境和生态保护贡献大、节约用水多的市、县加大补偿,反之则少予或不予补偿,进一步调动各市、县保护生态环境的积极性。

(4)规范运作,公开透明。按照建立生态补偿长效机制的要求,用标准化方式筹措、用因素法公式分配生态补偿金,明确资金筹集标准、分配方法、使用范围、管理职责分工及监督检查办法等,实现生态补偿资金筹措与分配的规范化、透明化。

5.4.3　资金筹集

汉江中下游流域生态补偿金,主要从流域范围内市、县政府集中,省级政府增加投入,积极争取中央财政转移支付,逐步加大流域生态补偿力度。资金筹集方式如下。

1. 从市、县政府集中部分

(1)按地方财政收入的一定比例筹集。自2016年起,汉江中下游流域范围内的市、县政府每年按照上一年度地方公共财政收入的一定比例向省财政上解流域生态补偿金,设区市按照市本级与属于汉江中下游流域范围的市辖区地方公共财政收入之和计算流域生态补偿金。其中,流域下游地区(荆门市东宝区、掇刀区、沙洋县、京山市、钟祥市;随州市曾都区、随县;孝感市孝南区、云梦县、汉川市、安陆市、应城市;潜江市;天门市;仙桃市;武汉市江汉区、硚口区、汉阳区、东西湖区、蔡甸区)按3‰比例上解,中游地区(神农架林区;襄阳市襄城区、樊城区、襄州区、南漳县、谷城县、保康县、老河口市、枣阳市、宜城市)按2‰比例上解。

(2)按用水量的一定标准筹集。自2016年起,汉江中下游流域范围内的市、县政府每年按照上一年度工业用水、居民生活用水、城镇公共用水总量计算筹集流域生态补偿金,由市、县政府通过年终结算上解省财政。其中,流域下游地区(荆门市东宝区、掇刀区、沙洋县、京山市、钟祥市;随州市曾都区、随县;孝感市孝南区、云梦县、汉川市、安陆市、应城市;潜江市;天门市;仙桃市;武汉市江汉区、硚口区、汉阳区、东西湖区、蔡甸区)按0.03元/m³计算,中游地区(神农架林区;襄阳市襄城区、樊城区、襄州区、南漳县、谷城县、保康县、老河口市、枣阳市、宜城市)按0.02元/m³计算。

2. 省级支持部分

自2016年起,省财政每年安排汉江生态经济带中下游流域生态补偿专项预算1.0亿元用作生态补偿金。省生态保护财力转移支付资金和森林生态效益补偿基金,仍按原有资金管理办法安排,继续加大对汉江流域生态保护地区的补偿支持力度。省政府争取的有关汉江中下游流域生态补助中央资金全额纳入生态补偿资金。

5.4.4　资金分配

汉江中下游流域生态补偿金,按照水环境综合评分、森林生态和用水总量控制三类因素统筹分配至流域范围内的市、县。为鼓励保护生态和治理环境,因素分配时设置补偿系数,补偿系数按各县市生态系统服务功能价值确定。

1. 资金分配因素指标及权重设置

(1)水环境综合评分因素占70%权重,资金按照各市、县水环境综合评分与地区补偿系数的乘积占全流域的比例进行分配。综合评分采用百分制,其中交界断面、流域干支流和饮用水源水质状况70分、水污染物总量减排完成情况15分、重点整治任务完成情况15分。

(2)森林生态因素占20%权重,资金分配到森林覆盖率高于全省森林覆盖率的市、县,其中,森林覆盖率指标占10%权重,按照各市、县森林覆盖率减去全省森林覆盖率之差与地域面积、地区补偿系数三者的乘积占全流域的比例进行分配;森林蓄积量指标占10%权重,资金按照各市、县森林蓄积量与地区补偿系数的乘积占全流域的比例进行分配。

(3)用水总量控制因素占10%权重,资金分配到年实际用水总量低于用水总量控制目标的市、县,按照各市、县用水总量控制目标减去该市、县实际用水总量之差与地区补偿系数的乘积占全流域的比例进行分配。

2. 地区补偿系数设置

根据汉江中下游流域实际情况,汉江中游核心区襄阳市所辖县市区南漳县、谷城县、保康县、老河口市、枣阳市、宜城市补偿系数为1.4,襄城区、樊城区、襄州区和中游外围区神农架林区补偿系数为1.0;汉江下游核心区沙洋县、京山市、钟祥市、汉川市、应城市、潜江市、天门市、仙桃市、东西湖区、蔡甸区补偿系数为0.8;东宝区、掇刀区和外围区曾都区、随县、孝南区、云梦县、安陆市补偿系数为0.4;江汉区、硚口区、汉阳区补偿系数为0.2。

3. 补偿金额计算

各市、县所应得生态补偿金额用数学公式表示为:

$$S_i = S\left[70\% \times \frac{c_i w_i}{\sum\limits_{i=1}^{n} c_i w_i} + 10\% \times \frac{a_i c_i (f_i - \bar{f})}{\sum\limits_{i=1}^{n} a_i c_i (f_i - \bar{f})} + 10\% \times \frac{c_i l_i}{\sum\limits_{i=1}^{n} c_i l_i} + 10\% \times \frac{c_i (\bar{t_i} - t_i)}{\sum\limits_{i=1}^{n} c_i (\bar{t_i} - t_i)}\right]$$

式中,S_i——i市、县可获得的年度生态补偿金;

S——汉江中下游流域生态补偿金总额;

c_i——市、县地区补偿系数;

w_i——i市、县水环境综合评分;

f_i——i市、县森林覆盖率;

$\bar{f}$——汉江中下游流域森林覆盖率;

a_i——i市、县土地面积;

l_i——i市、县森林蓄积量;

$\bar{t_i}$——i市、县用水总量控制目标;

t_i——i市、县实际用水总量;

n——汉江中下游流域的市、县数量。

5.4.5　资金使用

分配到各市、县的流域生态补偿资金由各市、县政府统筹安排,主要用于饮用水源地保护、城乡污水垃圾处理设施建设、畜禽养殖业污染整治、企业环保搬迁改造、水生态修复、水土保持、造林防护等流域生态保护和污染治理工作。各市、县政府要制定补偿资金使用方案,将资金落实到具体项目,并在每年年底将补偿资金使用情况报送省财政厅、发改委,同时接受审计监督。

5.4.6　保障措施

1. 明确职责分工

省发改委要做好指导和协调重点流域生态补偿工作。省财政厅负责生态补偿资金的结算和转移支付下达工作,会同省发改委核定分配各市、县生态补偿资金。省环保厅负责核定各市、县上一年度水环境综合评分数据,省林业厅负责核定各市、县上一年度森林覆盖率、森林蓄积量等森林生态指标数据,省水利厅负责核定各市、县上一年度用水量、用水总量控制指标及按用水量筹集资金数据。各部门应当于每年第一季度将相关核定数据及依据报送省财政厅、发改委复核。

2. 加强监督检查

省财政厅、发改委要会同省环保厅、林业厅、水利厅等部门和流域下游设区市政府对各市、县生态补偿资金的使用情况进行定期监督检查。省审计厅要定期对各市、县流域生态补偿金使用情况进行审计。对挪用补偿资金、未将资金用于生态保护和水环境治理的市、县,视情节扣减该市、县在该年度获得的部分乃至全部生态补偿资金,对发生重大水环境污染事故的市、县每次扣减20%的补偿资金,扣回资金结转与下一年度补偿资金一并分配。

3. 鼓励区域合作

支持汉江中下游流域各地区建立协商平台和机制,根据与上游地区交界断面水质达标和改善情况、生态保护情况等,对上游地区给予适当的资金奖励,并采取对口协作、产业转移、人才培训、共建园区等方式加大横向生态补偿实施力度。

5.5　地区补偿系数

汉江中下游各市县地区生态补偿系数由其生态系统服务功能决定。根据汉江中下游地区的实际情况,结合不同类型土地利用数据,采用 Constanze 的生态系统服务功能价值计算公式和谢高地等人的中国陆地生态系统单位面积服务价值表,计算并分析汉江中下游地区生态系统服务价值及其空间分布格局,最后与采用类似计算方法的全国其他地区生态系统服务价值进行了比较。通过量化分析与比较,明确汉江中下游地区的生态系统服务价值及保护生态环境的重要性,为汉江中下游地区流域补偿政策的制定提供科学的参考依据。

5.5.1　评估方法

1997 年 Constanze 等人的研究成果使生态系统服务价值评估的原理与方法从科学意义上得以明确,但该项研究中某些数据存在较大偏差,引发了国内外学者的广泛讨论。谢高地等人根据中国的实际情况,制定了中国陆地生态系统单位面积生态服务价值表。参照国内外一些专家的研究基础与方法对自然生态系统的功能与效益进行了分析,将生态系统服务功能划分为气体调节、气候调节、水源涵养、土壤形成与保护、废物处理、生物多样性保护、食物生产、原材料和娱乐文化等九项服务功能。采用谢高地等人生态服务价值表,计算其生态系统服务价值:

$$\left.\begin{array}{l} ESV = \sum (A_k \times VC_k) \\ ESV_f = \sum (A_k \times VC_{fk}) \end{array}\right\}$$

式中,ESV——生态系统服务总价值,元/a;

A_k——k 种土地利用类型的面积,hm^2;

VC_k——生态价值系数,元/($hm^2 \cdot a$);

ESV_f——单项服务功能价值系数,元/a;

VC_{fk}——k 种土地利用类型的 f 种生态功能价值,元/($hm^2 \cdot a$)。

5.5.2　数据来源

按照以上评估方法,计算生态系统服务价值的基础数据为区域的土地利用数据。本研究搜集了土地利用数据,作为计算生态系统服务价值的数据源。

中科院利用遥感获取的影像,生成土地覆盖数据,制图最小面积为 5 400m²。本研究采用的区域土地利用数据即来自本数据库。该数据库获取的遥感影像来自中国 HJ-A/B 环境一号卫星,监测尺度为 30m×30m。采用的分类体系:分类系统采用土地覆盖二级分类体系。一级类为 7 类,二级类为 30 类。在数据属性表中的"Eco_code"列代表土地覆盖二级代码,10 位数为一级代码,代码对应的名称和定义如表 5-1 所示。

表 5-1　2010 年土地利用数据分类体系

一级代码	一级分类	二级代码	二级分类
1	森林	11	常绿阔叶林
		12	落叶阔叶林
		13	常绿针叶林
		14	落叶针叶林
		15	针阔混交林

续表

一级代码	一级分类	二级代码	二级分类
2	灌木	21	常绿灌木林
		22	落叶灌木林
3	草地	31	草甸
		32	草原
		33	草丛
4	湿地	41	森林沼泽
		42	灌丛沼泽
		43	草本沼泽
		44	湖泊
		45	水库/坑塘
		46	河流
		47	运河/水渠
5	耕地	51	水田
		52	旱地
		53	园地
6	人工表面	61	居住地
		62	工业用地
		63	交通用地
7	裸露地	71	稀疏植被
		72	苔藓/地衣
		73	裸岩
		74	裸土
		75	沙漠/沙地
		76	盐碱地
		77	冰川/永久积雪

为了与表5-1中的分类体系一致,本研究对土地利用数据的分类体系进行了合并和重新归类。具体为:一级分类森林和灌木合并为林地;草地类型不变;一级分类湿地类型中的森林沼泽、灌丛沼泽、草本沼泽三个二级类型合并划分为湿地,其余四个二级类型合并划分为水体;耕地类型不变;裸露地为未利用地。最终,形成了汉江中下游市县土地利用数据。社会经济数据主要来源于统计年鉴以及各区县的调查资料,如表5-2、表5-3、表5-4、表5-5所示。

表 5-2　汉江中下游各区县土地利用统计　　　　　　　　　　　单位：hm²

区县	林地	草地	耕地	湿地	水体	未利用土地
神农架林区	228 389	26 877	8 514	1 645	85	10
襄城区	12 960	520	15 100	2 567	2 933	0
樊城区	6 360	2 773	13 667	3 330	866	0
襄州区	11 580	2 909	169 403	1 015	24 729	0
南漳县	144 086	5 746	78 105	115	2 109	61
谷城县	123 154	6 666	27 758	849	3 908	0
保康县	158 901	16 200	23 973	110	140	0
老河口市	5 402	1 445	73 054	4 464	5 849	51
枣阳市	51 499	3 311	219 557	1 669	9 942	0
宜城市	44 914	621	122 058	2 746	10 215	0
东宝区	90 797	11 815	26 659	2 665	22 008	0
掇刀区	11 387	0	15 810	150	879	0
沙洋县	24 611	0	80 298	389	15 205	0
京山市	123 507	563	159 951	644	11 602	18
钟祥市	112 714	1 035	235 627	6 100	30 692	114
曾都区	59 365	0	29 670	9 636	600	0
随县	324 443	8 108	114 727	0	13 000	16 519
孝南区	647	2	80 759	3 549	10 568	491
云梦县	407	0	51 974	197	2 634	45
汉川市	831	0	121 920	2 486	20 566	651
安陆市	19 741	9	103 232	377	4 831	0
应城市	2 280	359	86 603	1 277	8 644	290
潜江市	1 795	7	154 562	2 772	16 857	276
天门市	2 265	56	207 789	2 558	15 384	693
仙桃市	644	0	182 616	5 243	34 149	117
江汉区	750	0	0	0	52	0
硚口区	334	0	236	—	31	0
汉阳区	1 674	0	97	0	632	0
东西湖区	1 418	0	19 262	1 347	2 046	204
蔡甸区	3 637	784	63 796	8 036	19 258	856
汉南区	365	6	20 180	959	6 635	165

表 5-3　中国不同陆地生态系统单位面积生态服务价值表　　　　单位:元/hm²

项目	林地	草地	耕地	湿地	水体	未利用土地
气体调节	3 097	707.9	442.4	1 592.7	0	0
气候调节	2 389.1	796.4	787.5	15 130.9	407	0
水源涵养	2 831.5	707.9	530.9	13 715.2	18 033.2	26.5
土壤形成与保护	3 450.9	1 725.5	1 291.9	1 513.1	8.8	17.7
废物处理	1 159.2	1 159.2	1 451.2	16 086.6	16 086.6	8.8
生物多样性保护	2 884.6	964.5	628.2	2 212.2	2 203.3	300.8
食物生产	88.5	265.5	884.9	265.5	88.5	8.8
原材料	2 300.6	44.2	88.5	61.9	8.8	0
娱乐文化	1 132.6	35.4	8.8	4 910.9	3 840.2	8.8
合计	19 334	6 406.5	6 114.3	55 489	40 676.4	371.4

表 5-4　汉江中下游各区县生态系统服务功能价值统计　　　　单位:万元

区县	林地	草地	耕地	湿地	水体	合计	占比/(%)
神农架林区	4 417 954	172 189	52 058	91 279	343 980	5 077 461	0.4
襄城区	250 698	3 331	92 326	142 422	11 930 916	12 419 694	1.0
樊城区	123 028	17 765	83 562	184 778	3 521 152	3 930 285	0.3
襄州区	224 000	18 636	1 035 779	56 349	100 584 542	101 919 305	8.1
南漳县	2 787 208	36 810	477 559	6 389	8 578 196	11 886 162	0.9
谷城县	2 382 288	42 708	169 723	47 101	15 897 245	18 539 065	1.5
保康县	3 073 790	103 785	146 576	6 116	568 094	3 898 361	0.3
老河口市	104 501	9 258	446 675	247 697	23 788 416	24 596 546	2.0
枣阳市	996 193	21 212	1 342 438	92 585	40 438 537	42 890 965	3.4
宜城市	868 812	3 979	746 299	152 353	41 548 003	43 319 446	3.4
东宝区	1 756 377	75 695	162 999	147 893	89 517 136	91 660 099	7.3
掇刀区	220 275	0	96 667	8 323	3 574 516	3 899 781	0.3
沙洋县	476 079	0	490 966	21 563	61 845 976	62 834 584	5.0
京山市	2 389 121	3 605	977 990	35 739	47 188 028	50 594 483	4.0
钟祥市	2 180 339	6 628	1 440 693	338 501	124 834 771	128 800 933	10.2
曾都区	1 148 352	0	181 411	534 692	2 440 442	4 304 898	0.3
随县	6 276 022	51 946	701 474	0	52 876 252	59 905 694	4.8

续表

区县	林地	草地	耕地	湿地	水体	合计	占比/（%）
孝南区	12 513	16	493 786	196 955	42 985 546	43 688 816	3.5
云梦县	7 880	0	317 784	10 929	10 712 403	11 048 996	0.9
汉川市	16 070	0	745 454	137 931	83 651 654	84 551 109	6.7
安陆市	381 870	57	631 192	20 923	19 648 815	20 682 858	1.6
应城市	44 096	2 297	529 519	70 841	35 159 657	35 806 409	2.8
潜江市	34 714	42	945 041	153 802	68 562 765	69 696 364	5.5
天门市	43 808	359	1 270 484	141 964	62 573 309	64 029 924	5.1
仙桃市	12 452	0	1 116 567	290 914	138 898 023	140 317 956	11.2
江汉区	14 501	0	0	0	211 708	226 209	0
硚口区	6 463	0	1 443	0	125 683	133 589	0
汉阳区	32 382	0	591	0	2 568 932	2 601 905	0.2
东西湖区	27 426	0	117 771	74 748	8 320 404	8 540 349	0.7
蔡甸区	70 349	5 021	390 069	445 908	78 328 643	79 239 990	6.3
汉南区	7 063	40	123 389	53 201	26 989 219	27 172 912	2.2
合计	30 386 624	575 378	15 328 286	3 711 897	1 208 212 962	1 258 215 147	100

表 5-5　汉江中下游各区县生态补偿分级

区县	生态价值占比（%）	生态服务重要性	区位重要性	流域区位	经济形态	补偿级别	补偿系数
神农架林区	0.4	一般	外围区	中游	林区	2级	1.0
襄城区	1.0	一般	核心区	中游	主城区	2级	1.0
樊城区	0.3	一般	核心区	中游	主城区	2级	1.0
襄州区	8.1	很重要	核心区	中游	城区	2级	1.0
南漳县	0.9	一般	核心区	中游	山区	1级	1.4
谷城县	1.5	一般	核心区	中游	山区	1级	1.4
保康县	0.3	一般	核心区	中游	山区	1级	1.4
老河口市	2.0	一般	核心区	中游	山区	1级	1.4
枣阳市	3.4	重要	核心区	中游	县市	1级	1.4
宜城市	3.4	重要	核心区	中游	县市	1级	1.4
东宝区	7.3	很重要	核心区	下游	主城区	4级	0.4
掇刀区	0.3	一般	核心区	下游	城区	4级	0.4

续表

区县	生态价值占比(%)	生态服务重要性	区位重要性	流域区位	经济形态	补偿级别	补偿系数
沙洋县	5.0	很重要	核心区	下游	县市	3级	0.8
京山市	4.0	重要	核心区	下游	县市	3级	0.8
钟祥市	10.2	很重要	核心区	下游	县市	3级	0.8
曾都区	0.3	一般	外围区	下游	主城区	4级	0.4
随县	4.8	很重要	外围区	下游	城区	4级	0.4
孝南区	3.5	很重要	外围区	下游	城区	4级	0.4
云梦县	0.9	一般	外围区	下游	县市	4级	0.4
汉川市	6.7	很重要	核心区	下游	县市	3级	0.8
安陆市	1.6	一般	外围区	下游	县市	4级	0.8
应城市	2.8	一般	核心区	下游	县市	3级	0.8
潜江市	5.5	很重要	核心区	下游	县市	3级	0.8
天门市	5.1	很重要	核心区	下游	县市	3级	0.8
仙桃市	11.2	很重要	核心区	下游	县市	3级	0.8
江汉区	0	一般	核心区	下游	主城区	5级	0.2
硚口区	0	一般	核心区	下游	主城区	5级	0.2
汉阳区	0.2	一般	核心区	下游	主城区	5级	0.2
东西湖区	0.7	一般	核心区	下游	城区	3级	0.8
蔡甸区	6.3	很重要	核心区	下游	城区	3级	0.8
汉南区	2.2	一般	核心区	下游	城区	3级	0.8

根据汉江中下游流域生态服务重要性、区位重要性、流域区位、经济形态综合考虑,汉江中游核心区襄阳市所辖县市区南漳县、谷城县、保康县、老河口市、枣阳市、宜城市补偿系数为1.4,襄城区、樊城区、襄州区和中游外围区神农架林区补偿系数为1.0;汉江下游核心区沙洋县、京山市、钟祥市、汉川市、应城市、潜江市、天门市、仙桃市、东西湖区、蔡甸区补偿系数为0.8;东宝区、掇刀区和外围区曾都区、随县、孝南区、云梦县、安陆市补偿系数为0.4;江汉区、硚口区、汉阳区补偿系数为0.2。

5.6　水环境综合评分

水环境综合评分因素占70%权重,资金按照各市、县水环境综合评分与地区补偿系数的乘积占全流域的比例进行分配。综合评分采用百分制,其中交界断面、流域干支流和饮用水源水质状况70分、水污染物总量减排完成情况15分、重点整治任务完成情况15分。

5.6.1　交界段面

基于历史原因,主要考核跨市、州、直管市、神农架林区行政区域的河流跨界断面和汉江主要河口断面的水质考核管理。跨界断面水质控制目标依据湖北省人民政府批准的《湖北省地表水环境功能区类别》、重点流域水污染防治规划等相关规定执行。

跨界断面水质考核指标主要为高锰酸盐指数、氨氮、总磷。湖北省环境保护厅负责组织实施跨界断面水质考核工作,并具体负责组织考核断面设置、水质监测、数据质量保证等工作。跨界断面水质自动监测站的建设运行及人工监测经费纳入省级财政预算。

设有水质自动监测站的考核断面,采用经省环境保护厅核准的水质自动监测数据作为该断面当月水质监测结果。未设自动监测站的考核断面,由省环境保护厅组织人工监测,每月1次。跨界断面水质监测结果由省环境保护厅按月进行通报。

跨界断面水质实行按月监测评估、按年度进行考核。单次监测的全部考核指标达到该断面水质目标时,视为达标。单次监测评价结果劣于该断面水质目标时,将各考核指标浓度与入境(对照)断面对比,若各指标浓度均下降或保持不变,视为达标;若其中任一指标浓度上升,视为不达标。

跨界断面年度水质考核总分40分,达标率在100%得满分(40分),每降低一个百分点扣1分,达标率在60%以下的,得零分。

5.6.2　主要支流考核

支流水质控制目标依据湖北省人民政府批准的《湖北省地表水环境功能区类别》、重点流域水污染防治规划等相关规定执行。

支流水质考核指标主要为高锰酸盐指数、氨氮、总磷。湖北省环境保护厅负责组织实施跨界断面水质考核工作。

支流年度水质考核总分10分,支流点位所在县市达标率100%得满分(10分),每下降5个百分点扣1分,达标率在50%以下得零分。没有支流点位的县市统一给5分。

5.6.3　饮用水源达标率

集中式饮用水水源地水质达标率是指从集中式饮用水水源地取得的水量中,其地表水水源水质达到《地表水环境质量标准》(GB 3838—2002)Ⅲ类标准和地下水水质达到《地下水质量标准》(GB/T 14848—93)Ⅲ类标准的水量占取水总量的百分比。

城区(县、市、区政府所在地)集中式饮用水水源地及乡(镇)集中式饮用水水源地(以湖北省人民政府公布为准)监测项目和频次按照《全国集中式生活饮用水水源地水质监测实施方案》要求执行。

计算公式:

$$各水源地达标水量 = 各水源地取水量 \times \frac{达标项次}{监测项次} \times 100\%$$

$$集中式饮用水水源地水质达标率 = \frac{各饮用水水源地取水水质达标量之和}{各饮用水水源地取水量之和} \times 100\%$$

对有多个监测点位的同一水源地,按各测点平均浓度计算达标项次,再计算该水源的达标水量。既有地表水源又有地下水源的地区,分别统计各水源地达标水量后,统一计算总的饮用水源水质达标率。未监测项目视为未达标。

总分 20 分,集中式饮用水水源地水质达标率 100%得满分,每降低一个百分点扣 1 分,达标率在 80%以下得零分。

参考文献

[1] 丁京涛,许其功,席北斗,等.历时曲线法在 TMDL 计划中的应用[J].环境科学与技术, 2009,32(6):393-396.

[2] 万本太,邹首民.走向实践的生态补偿——案例分析与探索[M].北京:中国环境科学出版社,2008.

[3] 万丽.基于变异函数的空间异质性定量分析[J].统计与决策,2006(4):26-27.

[4] 卫立冬,孟淑锦,白治河.衡水市区水污染经济损失估算[J].衡水师专学报,2003,5(3): 41-43.

[5] 马中.环境与资源经济学概论[M].北京:高等教育出版社,1999:87-98.

[6] 马玉荷,朱文转.水污染造成的环境经济损失探讨[J].南都学坛,2002,22(5):87-89.

[7] 王长征,刘毅.人地关系时空特性分析[J].地域研究与开发,2004(1):7-11.

[8] 王有乐,孙苑菡,周智芳,等.黄河兰州段 COD_{Cr} 降解系数的实验研究[J].甘肃冶金, 2006,28(1):27-28.

[9] 王丽琼,张江山.工业水污染损失的经济计量模型[J].云南环境科学,2004,23(1):92-93.

[10] 王国庆,王云璋.径流对气候变化的敏感性分析[J].山东气象,2000,20(3):17-20.

[11] 王金南,庄国泰.生态补偿机制与政策设计国际研讨会论文集[G].北京:中国环境科学出版社,2006.

[12] 王建华,顾元勋,孙林岩.人地关系的系统动力学模型研究[J].系统工程理论与实践, 2003(01):128-131.

[13] 王政权.地统计学及在生态学中的应用[M].北京:科学出版社,1992.

[14] 王思远,刘纪远,刘林山,等.青藏公路对区域土地利用和景观格局的影响[J].地理学报,2002,53(3):253-266.

[15] 王亮.天津市重点水污染物容量总量控制研究[D].天津:天津大学,2005.

[16] 王彦红.水体纳污能力计算中各参数的分析与确定[J].山西水利科技,2007,2(164): 55-57.

[17] 王晓光.灰色模糊聚类分析与水质评价[J].辽宁大学学报,1997,24(2):13-16.

[18] 王爱民,缪磊磊.冲突与反省——嬗变中的当代人地关系思考[J].科学·经济·社会,2000(02):66-69.

[19] 王凌河,严登华,龙爱华,等.流域生态水文过程模拟研究进展[J].地球科学进展,2009,24(8):79-84.

[20] 王浩.水生态环境价值和保护对策[M].北京:清华大学出版社,2004:131-132.

[21] 王超,朱党生,程晓冰.地表水功能区划分系统的研究[J].河海大学学报(自然科学版),2002,30(5):7-11.

[22] 王锁平,郑永恒,乔秋文.汉江水利水电工程的生态环境影响及流域可持续发展研究[J].西北水力发电,2006,22(增刊1):74-77.

[23] 王黎明.面向 PRED 问题的人地关系系统构型理论与方法研究[J].地理研究,1997(02):39-45.

[24] 中国生态补偿机制与政策研究课题组.中国生态补偿机制与政策研究[M].北京:科学出版社,2007:1-228.

[25] 国家环境保护局,中国环境科学研究院.总量控制技术手册[M].北京:中国环境科学出版社,1990.

[26] 牛文元.绿色 GDP 与中国环境会计制度[J].会计研究,2002(1):9-12.

[27] 毛春梅,袁汝华.水资源价值量核算方法研究[J].水科学发展.1998,12:24-27.

[28] 文嘉祥,韩时忠.贵州省水污染经济损失系数计算研究[J].贵州环保科技,1999,5(3):10-14.

[29] 文德新.谈谈环境容量[J].环境导报,1996(3):24-26,133.

[30] 孔凡哲,芮孝芳.基于地形特征的流域水文相似性[J].地理研究,2003,22(6):709-715.

[31] 邓振镛.气候变化对渭河上游径流量和输沙量的影响[J].中国沙漠,2006,26(6):982-985.

[32] 邓睿,川页,朱绍萍.汉江襄樊段水环境现状与污染防治分析[J].环境科学与技术,2010,33(6E):222-223.

[33] 石培礼,李文华.森林植被变化对水文过程和径流的影响效应[J].自然资源学报,2001,16(5):481-487.

[34] 叶佰生,赖祖铭.气候变化对天山伊犁河上游河川径流的影响[J].冰川冻土,1996,18(1):29-36.

[35] 叶宝莹,张养贞,张树文,等.嫩江流域土地覆被变化对径流量的影响分析[J].水土保持通报,2003,23(2):15-18.

[36] 史培军.人地系统动力学研究的现状与展望[J].地学前缘,1997,4(1/2):201-211.

[37] 史惠祥,童福庆.最佳农田污灌面积的确定方法[J].上海环境科学,1996(8):44-45.

[38] 仪垂祥.地球表层动力学理论研究[J].北京师范大学学报(自然科学版),1994(04):

511-524.

[39] 冯金鹏,吴洪寿,赵帆.水环境污染总量控制回顾、现状及发展探讨[J].南水北调与水利科技,2004,2(1):45-48.

[40] 冯金鹏,吴洪寿.水环境污染物排放总量控制在南北方实施之异同[J].节水灌溉,2004(5):15-17.

[41] 吕拉昌.中国人地关系协调与可持续发展方法选择[J].地理学与国土研究,1999(02):15-18.

[42] 任勇,冯东方,俞海.中国生态补偿理论与政策框架设计[M].北京:中国环境科学出版社,2008:170-179.

[43] 邬建国.景观生态学—格局、过程、尺度与等级[M].北京:高等教育出版社,2000.

[44] 庄大方,刘纪远.中国土地利用程度的区域分异模型研究[J].自然资源学报,1997,12(2):105-111.

[45] 刘士余,左长清,朱金兆.百喜草人工植被对坡面径流的影响[J].中国水土保持科学,2007(5):16-20.

[46] 刘玉龙,路宁,李梅.水资源利用压力下的政策选择——生态补偿机制[J].中国水利,2008(6):19-21.

[47] 刘卉芳,朱清科,魏天兴.晋西黄土区森林植被对流域径流的影响[J].水土保持学报,2004,18(2):5-9.

[48] 刘兰芬,张祥伟,夏军.河流水环境容量预测方法研究[J].水利学报,1998,7(7):16-20.

[49] 刘丽娟,昝国盛,葛建平.岷江上游典型流域植被水文效应模拟[J].北京林业大学学报,2004,26(6):19-24.

[50] 刘秀花,白峰青,杨丁.渭河咸阳段水污染协同控制应用研究[J].水文,2004,24(6):10-13.

[51] 刘贤赵.论水文尺度问题[J].干旱区地理,2004,27(1):61-65.

[52] 刘旺金,何家儒.模糊数学导论[M].成都:四川教育出版社,1992:88-102.

[53] 刘冠凤.黄河中下游地区水污染所致经济损失研究[J].环境保护,2008,396(10):11-13.

[54] 刘晓红,虞锡君.基于流域水生态保护的跨界水污染补偿标准研究[J].生态经济,2007,8:129-135.

[55] 刘晨,伍丽萍.水污染造成的经济损失分析计算[J].水利学报,1998(8):56-60.

[56] 江中文.南水北调中线工程汉江流域水源保护区生态补偿标准与机制研究[D].西安:西安建筑科技大学,2008:1-43.

[57] 汤国安,杨昕.ArcGIS 地理信息系统空间分析实验教程[M].北京:科学出版社,2006.

[58] 许炯心,孙季.近 50 年来降水变化和人类活动对黄河入海径流通量的影响[J].水科学

进展,2003,14(06):690-695.

[59] 许炯心.汉江丹江口水库下游河床调整过程中的复杂响应[J].科学通报,1989,34(6):450-452.

[60] 阮本清,许凤冉,蒋任飞.基于球状模型参数的地下水水位空间变异特性及其演化规律分析[J].水利学报,2008,39(5):573-578.

[61] 孙智辉.陕北植被变化遥感监测及对径流的影响[J].气象科技,2007(2):282-285.

[62] 孙震宇.苏子河流域水资源价值分析[D].长春:吉林大学,2009:6-30.

[63] 杜习乐,吕昌河,王海荣.土地利用、覆被变化(LUCC)的环境效应研究进展[J].土壤,2011,43(3):350-360.

[64] 李小云,靳乐山,左停,等.生态补偿机制:市场与政府的作用[M].北京:社会科学文献出版社,2007:1-319.

[65] 李文华,何永涛,杨丽韫.森林对径流影响研究的回顾与展望[J].自然资源学报,2001,16(5):398-406.

[66] 李玉华.水文现代化为湖北省汉江流域水利现代化提供基础支撑[J].水利发展研究,2013,3(3):77-79.

[67] 李旭旦.人文地理学论丛[M].北京:人民教育出版社,1986.

[68] 李芳,蒋志荣.张掖地区植被覆盖变化及其预测研究[J].水土保持通报,2011,31(5):220-224.

[69] 李丽娟,姜德娟,李九一,等.土地利用、覆被变化的水文效应研究进展[J].自然资源学报,2007,22(2):211-224.

[70] 李怀恩,史淑娟,党志良,等.南水北调中线工程陕西水源区生态补偿机制研究[J].自然资源学报,2009,10(10):1765-1771.

[71] 李金昌.资源核算论[M].北京:海洋出版社,1991:25-57.

[72] 李春阵,杨志峰.黄河流域 NDVI 时空变化及其与降水/径流关系[J].地理研究,2004,7(6):753-759.

[73] 李荣.气候变化对湟水径流量影响分析[J].人民黄河,2006,28(12):39-41.

[74] 李俊杰,成艾华.汉江中下游地区经济与环境协调发展研究[J].生态经济,2009(2):70-72.

[75] 李艳峰.湖北省地表水资源的规划性保护研究[D].武汉:武汉科技大学,2008.

[76] 李海光.黄土高原吕二沟流域环境演变的生态水文响应[D].北京:北京林业大学,2011.

[77] 李锦秀,廖文根,陈敏建,等.我国水污染经济损失估算[J].中国水利,2003,11:63-66.

[78] 李嘉,张建高.水污染协同控制[J].水利学报,2001(12):14-18.

[79] 李嘉,张建高.水污染协同控制基本理论[J].西南民族学院学报,2001,8:258-259.

[80] 杨大文,雷慧闽,丛振涛.流域水文过程与植被相互作用研究现状评述[J].水利学报,

2010,24(10):1142-1149.

[81] 杨印生.模糊数学方法及其应用[M].长春:吉林大学出版社,2006:1-31.

[82] 杨吾扬,江美球.地理学与人地关系[J].地理学报,1982,47(2):206-214.

[83] 杨国靖,肖笃宁,周立华.祁连山区森林景观格局对水文生态效应的影响[J].水科学进展,2004,35(4):175-178.

[84] 杨金田,葛蔡忠.环境税的新发展:中国与OECD比较[M].北京:中国环境科学出版社,2000.

[85] 杨胜天.生态水文模型与应用[M].北京:科学出版社,2012.

[86] 杨新兵.植被对流域水文特征响应研究[J].水土保持学报,2007,21(3):170-172.

[87] 肖序.环境成本论[M].北京:中国财政经济出版社,2002.

[88] 肖笃宁.景观生态学——理论、方法及应用[M].北京:中国林业出版社,1991.

[89] 时忠杰.六盘山香水河小流域地形与植被类型对降雨径流系数的影响[J].中国水土保持科学,2009,7(4):31-37.

[90] 吴丹,李薇,肖锐敏.水环境容量与总量控制在制定排放标准中的应用[J].环境科学与技术,2005,28(2):48-50.

[91] 吴传钧.论地理学的研究核心——人地关系地域系统[J].经济地理,1991,11(3):1-6.

[92] 吴殿廷,葛岳静.人地系统动力学研究中的几个问题[J].热带地理,1997,17(1):95-100.

[93] 吴攀升,贾文毓.人地耦合论:一种新的人地关系理论[J].海南师范学院学报(自然科学版),2002,21:50-53.

[94] 别涛,樊新鸿.环境污染责任保险制度国际比较研究[J].保险研究,2007(8):89-92.

[95] 邹振华.丹江口水库对下游汉江径流情势的影响分析[J].水电能源科学,2007,25(4):33-35.

[96] 应龙根,宁越敏.空间数据:性质、影响和分析方法[J].地球科学进展,2005,15(1):49-56.

[97] 辛长爽,金锐.水资源价值及其确定方法研究[J].西北水资源与水工程,2002,13(4):15-17.

[98] 辛琨,陈涛.水污染损失估算与治理水污染生态效益实例分析[J].环境保护科学,1998,24(2):19-23.

[99] 汪永华.景观生态学研究进展[J].长江大学学报,2005,25(3):79-90.

[100] 汪美华,谢强,王红亚.未来气候变化对淮河流域径流深的影响[J].地理研究,2003,22(1):79-88.

[101] 沈大军,刘昌明.水文水资源系统对气候变化的响应[J].地理研究,1998,17(4):100-108.

[102] 宋巍巍,刘年丰,谢鸿宇.基于综合生态足迹的项目生态环境影响分析研究[J].华中

科技大学学报(城市科学版),2005,22(1):15-17.

[103] 张中旺.南水北调中线工程与受水区经济社会可持续发展[J].襄樊学院学报,2008,6(29):22-27.

[104] 张永良,刘培哲.水环境容量综合手册[M].北京:清华大学出版社,1991.

[105] 张永涛.坡改梯的水土保持效益研究[J].水土保持研究,2001,8(3):9-11.

[106] 张发会.长江上游低山丘陵区小流域森林植被变化对径流影响分析[J].四川林业科技,2007,28(2):49-53.

[107] 张自英,胡安众,向丽.陕南汉江流域生态补偿的定量标准化初探[J].水利水电科技进展,2011,31(1):2-5.

[108] 张志强.流域径流泥沙对多尺度植被变化响应研究进展[J].生态学报,2006,26(7):2356-2364.

[109] 张国珍,李毅华,褚润.兰州市水资源价值计算研究[J].2008,22(4):108-112.

[110] 张修宇,陈海涛.我国水污染物总量控制研究现状[J].华北水利水电学院学报,2011,32(5):142-145.

[111] 张洪江.重庆缙云山不同植被类型对地表径流系数的影响[J].水土保持学报,2006,20(6):11-13.

[112] 张济世.气候变化对洮河流域水资源的影响[J].中国沙漠,2003,23(3):263-267.

[113] 张晓萍.不同时间尺度径流对植被变化的响应[J].中国水土保持科学,2007,5(4):94-100.

[114] 张健,蹼励杰,彭补拙.基于景观生态学的区域土地利用结构变化特征[J].长江流域资源与环境,2007,16(5):578-583.

[115] 张健.论水资源价值与水资源管理[J].四川水利,2001(2):57-50.

[116] 张海金,华路,欧立业.中国土地利用/土地覆盖变化研究综述[J].首都师范大学学报,2003,24(3):89-95.

[117] 张焕楚,胡安焱,黄景锐.汉江襄阳段水环境污染经济损失初探[J].水利科技与经济,2012,18(8):1-5.

[118] 张维理,徐爱国,冀宏杰.中国农业面源污染形势估计及控制对策Ⅲ——中国农业面源污染控制中存在问题分析[J].中国农业科学,2004,37(7):1026-1033.

[119] 陆大道.关于地理学的"人—地系统"理论研究[J].地理研究,2002,21(2):135-145.

[120] 陆汝成,黄贤金.中国省域征收占用耕地的空间异质性分析[J].国土与自然资源研究,2012,24(4):18-20.

[121] 陆健.最小二乘法及其应用[J].中国西部科技,2007,12(19):19-21.

[122] 陈本清,徐涵秋.厦门市土地利用年际变化遥感分析[J].地球信息科学,2004,26(3):99-104.

[123] 陈志凯.人口、经济和水资源的关系[M].北京:中国水利水电出版社,2003:140-145.

［124］ 陈钊.汉江襄阳段水环境容量研究［D］.武汉：华中科技大学.2009：13-23.

［125］ 陈希孺.最小二乘法的历史回顾与现状［J］.中国科学院研究生院学报,1998,15(1):4-11.

［126］ 陈星,周成虎.生态安全:国内外研究综述［J］.地理科学进展,2005,24(6):8-20.

［127］ 陈家琦,王浩.水资源学概论［M］.北京:中国水利水电出版社,1997:145-190.

［128］ 林梦凯,李金晶,李永鑫.水污染事故经济损失评估体系的建立［J］.甘肃科技纵横,2005,34(5):16-17.

［129］ 欧阳峰,陆一新,黄冬梅.水污染造成的环境经济损失分析［J］.安全与环境工程,2006,13(1):42-63.

［130］ 国家环境保护总局自然生态保护司.全国规模化畜禽养殖业污染情况调查及防治对策［M］.北京:中国环境科学出版社,2002.

［131］ 金栋梁,刘予伟.水资源与可持续发展［J］.水资源研究,2004,25(3):22-24.

［132］ 周慧珍,龚子同.土壤空间变异性研究［J］.土壤学报,1996,33(3):233-237.

［133］ 郑冬梅.海洋环境责任保险制度边界与运行机制［J］.保险研究,2007,9:22-25.

［134］ 郑彤,陈春云.环境系统数学模型［M］.北京:化学工业出版社.2003:56-60.

［135］ 郑新奇,付梅臣.景观格局空间分析技术及其应用［M］.北京:科学出版社,2010.

［136］ 孟伟.流域水污染物总量控制技术与示范［M］.北京:中国环境科学出版社,2008.

［137］ 赵文智,程国栋.生态水文研究前沿问题及生态水文观测试验［J］.地球科学进展,2008,45(7):45-51.

［138］ 赵玉涛,余新晓,关文彬,等.景观异质性研究评述［J］.应用生态学报,2002,13(4):496-500.

［139］ 赵明华.地理学人地关系与人地系统研究现状评述［J］.地域研究与开发,2004,23(5):6-10.

［140］ 郝芳华,张雪松,程红光,等.分布式水文模型亚流域合理划分水平刍议［J］.水土保持学报,2003,17(4):75-78.

［141］ 郝振纯.分布式水文模型理论与方法［M］.北京:科学出版社,2010.

［142］ 胡廷兰,杨志峰,程红光,等.一种水污染损失经济计量模型及其应用［J］.北京师范大学学报(自然科学版),2000,36(5):706-710.

［143］ 胡彩虹.流域产汇流模型及水文模型［M］.郑州:黄河水利出版社,2010.

［144］ 冒明.可持续发展下的绿色核算——资源、经济、环境综合核算［M］.北京:地质出版社,1999:21-23.

［145］ 信忠保.黄河中游河龙区间植被覆盖变化与径流输沙关系研究［J］.北京林业大学学报,2009,(5):1-7.

［146］ 侯敏,张永刚,黄铁成.2000—2010中国景观生态研究进展的文献综述［J］.北方环境,2011,23(4):9-11.

[147] 姜文来,王华东.我国水资源价值研究的现状与展望[J].地理学与国土研究,1995,12(1):1-4.

[148] 姜文来,武霞,林桐枫.水资源价值模型评价研究[J].地球科学进展,1998,13(2):178-183.

[149] 姜文来.水资源价值模型研究[J].资源科学,1998,20(1):35-43.

[150] 耿吉第.影子价格的经济含义及其应用[J].数量经济技术经济研究,1994,6:13-14.

[151] 索安宁.泾河流域植被景观格局对流域径流的调节作用[J].水土保持学报,2005,19(4):40-43.

[152] 贾小勇,徐传胜,白欣.最小二乘法的创立及其思想方法[J].西北大学学报(自然科学版),2006,36(3):507-511.

[153] 夏青.水环境保护功能区划分[M].北京:环境科学出版社,1989.

[154] 夏湘远.从混沌到觉醒:人地关系的历史考察[J].求索,1999,6:72-76.

[155] 徐建华.现代地理学中的数学方法[M].北京,高等教育出版社,1996.

[156] 徐勇.黄土高原坡耕地水土流失地形分异模拟[J].水土保持学报,2005,19(5):18-21.

[157] 高健磊,吴泽宁,左其亭.水资源保护规划理论方法与实践[M].郑州:黄河水利出版社,2002:101-129.

[158] 郭华.鄱阳湖流域1955—2002年径流系数变化趋势及其与气候因子的关系[J].湖泊科学,2007,19(2):163-169.

[159] 郭劲松,李胜海,龙腾锐.水质模型及其应用研究进展[J].重庆建筑大学学报,2002,24(2):109-115.

[160] 郭恒哲.城市水污染生态补偿法律制度研究[J].法制与社会,2007,10:474-475.

[161] 唐寅.运用SWAT模型研究小流域气候及土地利用变化的水文响应[D].北京:北京林业大学,2011.

[162] 黄鹄,缪磊晶,王爱民.区域人地系统演进机制分析——以民勤盆地为例[J].干旱区资源与环境,2004,18(1):11-16.

[163] 曹银贵,周伟,程烨,等.土地利用变化研究现状[J].浙江林学院学报,2007,24(5):633-637.

[164] 龚原,袁玉江,何清.气候转暖及人类活动对北疆中小河流降水—径流关系的影响[J].中国沙漠,2003,23(5):569-572.

[165] 康玲玲.多沙粗沙区梯田对径流影响的初步分析[J].水力发电,2006,32(12):16-19.

[166] 梁留科,吴次芳,曹新向.论区域人地关系的可持续发展[J].平顶山师专学报,2001(4):49-52.

[167] 梁瑞驹.环境水文学[M].北京:中国水利水电出版社,1998.

[168] 彭海君.水污染造成的城市生活经济损失研究[J].城市问题,2007(8):64-84.

[169] 葛吉琦.污染损失与环境效益分析[J].长江流域资源与环境,1994,3(2):62-166.

[170] 董曾南.谈水资源的可持续利用[J].水利发展研究,2002,1:15-16.

[171] 蒋明君.生态安全学导论[M].北京:世界知识出版社,2012.

[172] 蒋固政,韩小波.汉江中下游干流梯级开发的环境影响分析[J].环境科学与技术,1998(4):14-16.

[173] 韩美清,王路光,韩灵灵,等.基于影子工程法和影子价格法的河北省水环境污染经济损失研究[J].中国水运,2009(2):76-78.

[174] 韩鹏.黄淮海湿地典型挺水植物及群落对生态水文过程的响应[D].武汉:华中科技大学,2011.

[175] 程红光,杨志峰.城市水污染损失的经济计量模型[J].环境科学学报,2001,21(3):318-322.

[176] 程国栋,赵传燕.干旱区内陆河流域生态水文综合集成研究[J].地球科学进展,2008,32(10):63-69.

[177] 程艳,李炳花.负荷历时曲线在流域水质特征分析中的应用[J].水资源保护,2009,25(2):33-37.

[178] 程理民,吴江,张玉林.运筹学模型与方法教程[M].北京:清华大学出版社,2000:226-288.

[179] 曾群,喻光明,杨珊,等.基于RS/GIS的江汉流域土地利用变化研究[J].华中农业大学学报.2008,27(2):223-228.

[180] 曾静,廖善刚.晋江市上地利用变化及社会驱动力分析[J].国土与自然资源研究,2004(4):37-39.

[181] 温琰茂,柯雄侃,王峰.人地系统可持续发展评价体系与方法研究[J].地球科学进展,1999(1):53-57.

[182] 温善章,石春先,安增美,等.河流可供水资源影子价格研究[J].人民黄河,1993,7:10-13.

[183] 游桂云,孙旭峰.环境污染责任保险的效用及其依存环境分析[J].上海保险,2008(5):16-18.

[184] 富伟,刘世梁,崔保山,等.景观生态学中生态连接度研究进展[J].生态学报,2009,29(11):6174-6182.

[185] 谢敬芬,吴富钦,孙淑俭.模糊综合评判法在行业水权分配中的应用[J].海河水利,2006(3):64-66.

[186] 鲍全盛,王华东,曹利军.中国河流水环境容量区划研究[J].中国环境科学,1996,16(2):87-91.

[187] 慕金波,甄文栋,王忠训,等.山东省河流环境容量及最大允许排污量研究[J].山东大学学报(工学版),2008,38(5):77-93.

［188］蔡博峰,于嵘.景观生态学中的尺度分析方法[J].生态学报,2008(5):2279-2287.

［189］樊静.中国税制新论[M].北京:北京大学出版社,2004.

［190］黎夏,叶嘉安.基于神经网络的单元自动机 CA 及真实和优化的城市模拟[J].地理学报,2002,57(2):159-166.

［191］Anselin L. Local indicators of spatial association-LISA[J]. Geographical Analysis,1995,27(2): 93-115.

［192］Bagozzi R P. Reflections on relationship marketing in consumer markets [J]. Journal of the Academy of Marketing Science,1995,23(4): 272-277.

［193］Barco J,Hogue T S,Carto V,et al. Linking hydrology and stream geochemistry in urban fringe watersheds[J]. Journal of Hydrology,2008,360(1): 31-47.

［194］Barthelme's P,Lutz E,Schweinfurt S. Integrated environmental and economic accounting: a case study for Papua New Guinea [M]. World Bank,Sector Policy and Research Staff,Environment Dept.,1992:168-189.

［195］Bateman I J,Brower R,Davies H,et al. Analyzing the Agricultural Costs and Non-market Benefits of Implementing the Water Framework Directive[J]. Journal of Agricultural Economics,2006,57(2): 221-237.

［196］Baekeland S. EPA's TMDL program[J]. Ecology LQ,2001,28: 297.

［197］Biswas A K. Water for sustainable development in the 21st century: a global perspective [J]. International Journal of Water Resources Development,1991,7(4): 219-224.

［198］Bonita J V ,Cleland B. Incorporating natural variability,uncertainty and risk into water quality evaluations using duration curves[J].Journal of the American Water Resources Association,2003,39(6):1481-1496.

［199］Borja A,Franco J,Valencia V,et al. Implementation of the European water framework directive from the Basque country (northern Spain): a methodological approach[J]. Marine Pollution Bulletin,2004,48(3): 209-218.

［200］Borski M E,Stow C A,Reshow K H. Predicting the frequency of water quality standard violations: A probabilistic approach for TMDL development[J]. Environmental Science and Technology,2002,36(10): 2109-2115.

［201］Bosch J M,Hewlett J D. A review of catchment experiments to determine the effect of vegetation changes on water yield and evapotranspiration [J]. Journal of Hydrology,1982,55(1/4): 3-23.

［202］Botulin N,Cappelaere B,Seguis L,et al. Water balance and vegetation change in the Sahel: A case study at the watershed scale with an eco-hydrological model [J].Journal of Arid Environments,2009,73(12):1125-1135.

［203］Boulain N,Cappelaere B,Seguis L,et al. Water balance and vegetation change in the Sahel: A case study at the watershed scale with an eco-hydrological model [J]. Journal of Arid Environments,2009,73:1125-1135.

[204] Boyd J. New Face of the Clean Water Act: A Critical Review of the EPA's New TMDL Rules[J]. Duke Environmental Law & Policy Forum,2000,11: 39.

[205] Carpenter S R,Caraco N F,Carrell D L,et al.Nonpoint pollution of surface waters with phosphorus and nitrogen[J]. Ecological Applications,1998,8(3): 559-568.

[206] Caviness K S,Fox G A,Deliman,P N.Modeling the Big Black River: A comparison of water quality models[J]. Journal of the American Water Resources Association,2006,42(3): 617-627.

[207] Chave P A. The EU wate framework directive: an introduction[J].International Water Association,2001.

[208] Chen Y,Xu C,Chen Y,et al. Progress,Challenges and Prospects of Eco-Hydro logical Studies in the Tarim River Basin of Xinjiang,China [J]. Environmental Management,2013,51(1):138-153.

[209] Chen M,Chen J.Phosphorus release from agriculture to surface waters: past,present and future in China[J]. Water Science and Technology,2008,57(9):1355-1361.

[210] Chen J C ,Chartrand A B ,Generaux J D ,et al. Applicability and Lessons Learned from Using the Load Duration Curve Method to Develop TMDLS for Hardness-dependent Metals [J]. Proceedings of the Water Environment Federation,2007(5):1296-1310.

[211] Cheng S L,Chen Y. Highly recognition on national ecological security strategy[J],Ecological Economy,1999,05: 9-11.

[212] Christopher U,Kauffman J B. Deforestation,fire susceptibility and potential tree response to fire in eastern Amazon[J]. Ecology,1990,71: 437-449.

[213] Cleland B R. TMDL development from the bottom up part Ⅲ: Duration curves and wet-weather assessments[J]. Proceedings of the Water Environment Federation,2003(4): 1740-1766.

[214] Cleland B. TMDL development from the "bottom up"—Part Ⅱ: Using duration curves to connect the pieces[J]. America's Clean Water Foundation,Washington,DC,2002.

[215] Cliff A,ORD J. Spatial autocorrelation [M],London:Pion Ltd,1973.

[216] Cornelia H,Valentina K,Jens P,et al. Eco-hydrological modeling in a highly regulated lowland catchment to find measures for improving water quality [J].Ecological Modeling,2008,218(1-2):135-148.

[217] Cowell D,Apsimon H. Estimating the cost of damage to building by acidifying atmospheric pollution in Europe[J]. Atmospheric Environment,1996,30(17): 2959-2968.

[218] Cox B A. review of currently available in-stream water-quality models and their applica-

bility for simulating dissolved oxygen in lowland rivers[J]. Science of the Total Environment,2003,314: 335-377.

[219] Cran M. Proposed development of sediment quality guidelines under the European Water Framework Directive: a critique[J]. Toxicology Letters,2003,142(3):195-206.

[220] Curreli A,Wallace H,Freeman C,et al. Eco-hydrological requirements of duneslack vegetation and the implications of climate change [J]. Science of The Total Environment, 2013,443: 910-919.

[221] David W,Jeremy J. World Without end,Economics,Enviroment and Sustainable Development[M]. Oxford: Oxford University Press,1993.

[222] David M. Balancing Human Livelihood Security and Ecological Security in a Catchment Based on Hydronomic Zones Approach. Proceedings,SIWI Seminar,Balancing Human Security and Ecological Security Interests in a Catchment-Towards Upstream/Downstream Hydro-solidarity [J]. Stockholm,Sweden:Stockholm International Water Institute,2002, 29-36.

[223] Dean K E,Patek J M,Vargas M A. Tools to assist identification and quantification of indicator bacterial sources[J]. Proceedings of the Water Environment Federation,2005(8): 7179-7189.

[224] Delucchi MA,Murphy JJ,McCubbin D R. The health and visibility cost of air pollution: a comparison of estimation methods [J]. Journal of Environmental Management, 2002, 64 (2):139-152.

[225] Dewi I A ,Axford R ,MaraiI ,et al. Pollution in livestock production systems[J]. Cab International,1994.

[226] Dilks D. Improved methods for calculating the TMDL margin of safety[J]. Proceedings of the Water Environment Federation,2002(8): 659-672.

[227] Dilks D W,Freedman P L. Improved consideration of the margin of safety in total maximum daily load development[J]. Journal of Environmental Engineering,2004,130(6): 690-694.

[228] Dors K M ,Tsatsaros J. Determining margin of safety for TMDLs[J]. Proceedings of the Water Environment Federation,2002(2):1892-1901.

[229] Ecker J. A geometric programming model for optimal allocation of stream dissolved oxygen [J]. Management Science,1975,21(6): 658-668.

[230] Ellis J H. Stochastic water quality optimization using imbedded chance constraints[J]. Water Resources Research,1987,23(12): 2227-2238.

[231] Elshorbagy A,Teegavarapu R S,Ormsbee L. Total maximum daily load (TMDL) approach to surface water quality management: concepts, issues, and applications [J]. Canadian

Journal of Civil Engineering,2005,32(2): 442-448.

[232] Fang C L. Study on Structure and Function Control of Ecological Security System in Northwest Arid Area of China[J].Journal of Desert Research,2000,20(3): 326-328.

[233] Fiona D,Sondoss E,Barry C,et al. The effects of climate change on ecologically relevant flow regime and water quality attributes [J]. Stochastic Environmental Research and Risk Assessment,2014,28(1): 67-82.

[234] Folke C. Entering Adaptive Management And Resilience Into The Catchment Approach. Proceedings,SIWI Seminar,Balancing Human Security and Ecological Security Interests in a Catchment - Towards Upstream/Downstream Hydrosolidarity [J]. Stockholm,Sweden: Stockholm International Water Institute,2002,29-36.

[235] Fortin M J,Boots B,Csillag F,Remmel T K. On the role of spatial stochastic models in understanding landscape indices in ecology [J]. Oikos,2003,102(1):203-212.

[236] Foy G. Economic sustainability and the preservation of environmental assets[J]. Environmental Management,1990,14(6): 771-778.

[237] Freedman P L,Larson W M,Dilks D W,et al. Navigating the TMDL process: Evaluation and improvements[J]. Proceedings of the Water Environment Federation,2002(8): 518-532.

[238] Fujiwara O,Gnanendran S K,Ohgaki S. River quality management under stochastic streamflow[J]. Journal of Environmental Engineering,1986,112(2):185-198.

[239] Gary B,Helen R,Kirstie F,et al. What are we monitoring and why? Using geomorphic principles to frame eco-hydrological assessments of river condition [J].Science of The Total Environment,.2010,408(9): 2025-2033.

[240] Gerlagh R,Dellink R,Hofkes M,et al. Ameasure of sustainable national income for the Netherlands[J]. Ecological Economics,2002,41(1):157-174.

[241] Gu P,Shen R F,Chen Y D. Diffusion pollution from livestock and poultry rearing in the Yangtze Delta,China[J]. Environmental Science and Pollution Research,2008,15(3): 273-277.

[242] Guo Z W. To build the Early Warning and Maintaining System of National Ecological Security[J]. Science and Technology Review,2001,1: 54-56.

[243] Gupta R,Schneider J,Martin C,et al. Bacteria TMDL Development for Piney Run Watershed Virginia[J]. Virginia Water Research Symposium,2004: 70-74.

[244] Haire M,Vega R,Koenig J,et al. Handbook for Developing Watershed TMDLs[J]. Proceedings of the Water Environment Federation,2009(6): 520-548.

[245] Hanley N ,Wright R E ,Alvarez-Farizo B. Estimating the economic value of improvements in river ecology using choice experiments: an application to the water framework directive

[J]. Journal of Environmental Management,2006,78(2):183-193.

[246] Havens K,Schelske C. The importance of considering biological processes when setting total maximum daily loads (TMDL) for phosphorus in shallow lakes and reservoirs[J]. Environmental Pollution,2001,113(1):1-9132.

[247] He C,Fu B,Chen L. Non-point source pollution control and management[J]. Chinese Journal of Enviromental Science,1998(19):87-91.

[248] Henry L A,Douhovnikoff V. Environmental issues in Russia[J]. Annual Review of Environment and Resources,2008(33):437-460.

[249] Hesse C,Krysanova M,Polt J,et al. Eco-hydrological modeling in a highly regulated lowland catchment to find measures for improving water quality [J].Ecological modeling, 2008,218:135-148.

[250] Hisano T,Hayase T. Countermeasures against water pollution in enclosed coastal seas in Japan[J]. Marine Pollution Bulletin,1991,23: 479-484.

[251] Hooda P S ,Edwards A C ,Anderson H A,et al. A review of water quality concerns in livestock farming areas[J]. Science of the Total Environment,2000,250(1-3):143-167.

[252] Hordon R M. Water Encyclopedia[M].John Wiley & Sons,Inc.,2005.

[253] Horn A L ,Rueda F J ,Hörmann G,et al. Implementing river water quality modelling issues in mesoscale watershed models for water policy demands - an overview on current concepts,deficits,and future tasks [J]. Physics and Chemistry of the Earth, 2004, 29 (11): 725-737.

[254] Houghton R A. The worldwide extent of land-use change [J]. Bioscience,1994,44(5): 305-313.

[255] Hughes S J,Malmqvist B. Atlantic Island freshwater ecosystems: challenges and considerations following the EU Water Framework Directive[J]. Hydrobiologia,2005,544(1): 289 -297.

[256] Hughes D ,Smakhtin V. Daily flow time series patching or extension: a spatial interpolation approach based on flow duration curves[J]. Hydrological Sciences Journal,1996,41 (6): 851-871.

[257] Imai I,Yamaguchi M,Hori Y. Eutrophication and occurrences of harmful algal blooms in the Seto Inland Sea,Japan[J]. Plankton and Benthos Research,2006,1(2): 71-84.

[258] Jiang FX. Challenge of Entering WTO to China's Ecological Security and Strategic Countermeasures[J]. Environmental Protection,2000,10: 23-25.

[259] Johnston L B,et al. Quantitative analysis of ecotones using a GIS[J].1989,P. E. &.R. S. 55:1643-1647.

[260] Jordan W R,Gilpin ME. Restoration Ecology: A synthetic Approach to Ecological Re-

search[M]. Cambridge: Cambridge University Press, 1990.

[261] Jordan, Willian R, et al. A Synthetic Approach to Ecological Research[M]. Cambridge: Cambridge University Press, 1987:1-204.

[262] Jose M, Begueria S. From plot to regional scales: Interactions of slope and catchment hydrological and geomorphic processes in the Spanish Pyrenees [J]. Geomorphology, 2010,120: 248-257.

[263] Kaimowitz D, Angelson A. Economic models of tropical deforestation: A review. Central for International Forestry Research[J]. Jakarta, 1998, 139.

[264] Kallis G, ButlerD. The EU water framework directive: measures and implications[J]. Water Policy, 2001, 3(2):125-142.

[265] Kang M, Park S, Lee J, et al. Applying SWAT for TMDL programs to a small watershed containing rice paddy fields[J]. Agricultural Water Management, 2006, 79 (1): 72-92.

[266] Ki S, Lee Y, Kim S, et al. Spatial and temporal pollutant budget analyses toward the total maximum daily loads management for the Yeongsan watershed in Korea[J]. Water Science and Technology, 2007, 55(1-2): 367.

[267] Kim G, Yoon J. Development and application of Total Coliform load duration curve for the Geum River, Korea[J]. KSCE Journal of Civil Engineering, 2011, 15(2): 239-244.

[268] Kim J, Enge B A, Park Y S, et al. Development of Web-based Load Duration Curve system for analysis of total maximum daily load and water quality characteristics in a waterbody [J]. Journal of Environmental Management, 2012(9):746-55.

[269] Kim Y, Yoon K, Son J, et al. Pollutant Load Delivery Ratio for Flow Duration at the Chooryeong-cheon Watershed[J]. Journal of The Korean Society of Agricultural Engineers, 2010: 52-55.

[270] Kim G, Choi E, Lee D. Diffuse and point pollution impacts on the pathogen indicator organism level in the Geum River, Korea[J]. Science of the Total Environment, 2005, 350(1): 94-105.

[271] Koch S, Bauwe A, Lennartz B. Application of the SWAT Model for a Tile-Drained Lowland Catchment in North-Eastern Germany on Sub-basin Scale [J]. Water Resource Manage, 2013, 27: 791-805.

[272] Lambin E F. Modeling and monitoring land-cover change processes in tropical regions [J]. Progress in Physical Geography, 1997, 21: 375-393.

[273] Lausch A, Herzog F. Applicability of landscape metrics for the monitoring of landscape change: issues of scale, resolution and interpretability[J]. Ecological Indicators, 2002, 02 (2): 3-15.

[274] Lee J H, Ha S R, Bae M S. Calculation of diffuse pollution loads using geographic informa-

tion[J]. Desalination and Water Treatment,2010,19(1-3):184-190.

[275] Li H,Wu J. Use and misuse of landscape indices [J]. Landscape Ecology,2004,19:389-399.

[276] Li K. The ecological safety in great western region development in China[J].Research of Environmental Science,2001,14(1):1-3.

[277] Li S,Li J,Zhang Q. Water quality assessment in the rivers along the water conveyance system of the Middle Route of the South to North Water Transfer Project (China) using multivariate statistical techniques and receptor modeling[J]. Journal of Hazardous Materials, 2011,195:306-317.

[278] Li S,Morioka T. Optimal allocation of waste loads in a river with probabilistic tributary flow under transverse mixing[J]. Water Environment Research,1999:156-162.

[279] Liebman J C,Lynn W R. The optimal allocation of stream dissolved oxygen[J]. Water Resources Research,1966,2(3): 581-591.

[280] Lohani B,Thanh N. Probabilistic water quality control policies[J]. Journal of the Environmental Engineering Division,1979,105(4): 713-725.

[281] Dawn C,Steven M,Marco A,et al.Multi-agent systems for the simulation of the land use and land cover change: a review[J]. Annual of Association of American Geographer, 2003,93: 314-337.

[282] Martin K,Wolfgang W. Polychlorinated naphthalenes in urban soils: Analysis,concentrations,and relation to other persistent organic pollutants [J]. Environmental Pollution, 2003,122: 75-89.

[283] Mawdsley J L,Bardgett R D,Merry R J,et al. Pathogens in livestock waste,their potential for movement through soil and environmental pollution[J]. Applied Soil Ecology,1995,2(1):1-15.

[284] McAvoy D, Masscheleyn P, Peng C, et al. Risk assessment approach for untreated wastewater using the QUAL2E water quality model[J]. Chemosphere,2003,52(1): 55-66.

[285] Mi H,Wang J,Qian C,et al. Simulation of Eco-hydrological Process in Hani Terrace wetland [J]. Procedia Earth and Planetary Science,2012,5: 230-236.

[286] Min Q W. Discussion on problems and counter measures of water resource security in Northwestern area. In: Li W H ed. Ecological security and ecological construction[M]. Beijing: China Meteorological Press,2002.

[287] Muñoz-Carpena R,Vellidis G,Shirmohammadi A,et al. Evaluation of modeling tools for TMDL development and implementation[J]. Transactions of the ASABE,2006,49(4): 961-965.

[288] Muxika I, Borja A, Bald J. Using historical data, expert judgement and multivariate analysis in assessing reference conditions and benthic ecological status, according to the European Water Framework Directive[J]. Marine Pollution Bulletin, 2007, 55(1):16-29.

[289] Nakayama T. For improvement in understanding eco-hydrological processes in mire [J]. Eco-hydrology & Hydrobiology, 2013, 13: 62-72.

[290] Nancy L P, Michael W. Violent Environment[M]. NY: Cornell University Press, 2001.

[291] Nie J, Gang D D, Benson B C, et al. Nonpoint Source Pollution[J]. Water Environment Research, 2012, 84(10):1642-1657[89] .

[292] Norton S B, Rodier D J, Gentile J H, et al. A framework for ecological risk assessment at the EPA[J]. Environ Toxic Chemi, 1992, (11):1663-1672.

[293] Novotny V. Integrated water quality management[J]. Water Science and Technology, 1996, 33(4):1-7.

[294] O'Donnell K, Tyler D F, Wu T. Fecal and Total Coliform TMDL for New River[J]. Florida Department of Environmental Protection, 2004.

[295] Ongley E. D. Non-point source water pollution in China: Current status and future prospects[J]. Water International, 2004, 29(3): 299-306.

[296] Pang X L, Gu F X. Stability mechanism and security conservation of oasis ecosystem in drought area. In: Li W H ed. ecological security and ecological construction[M]. Beijing: China Meteorological Press, 2002.

[297] Parry R. Agricultural phosphorus and water quality: A US Environmental Protection Agency perspective[J]. Journal of Environmental Quality, 1998, 27(2): 258-261.

[298] Peter C S, Robert A F. Overview: Measures of Environmental Performance and Ecosystem Condition. Washington[M]. DC: National Academy Press, 1999.

[299] Qu G P. The problems of ecological environmental have become a popular subject of country safety [J]. Environmental Protection, 2002, 05:3-5.

[300] Quah E, Boon T L. The economic cost of particulate air pollution on health in Singapore [J]. Journal of Asian Economics, 2003, 14(1): 72-90.

[301] Radwan M, Willems P. Modelling of dissolved oxygen and biochemical oxygen demand in river water using a detailed and a simplified model[J]. International Journal of River Basin Management, 2003, 1(2): 97-103.

[302] Revelle C S, Loucks D P, Lynn W R. Linear programming applied to water quality management[J]. Water Resources Research, 1968, 4(1):1-9.

[303] Ribaudo M. Non-point source pollution control policy in the USA[J]. Environmental Policies for Agricultural Pollution Control, 2001:123-150.

[304] Roland B, Tim R, Tatjana K, et al. Integrated Modeling of Global Change Impacts on Agri-

culture and Groundwater Resources [J]. Water Resources Management,2012,26(7):1929-1951.

[305] Roland E S. Modeling hydrological responses to land use and climate change: A southern African perspective[J]. Ambio,2000,29(1):12-22.

[306] Shanahan P,Henze M,Koncsos L,et al. River water quality modelling: Ⅱ. Problems of the art[J]. Water Science and Technology,1998,38(11): 245-252.

[307] Shi P J,Li X B,Wang J A. Spatial definition in ecoregion assessment and its response to global change: integrated physical,social and pixel units [J]. Quaternary Sciences,2001,21(4): 321-329.

[308] Shirmohammadi A,Chaubey I,Harmel R,et al. Uncertainty in TMDL models[J]. Transactions of the ASAE,2006,49(4):1033-1049.

[309] Shoemaker L,Dai T,Koenig J. TMDL model evaluation and research needs[J]. National Risk Management Research Laboratory,US Environmental Protection Agency,2005.

[310] Singh K P. Model flow duration and streamflow variability[J]. Water Resources Research,1971,7(4):1031-1036.

[311] Smakhtin V. Estimating daily flow duration curves from monthly streamflow data[J]. Water SA ,2000,26(1):13-18.

[312] Smith E P,Ye K,Hughes C ,et al. Statistical assessment of violations of water quality standards under Section 303(d) of the Clean Water Act[J]. Environmental Science and Technology,2001,35(3): 606-612.

[313] Stefan K,Andress B,Bernd L,et al. Application of the SWAT Model for a Tile-Drained Lowland Catchment in North-Eastern Germany on Subbasin Scale [J].Water Resources Management,2013,27(3): 791-805.

[314] Su Z X. Ecological problems and counter measures of exploitation in western area.Ecological security and ecological construction[M]. Beijing: China Meteorological Press,2002.

[315] Subra W,Waters J. Non point source pollution[J]. International Geoscience and Remote Sensing Symposium,1996: 2231-2233.

[316] Takahashi Y. Recent development of water environment policy: Area-wide total water pollutant load control scheme for enclosed coastal seas in Japan[J]. Japan Tappi Journal,2006,60(11):130-134.

[317] Tischendorf L. Can landscape indices predict ecological processes consistently [J].Landscape Ecology,2001,16(3): 235-254.

[318] Tkalin A,Belan T,Shapovalov E. The state of the marine environment near Vladivostok,Russia[J]. Marine Pollution Bulletin,1993,26(8): 418-422.

[319] Ukita M,Nakanishi H. Pollutant load analysis for the environmental management of en-

closed sea in Japan［M］. In Proceedings of the Fourth International Conference on the Management of Enclosed Coastal Seas,1999:121-130.

［320］ Urban D,Keitt T. Landscape connectivity: a graph theoretic perspective［J］. Ecology, 2001,82:1205-1218.

［321］ Uuemaa E,Roosaare J,Mander U. Scale dependence of landscape metrics and their indicatory value for nutrient and organic matter losses from catchments ［J］. Ecological Indicators,2005,05(4): 350-369.

［322］ Vaze J,Chiew F H. Nutrient loads associated with different sediment sizes in urban stormwater and surface pollutants［J］. Journal of Environmental Engineering,2004,130(4): 391-396.

［323］ Vergura J,Jones R. TMDL Program: Land Use and Other Implications［J］. Drake Journal of Agricultural Law,2001,6: 317.

［324］ Verhallen A J,Leentvaar J,Broseliske G. Consequences of the European Union water framework directive for information management in its interstate river basins［J］. International Symposium on Integrated Water Resources Management,2001: 31-36.

［325］ Vogel R M,Fennessey N M. Flow duration curves Ⅱ: A review of applications in water resources planning［J］. Journal of the American Water Resources Association,1995,31(6): 1029-1039.

［326］ Vogel R M,Fennessey N M. Flow-duration curves. I: New interpretation and confidence intervals［J］. Journal of Water Resources Planning and Management,1994,120(4): 485-504.

［327］ Wahren F T,Tarasiuk M,Mykhnovych A,et al. Estimation of spatially distributed soil information: dealing with data shortages in the Western Bug Basin, Ukraine［J］. Environ Earth,2012,65:1501-1510.

［328］ Walker Jr W W. Consideration of variability and uncertainty in phosphorus total maximum daily loads for lakes［J］.Journal of Water Resources Planning and Management,2003,129(4): 337-344.

［329］ Warren I,Bach H. MIKE 21: a modelling system for estuaries,coastal waters and seas［J］. Environmental Software,1992,7(4): 229-240.

［330］ Wu H,Xu Q ,Yu X G. Preliminary study on the establishment of the ecological security system in Changjiang river basin［J］.Area Research and Development,2001,20(2): 34-37.

［331］ Wu J,Shen W,Sun W. Empirical patterns of the effects of changing scale on landscape metrics［J］. Landscape Ecology,2002,17(8): 761-782.

［332］ Xiao D N,Chen W B,Guo F L. On the basic concepts and contents of ecological security

[J]. Journal of Applied Ecology,2002,13(3): 354-358.

[333] Xiao D N. Characteristics and methods of macropic ecological research[J]. Chinese Journal of Applied Ecology,1994,5(1): 95-102.

[334] Xiao D N. Research significance and method of ecological security in drought area,In: Li W H. Ecological security and ecological construction[M]. Beijing: China Meteorological Press,2002.

[335] Xu F X. Keep to nature,exploiting in moderation-discussion on the exploit at ion and protection of western ecological vulnerable area[M]. Beijing: China Meteorological Press, 2002.

[336] Xu H G.Theory and method of ecological security designing of natural reserve[M].Journal of Natural Resources,2001,16(3): 227-233.

[337] Yang J P,Lu J B. The System Analyze of Ecological Security[M]. Beijing: Chemical Industry Press,2002.

[338] Yu G M,Zeng Q. On the intensity and type transition of landuse at the basin scale using RS/GIS: a case study of the Hanjiang River Basin[J]. Environ MonitAssess,2010,160: 169-179.

[339] Zhang S,Zhang J,Li F.Vector analysis theory on landscape pattern (VATLP) [J].Ecological Modelling,2006,193: 492-502.

[340] Zhang H X,Yu S L. Uncertainty Analysis of Margin of Safety in Nutrient TMDL Modeling and Allocation[J]. Proceedings of the Water Environment Federation,2002(2): 1841-1864.

[341] ZHANG T,CHEN Y,ZHAO L.Countermeasures on Tianjin Ninghe Rural NPS Pollution Control[J]. International Symposium of HAIHE Basin Integrated Water and Environment Management,2010: 84-87.

[342] Zhang H X,Yu S L.Advances in TMDL Allocation Techniques: Importance of Considering Critical Condition and Uncertainty[J]. Proceedings of the Water Environment Federation, 2004(16):1133-1155.

[343] Zhang H X ,Yu S L. Defining the critical condition in the TMDL development process: continuous,statistical or event-based approach[J]. Proceedings of the Water Environment Federation,2006(11): 2334-2349.

[344] Zhang Q. The South - to - North Water Transfer Project of China: Environmental Implications and Monitoring Strategy[J]. Journal of the American Water Resources Association, 2009,45(5):1238-1247.

[345] Zhao L H. State Key Basic Research and Development Plan of China: Dynamics and Sustainable Use of Biodiversity and Regional Ecological Security in the Yangtze Valley[J].

Act a Botanica Sinic,2000,42(8): 879-880.

[346] Zhu Y,Zhang H,Chen L,et al. Influence of the South - North WaterDiversion Project and the mitigation projects on the water quality of Han River[J]. Science of the Total Environment,2008,406(1): 57-68.

[347] Zou C X,Shen W S. Ecological security research progress[J].Rural Eco-Environment, 2003,19 (1): 56-59.

[348] Zuo W,Wang Q,Wang W J,et al. Study on Regional Ecological Security Assessment Index and Standard[J]. Geography and Territorial Research,2002,18(1):67-71.

[349] Zylicz T. Contingent valuation of eutrophication damage in the Baltic Sea[J].Working Paper-Centre for Social & Economic Research on the Global Environment,1995: 95-103.

附　录

附录 1　汉江生态经济带坡度分析图

比例尺
1：2 200 000

0　22　44　66　88 km

图例

0°～3°	15°～20°	35°～40°
3°～8°	20°～25°	45°～50°
8°～15°	25°～30°	50°～90°

湖北大学资源环境学院制图(2018年)

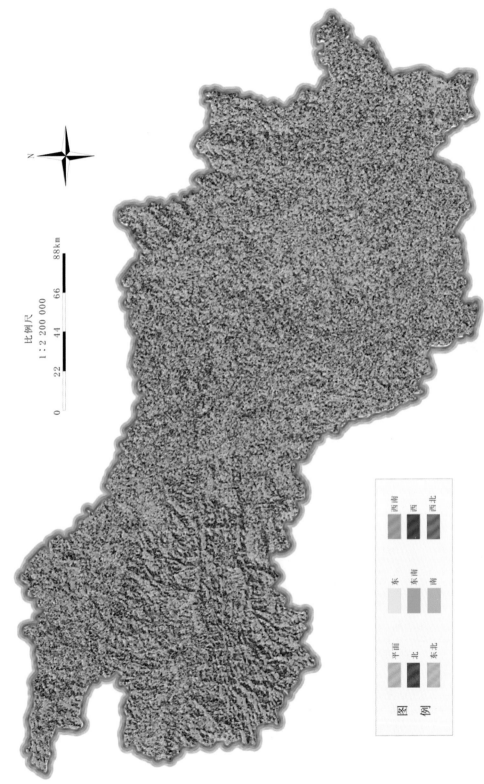

附录 2　汉江生态经济带坡向分析图

图例

平面　北　东北

东　东南　南

西南　西　西北

比例尺
1 : 2 200 000

0　22　44　66　88km

附录 3　汉江生态经济带水系分析图

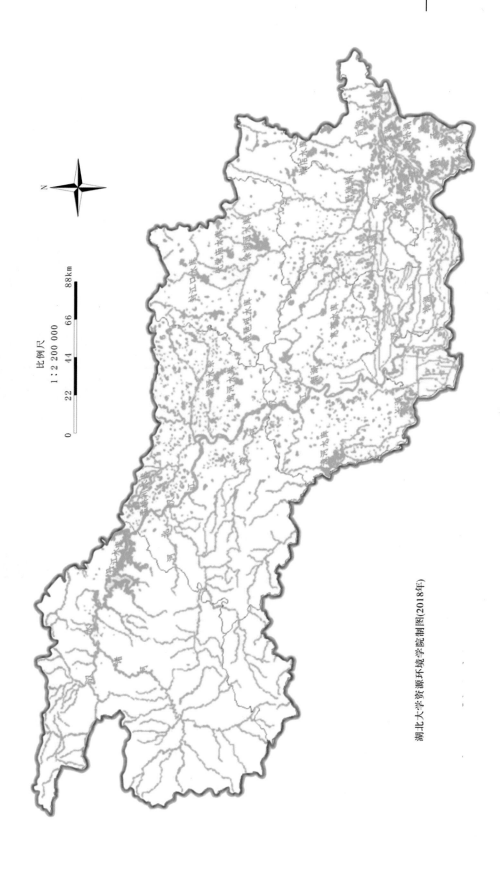

比例尺
1 : 2 200 000

0　22　44　66　88km

湖北大学资源环境学院制图(2018年)

附录 4　汉江生态经济带生态格局图

湖北大学资源环境学院制图(2018年)